科学出版社"十四五"普通高等教育研究生规划教材

机器人控制技术
——微体系结构集成电路设计

沈　亮　杜巧玲　主编

U0252716

科学出版社
北　京

内 容 简 介

　　本书以机器人运动规划为控制对象，系统地介绍了机器人控制技术中微体系结构集成电路的设计与应用知识。本书主要包括以下内容：机器人分析基础、机器人感知系统、机器人运动控制系统、微体系结构集成电路设计、数字集成电路设计和基于 FPGA 的集成电路设计。在内容编排上，本书将理论知识与实践操作进行结合，力求使内容更具有实用性和应用性，同时还包括了多个国内外领先技术案例，可以帮助读者更好地了解机器人控制技术中微体系结构集成电路的研究和应用现状。

　　本书注重基础，取材新颖，内容丰富，涉及的技术较新，实用性强，反映了现代微处理器技术发展的趋势。本书既可作为高等院校集成电路科学与工程、电子科学与技术、仪器科学与技术等学科的研究生教材，也可供其他专业作为选修课教材以及社会读者参考。

图书在版编目（CIP）数据

　　机器人控制技术：微体系结构集成电路设计/沈亮，杜巧玲主编. —北京：科学出版社，2024.5
　　科学出版社"十四五"普通高等教育研究生规划教材
　　ISBN 978-7-03-077849-9

　　Ⅰ.①机⋯　Ⅱ.①沈⋯ ②杜⋯　Ⅲ.①机器人控制－集成电路－电路设计－高等学校－教材　Ⅳ.①TP24

　　中国国家版本馆 CIP 数据核字（2023）第 248739 号

责任编辑：潘斯斯 / 责任校对：王　瑞
责任印制：师艳茹 / 封面设计：马晓敏

科学出版社 出版
北京东黄城根北街 16 号
邮政编码：100717
http://www.sciencep.com

天津市新科印刷有限公司印刷
科学出版社发行　各地新华书店经销
*
2024 年 5 月第 一 版　　开本：787×1092　1/16
2024 年 5 月第一次印刷　　印张：15 1/2
字数：368 000

定价：98.00 元
（如有印装质量问题，我社负责调换）

前　言

物质世界中的万事万物都处于演化过程中，机器人也不例外。机器人在机械结构、感知和认知能力各个方面演化发展。计算机科学和人工智能技术的不断发展推动机器人技术进入了第三个阶段：智能机器人。智能机器人具备更强大的计算能力和学习能力，能够进行更复杂的任务。在机器人导航和轨迹规划方面，需要使用复杂的算法来生成最优路径，并且能够快速适应环境的变化。在机器人视觉方面，需要使用复杂的图像处理算法来实现物体识别和跟踪等功能。在机器人交互方面，需要使用自然语言处理算法来实现对话和理解。这些复杂的算法使得机器人能够更加智能化、人性化地与人类进行交互。利用集成电路技术将算法硬件化，并与机器人技术相结合，是推动智能机器人发展的必经之路。

党的二十大报告提出："推动战略性新兴产业融合集群发展，构建新一代信息技术、人工智能、生物技术、新能源、新材料、高端装备、绿色环保等一批新的增长引擎。"机器人被誉为"制造业皇冠顶端的明珠"，是我国制造强国战略重点发展的战略性新兴产业之一，也是衡量一个国家制造业水平、科技水平、生产力水平的重要标志。机器人控制技术是机器人产业发展的基础。集成电路是新一代信息技术重点发展的核心产业链之一。机器人控制技术和集成电路技术有机结合，推进高端产业链发展，为战略性新兴产业融合集群发展增添新动能。

本书内容主要分为机器人控制和微体系结构设计两部分。机器人控制以机器人运动分析和传感器数据融合处理算法为基础，描述机器人控制系统；微体系结构设计以典型的微体系结构集成设计分析为基础，描述提高机器人控制器性能设计方法的基本原理，并提供仿真分析结果。全书共6章：第1章主要介绍机器人运动学的基础知识、动力学的基础知识、轨迹规划的方法；第2章主要阐述传感器工作原理、感知数据采集与处理的基本概念和架构、人工智能与机器学习算法基础；第3章主要阐述机器人运动控制规划策略和运动控制系统设计方法；第4章主要介绍微体系结构集成电路设计的方法、工具，以及提升控制器性能主要技术的设计原理；第5章介绍数字集成电路设计描述、设计综合、设计方法和制造工艺；第6章描述基于FPGA集成电路设计，并举例说明仿真设计过程。

本书在选材上力求将机器人控制系统设计与微体系结构集成电路设计相结合，在编写过程中，作者致力于提供一本适用并具有特色的教材，力求丰富实用。

本书中的示例来自作者所在课题组的研究成果，感谢提供支持的各位课题组成员：张颖、李双红、马凝、刘思南、刘迪、王彦凯、齐春晓等。此外，感谢马文丽、耿银峰、韩文涛、岳威、郭佳俊、许星露、姜继忠、王德宇、张斌、崔晓玫、孙源昊、毕振龙、王洪梅、林宇轩等校验本书。希望本书能够对读者有所帮助，能够促进机器人相关学科的交叉融合，并为智能机器人领域的学习和研究做出一定的贡献。

由于作者水平有限，书中难免出现疏漏之处，恳请读者批评指正。

作　者
2023 年 11 月

目　　录

第 *1* 章
机器人分析基础

物质世界中的万事万物都处于演化过程中，机器人也不例外。随着各种技术的不断突破和创新，机器人的能力和功能也在不断提升。新材料和制造工艺使得机器人在硬件方面更加灵巧和稳定。机器学习和人工智能使得机器人能够更好地理解人类的意图并与人类进行交流和合作。云计算和物联网技术使得机器人之间可以相互学习和交流。然而，机器人的发展离不开其本质内容，包括机器人的运动学、动力学、传感器和运动规划方面的知识。通过对机器人进行基础分析，可以研究机器人的运动规律、动力学特性、控制能力等，从而为机器人的设计、优化和控制提供理论支持和技术指导。机器人分析基础是机器人研究和应用中的重要内容，对于推动机器人的发展具有重要意义。

本章主要介绍机器人运动学的基础知识，包括空间坐标系、空间姿态的描述、D-H法、运动学的概念和内涵；动力学的基础知识，包括拉格朗日法、牛顿-欧拉法、旋量法；机械臂轨迹规划的方法，包括关节空间轨迹规划、笛卡儿空间轨迹规划，并分别对此三方面内容列举实例。

1.1 机器人运动学基础

机器人运动学基础是研究机器人在空间中的位置、速度和加速度等运动参数随时间的变化规律的基础科学。它是机器人技术中最基本的一门学科，在机器人的设计、控制和应用中起着重要的作用。

机器人运动学分为正运动学和逆运动学两个方面：正运动学是已知机器人各关节的角度，通过运动学模型计算出机器人末端执行器的位置和姿态；而逆运动学则是给定机器人末端执行器的位置和姿态，求解机器人各关节的角度。运动学模型描述了机器人的机械结构和运动规律，是机器人运动控制和轨迹规划的基础。

1.1.1 常用空间坐标系介绍

由于物体在空间中的运动是相对的，因此描述一切运动都是相对于某一个参考系来说的，对某一物体的姿态和位置进行定位通常是指一个相对的概念。当描述物体在空间中的姿态和位置时，需要借助参考坐标系。利用物体自身坐标系相较于参考坐标系的相对运动来描述物体的姿态和位置。不同的参考坐标系对运动的描述形式是不同的。例如，在人体动作捕获过程中，需要建立地理坐标系和多个载体坐标系，通过空间中某载体坐标系相对于地理坐标系或其他载体坐标系的位置变化来描述该载体姿态的变化。目前，常用的坐标系包括地理坐标系(n 系)和载体坐标系(b 系)。

1. 地理坐标系

地理坐标系(n 系)也称为东北天坐标系,是生活中最常用到的坐标系。在地理坐标系中,载体质心作为坐标原点 O,X 轴指向磁东方向,Y 轴指向磁北方向,Z 轴指向垂直于 XOY 平面并满足右手定则的方向,即指向天,该坐标系的表示方法如图 1-1 所示。

2. 载体坐标系

载体坐标系(b 系)是建立在载体自身的坐标系,它会随着载体姿态的改变一同改变。例如,MPU9250 传感器的载体坐标系为其硬件固定方向的坐标系,坐标原点 O 在传感器质心位置,X 轴方向是从传感器芯片指向传感器通信连接线的方向,Y 轴方向是与 X 轴同处于一个传感器平面且垂直于 X 轴指向左的方向,Z 轴方向是垂直于 XOY 平面并满足右手定则的方向,如图 1-2 所示。在空间中,载体坐标系与地理坐标系之间的相对关系就是载体在空间中的姿态。

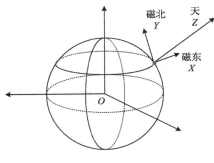

图 1-1　地理坐标系

图 1-2　载体坐标系

1.1.2　空间姿态描述方法

描述物体在空间中姿态的数学方法有很多,工程上最常用的方法是欧拉角表示法和四元数表示法。不同的描述方法之间存在着相互转换的关系。

1. 欧拉角表示法

欧拉角表示法是数学中描述姿态的方法之一,由瑞士数学家莱昂哈德·欧拉(Leonhard Euler)提出,一般用来表示刚体的定点旋转。其表示形式中包含 3 个量,将 1 个坐标旋转分解成 3 个独立的绕轴旋转。这 3 个量分别是绕坐标系的 X 轴、Y 轴、Z 轴旋转的角度。其中,绕 X 轴旋转的角称为横滚角(Roll) θ,绕 Y 轴旋转的角称为俯仰角(Pitch) ϕ,绕 Z 轴旋转的角称为航向角(Yaw) ψ,如图 1-3 所示。

欧拉角表示法通过表示两不同坐标系之间的旋转关系来反映载体在参考坐标系中的姿态。因此,坐标系中的载体可以通过分别绕 X、Y、Z 轴进行三次不同的旋转来表示该载体坐标系与参考坐标系之间的偏差,进而表征载体的姿态。旋转顺序不同,所得的姿态结果也不同。

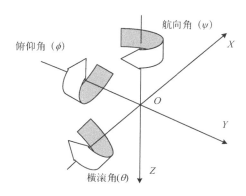

图 1-3　欧拉角表示法

　　欧拉角表示法由于计算量较大，不适合直接应用于工程中。为了提高计算效率，实际工程中通常采用欧拉角的旋转矩阵来表示坐标系间的相对运动关系。以载体在地理坐标系中的姿态变化为例来说明欧拉角的旋转矩阵表示法，首先规定依照 Z-Y-X 的旋转顺序进行偏差调整，假定刚体初始的载体坐标系 $X_b Y_b Z_b$ 与地理坐标系 $X_o Y_o Z_o$ 一致（图 1-4(a)），绕 Z 轴旋转 ψ 角后到达 $X_y Y_y Z_y$（图 1-4(b)），绕 Y 轴旋转 ϕ 角后为 $X_p Y_p Z_p$（图 1-4(c)），再绕 X 轴旋转 θ 角后为 $X_r Y_r Z_r$（图 1-4(d)）。

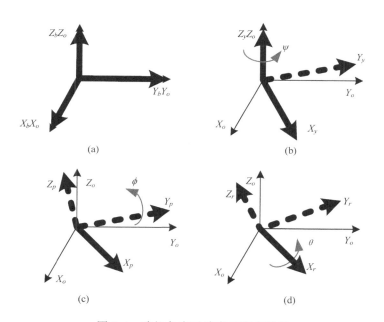

图 1-4　欧拉角表示法表示姿态转换

　　$\boldsymbol{C}_y^o$、$\boldsymbol{C}_p^y$、$\boldsymbol{C}_r^p$ 分别为绕 Z、Y、X 轴旋转的旋转矩阵：

$$\boldsymbol{C}_y^o = \begin{bmatrix} \cos\psi & -\sin\psi & 0 \\ \sin\psi & \cos\psi & 0 \\ 0 & 0 & 1 \end{bmatrix} \tag{1-1}$$

$$C_p^y = \begin{bmatrix} \cos\phi & 0 & \sin\phi \\ 0 & 1 & 0 \\ -\sin\phi & 0 & \cos\phi \end{bmatrix} \tag{1-2}$$

$$C_r^p = \begin{bmatrix} 1 & 0 & 0 \\ 0 & \cos\theta & -\sin\theta \\ 0 & \sin\theta & \cos\theta \end{bmatrix} \tag{1-3}$$

则有如下关系：

$$\begin{bmatrix} x_o \\ y_o \\ z_o \end{bmatrix} = C_y^o \begin{bmatrix} x_y \\ y_y \\ z_y \end{bmatrix} \tag{1-4}$$

$$\begin{bmatrix} x_y \\ y_y \\ z_y \end{bmatrix} = C_p^y \begin{bmatrix} x_p \\ y_p \\ z_p \end{bmatrix} \tag{1-5}$$

$$\begin{bmatrix} x_p \\ y_p \\ z_p \end{bmatrix} = C_r^p \begin{bmatrix} x_r \\ y_r \\ z_r \end{bmatrix} \tag{1-6}$$

可知，从地理坐标系转换到载体坐标系的旋转关系为

$$\begin{bmatrix} x_o \\ y_o \\ z_o \end{bmatrix} = C_y^o C_p^y C_r^p \begin{bmatrix} x_r \\ y_r \\ z_r \end{bmatrix} = C_r^o \begin{bmatrix} x_r \\ y_r \\ z_r \end{bmatrix} \tag{1-7}$$

可得从载体坐标系到地理坐标系的旋转矩阵：

$$\begin{aligned}
C_r^o &= \begin{bmatrix} \cos\psi & -\sin\psi & 0 \\ \sin\psi & \cos\psi & 0 \\ 0 & 0 & 1 \end{bmatrix} \begin{bmatrix} \cos\phi & 0 & \sin\phi \\ 0 & 1 & 0 \\ -\sin\phi & 0 & \cos\phi \end{bmatrix} \begin{bmatrix} 1 & 0 & 0 \\ 0 & \cos\theta & -\sin\theta \\ 0 & \sin\theta & \cos\theta \end{bmatrix} \\
&= \begin{bmatrix} \cos\psi\cos\phi & \cos\psi\sin\phi\sin\theta - \sin\psi\cos\theta & \cos\psi\sin\phi\cos\theta + \sin\psi\sin\theta \\ \sin\psi\cos\phi & \sin\psi\sin\phi\sin\theta + \cos\psi\cos\theta & \sin\psi\sin\phi\cos\theta - \cos\psi\sin\theta \\ -\sin\phi & \cos\phi\sin\theta & \cos\phi\cos\theta \end{bmatrix}
\end{aligned} \tag{1-8}$$

利用上述的旋转矩阵可以表示载体在空间中的运动过程和在地理坐标系中的最终姿态，但是这种表示方法存在一定的局限性。例如，在人体动作捕获技术中通过欧拉角的旋转矩阵形式描述子关节相对于父关节的姿态变换角度，由于欧拉角可能会出现"万向节死锁"，即在旋转的过程中丢失了旋转的一个维度，因此不能完整地表征关节姿态。

2. 四元数表示法

四元数是一种由 4 个元素组成的简单的超复数，由爱尔兰数学家威廉·罗恩·哈密顿（William Rowan Hamilton）于 1843 年提出，该超复数由 1 个实数和 3 个虚数构成。使

用四元数表示法对姿态进行描述可以弥补欧拉角存在万向节死锁的缺陷。在描述载体坐标姿态方面，相较于欧拉角表示法，四元数表示法有着明显的优势，所以在工程中常用来描述载体的坐标姿态。

在工程数学中，四元数的一般定义为

$$\boldsymbol{Q} = q_0 + q_1 \mathrm{i} + q_2 \mathrm{j} + q_3 \mathrm{k} \tag{1-9}$$

式中，q_0、q_1、q_2、q_3 为实数；i、j、k 为虚数单位，代表三维空间的标准正交基。i、j、k 的几何意义可理解为三个方向的旋转。在 X 轴与 Y 轴相交的平面内，从 X 轴正方向转向 Y 轴正方向定义为 i 旋转；在 Z 轴与 X 轴相交的平面内，从 Z 轴正方向转向 X 轴正方向定义为 j 旋转；在 Y 轴与 Z 轴相交的平面内，从 Y 轴正方向转向 Z 轴正方向定义为 k 旋转。−i、−j、−k 分别为 i、j、k 旋转的反向旋转。i、j、k 满足如下关系：

$$\begin{cases} \mathrm{i}^2 = \mathrm{j}^2 = \mathrm{k}^2 = \mathrm{ijk} = -1 \\ \mathrm{i}^0 = \mathrm{j}^0 = \mathrm{k}^0 = 1 \end{cases} \tag{1-10}$$

四元数的运算规则如下。

任取两个四元数 $\boldsymbol{P}$、$\boldsymbol{Q}$：

$$\boldsymbol{P} = p_0 + p_1 \mathrm{i} + p_2 \mathrm{j} + p_3 \mathrm{k} \tag{1-11}$$

$$\boldsymbol{Q} = q_0 + q_1 \mathrm{i} + q_2 \mathrm{j} + q_3 \mathrm{k} \tag{1-12}$$

（1）在四元数的运算中加法运算可表示为

$$\boldsymbol{P} + \boldsymbol{Q} = (p_0 + q_0) + (p_1 + q_1)\mathrm{i} + (p_2 + q_2)\mathrm{j} + (p_3 + q_3)\mathrm{k} \tag{1-13}$$

（2）一个常数与四元数相乘可表示为

$$w\boldsymbol{Q} = wq_0 + (wq_1)\mathrm{i} + (wq_2)\mathrm{j} + (wq_3)\mathrm{k}, \quad w \in \mathbf{R} \tag{1-14}$$

（3）两个四元数 $\boldsymbol{P}$、$\boldsymbol{Q}$ 相乘可表示为

$$\begin{aligned} \boldsymbol{PQ} = &(p_0 q_0 - p_1 q_1 - p_2 q_2 - p_3 q_3) + (p_0 q_1 + p_1 q_0 + p_2 q_2 - p_3 q_3)\mathrm{i} \\ &+ (p_0 q_2 + p_2 q_0 + p_1 q_3 - p_3 q_1)\mathrm{j} + (p_0 q_3 - p_3 q_0 - p_2 q_1 - p_1 q_2)\mathrm{k} \end{aligned} \tag{1-15}$$

四元数也可以是一种四维空间中的向量。在计算两个四元数相乘时，为了便于描述常引入四元数的向量表示形式：

$$\boldsymbol{Q} = (q_0, q_1, q_2, q_3) \tag{1-16}$$

$$\boldsymbol{P} = (p_0, p_1, p_2, p_3) \tag{1-17}$$

那么，两个四元数 $\boldsymbol{P}$、$\boldsymbol{Q}$ 相乘可表示为

$$\boldsymbol{PQ} = \begin{bmatrix} p_0 & -p_1 & -p_2 & -p_3 \\ p_1 & p_0 & p_3 & p_2 \\ p_2 & p_3 & p_0 & -p_1 \\ p_3 & -p_2 & p_1 & p_0 \end{bmatrix} \begin{bmatrix} q_0 \\ q_1 \\ q_2 \\ q_3 \end{bmatrix} \tag{1-18}$$

（4）四元数的模表示为

$$\|\boldsymbol{Q}\| = \sqrt{q_0^2 + q_1^2 + q_2^2 + q_3^2} \tag{1-19}$$

式中，$\|\boldsymbol{Q}\|=1$ 的四元数称为规范四元数。

（5）四元数的共轭表示为

$$\boldsymbol{Q}^* = q_0 - q_1\mathrm{i} - q_2\mathrm{j} - q_3\mathrm{k} \tag{1-20}$$

（6）四元数的逆表示为

$$\boldsymbol{Q}^{-1} = \frac{\boldsymbol{Q}^*}{\|\boldsymbol{Q}\|} \tag{1-21}$$

四元数用于表示旋转关系时，新四元数 $\boldsymbol{P}'$ 与旋转四元数 $\boldsymbol{Q}$ 的关系为

$$\boldsymbol{P}' = \boldsymbol{Q}\boldsymbol{P}\boldsymbol{Q}^{-1} \tag{1-22}$$

与欧拉角旋转矩阵法的运算量相比，四元数在计算刚体的旋转时只需要对四个数进行运算，其运算量较小且精度更高。因此，该方法是常用的一种表示方法。例如，基于人体动作捕获的机器人姿态控制系统中就采用四元数法进行人体姿态的计算。

3. 欧拉角与四元数的相互转换

欧拉角与四元数间存在着一定的对应关系，可以进行相互转换。
设有四元数 $\boldsymbol{Q}$：

$$\boldsymbol{Q} = q_0 + q_1\mathrm{i} + q_2\mathrm{j} + q_3\mathrm{k} \tag{1-23}$$

也可表示为

$$\boldsymbol{Q} = q_0 + \boldsymbol{q} \tag{1-24}$$

假设 $\boldsymbol{Q}$ 为单位四元数，则有

$$q_0^2 + \|\boldsymbol{q}\|^2 = 1 \tag{1-25}$$

那么，一定存在一个角度 α，使得

$$q_0^2 = \cos^2\frac{\alpha}{2} \tag{1-26}$$

$$\|\boldsymbol{q}\|^2 = \sin^2\frac{\alpha}{2} \tag{1-27}$$

即存在角度 $\alpha \in [0,2\pi)$，使得

$$q_0 = \cos\frac{\alpha}{2} \tag{1-28}$$

$$\boldsymbol{q} = \sin\frac{\alpha}{2} \tag{1-29}$$

若令

$$u = \frac{\boldsymbol{q}}{\|\boldsymbol{q}\|} \tag{1-30}$$

则所有单位四元数都可以表示为如下形式：

$$Q = \cos\frac{\alpha}{2} + u\sin\frac{\alpha}{2} \tag{1-31}$$

令 u_x、u_y、u_z 分别为单位向量 u 在 X、Y、Z 三个方向的分量，则 u 的四元数可写成如下形式：

$$Q_u = \cos\frac{\alpha}{2} + u_x\sin\frac{\alpha}{2}\mathrm{i} + u_y\sin\frac{\alpha}{2}\mathrm{j} + u_z\sin\frac{\alpha}{2}\mathrm{k} \tag{1-32}$$

利用四元数描述旋转 $P' = QPQ^*$ 时，相当于将空间三维向量 P 以单位向量 u 为轴逆时针旋转 α 角。

以四元数 $Q = q_0 + q_1\mathrm{i} + q_2\mathrm{j} + q_3\mathrm{k}$ 为例，根据四元数与欧拉角姿态矩阵的对应关系可得四元数的矩阵形式：

$$\begin{bmatrix} x_r \\ y_r \\ z_r \end{bmatrix} = \begin{bmatrix} q_0^2 + q_1^2 - q_2^2 - q_3^2 & 2(q_1q_2 - q_0q_3) & 2(q_0q_2 + q_1q_3) \\ 2(q_0q_3 + q_1q_2) & q_0^2 - q_1^2 + q_2^2 - q_3^2 & 2(q_2q_3 + q_0q_1) \\ 2(q_1q_3 - q_0q_2) & 2(q_0q_1 + q_2q_3) & q_0^2 - q_1^2 - q_2^2 + q_3^2 \end{bmatrix} \begin{bmatrix} x_o \\ y_o \\ z_o \end{bmatrix} \tag{1-33}$$

令四元数旋转矩阵与欧拉角旋转矩阵相对应，则有

$$\begin{bmatrix} q_0^2 + q_1^2 - q_2^2 - q_3^2 & 2(q_1q_2 - q_0q_3) & 2(q_0q_2 + q_1q_3) \\ 2(q_0q_3 + q_1q_2) & q_0^2 - q_1^2 + q_2^2 - q_3^2 & 2(q_2q_3 + q_0q_1) \\ 2(q_1q_3 - q_0q_2) & 2(q_0q_1 + q_2q_3) & q_0^2 - q_1^2 - q_2^2 + q_3^2 \end{bmatrix}$$

$$= \begin{bmatrix} \cos\psi\cos\phi & \cos\psi\sin\phi\sin\theta - \sin\psi\cos\theta & \cos\psi\sin\phi\cos\theta + \sin\psi\sin\theta \\ \sin\psi\cos\phi & \sin\psi\sin\phi\sin\theta + \cos\psi\cos\theta & \sin\psi\sin\phi\cos\theta - \cos\psi\sin\theta \\ -\sin\phi & \cos\phi\sin\theta & \cos\phi\cos\theta \end{bmatrix} \tag{1-34}$$

可求得

$$\tan\psi = \frac{2(q_1q_2 - q_0q_3)}{q_0^2 + q_1^2 - q_2^2 - q_3^2} \tag{1-35}$$

$$\sin\phi = -2(q_0q_2 + q_1q_3) \tag{1-36}$$

$$\tan\theta = \frac{2(q_2q_3 - q_0q_1)}{q_0^2 - q_1^2 - q_2^2 + q_3^2} \tag{1-37}$$

从而可得以下公式。

航向角：
$$\psi = \arctan\left[\frac{2(q_1q_2 - q_0q_3)}{q_0^2 + q_1^2 - q_2^2 - q_3^2}\right] \tag{1-38}$$

俯仰角：
$$\phi = \arcsin[-2(q_0q_2 + q_1q_3)] \tag{1-39}$$

横滚角：
$$\theta = \arctan\left[\frac{2(q_2q_3 - q_0q_1)}{q_0^2 - q_1^2 - q_2^2 + q_3^2}\right] \tag{1-40}$$

$$
\begin{cases}
q_0 = \cos\dfrac{\psi}{2}\cos\dfrac{\phi}{2}\cos\dfrac{\theta}{2} - \sin\dfrac{\psi}{2}\sin\dfrac{\phi}{2}\sin\dfrac{\theta}{2} \\[2mm]
q_1 = \cos\dfrac{\psi}{2}\cos\dfrac{\phi}{2}\sin\dfrac{\theta}{2} + \sin\dfrac{\psi}{2}\sin\dfrac{\phi}{2}\cos\dfrac{\theta}{2} \\[2mm]
q_2 = \cos\dfrac{\psi}{2}\sin\dfrac{\phi}{2}\cos\dfrac{\theta}{2} - \sin\dfrac{\psi}{2}\cos\dfrac{\phi}{2}\sin\dfrac{\theta}{2} \\[2mm]
q_3 = \sin\dfrac{\psi}{2}\cos\dfrac{\phi}{2}\cos\dfrac{\theta}{2} + \cos\dfrac{\psi}{2}\sin\dfrac{\phi}{2}\sin\dfrac{\theta}{2}
\end{cases}
\tag{1-41}
$$

1.1.3　机器人连杆坐标建立的 D-H 模型

1. D-H 坐标系与 D-H 参数

1955 年，Denavit 和 Hartenberg 提出了一种通用的 D-H 模型（Denavit-Hartenberg 模型），后来成为对机器人进行建模的标准方法。D-H 模型是一种用于描述机械连杆系统的数学模型，适用于对机器人正运动学和逆运动学问题进行建模。

D-H 模型假设机械连杆系统由一系列连杆组成，每根连杆都有自己的坐标系。该模型的关键是定义了四个参数，即连杆长度、连杆之间的相对位置、连杆与连杆之间的相对方位角以及连杆的关节角度。这四个参数构成了每根连杆坐标系相对于前一根连杆坐标系的变换关系。

经典的 D-H 法建立坐标系的规则如下。

(1) 连杆坐标系。

设连杆 $i+1$ 的坐标系为 $\{i+1\}$，连杆 i 的坐标系为 $\{i\}$，连杆 $i-1$ 的坐标系为 $\{i-1\}$。令 $\{i-1\}$ 为连杆 i 的前一个坐标系，$\{i\}$ 为连杆 $i+1$ 的前一个坐标系。坐标系 $\{i\}$ 的 X 轴用 x_i 表示，Y 轴用 y_i 表示，Z 轴用 z_i 表示。为了确定 $\{i\}$ 的坐标系，首先需要确定 Z 轴方向，若关节 $i+1$ 为旋转关节，则 Z 轴的方向根据右手定则来确定；若关节 $i+1$ 为滑动关节，则 Z 轴的方向根据关节 $i+1$ 直线运动的方向来确定。其次需要确定 X 轴方向，在关节 i 的 Z 轴 z_{i-1} 和关节 $i+1$ 的 Z 轴 z_i 的公垂线上建立 X 轴，方向就是离开 z_{i-1} 的方向。如果两个相邻关节的 Z 轴平行，那么就可以选择与前一关节的公垂线共线的一条公垂线作为 X 轴。最后根据右手定则建立 Y 轴。

(2) 连杆参数。

在确定了坐标系后，就可以得到四个运动学参数：α（连杆扭转角）、a（连杆长度）、d（连杆偏距）、θ（连杆关节角）。连杆扭转角 α_i 是绕 x_i 从 z_{i-1} 旋转到 z_i 的角度；连杆长度 a_i 就是沿 x_i 的方向从 z_{i-1} 到 z_i 的距离；连杆偏距 d_i 是沿 z_i 从 x_{i-1} 移动到 x_i 的距离；连杆关节角 θ_i 是绕 z_i 从 x_{i-1} 旋转到 x_i 的角度。如果是旋转关节，θ_i 就是关节向量，其他参数都不变；如果是滑动关节，d_i 就是关节变量，其他参数保持不变。

(3) 连杆坐标系变换。

连杆坐标系 $\{i\}$ 相对于 $\{i-1\}$ 的变换过程为：首先沿 x_{i-1} 旋转 α_i 角度，使得 z_i 和 z_{i-1} 平行；然后沿 x_i 平移 a_i 距离，使得 z_i 和 z_{i-1} 重合，沿 z_i 平移 d_i 距离，使得 $\{i\}$ 和 $\{i-1\}$ 原点重合；最后绕 z_{i-1} 旋转 θ_i 角度，使得 x_i 和 x_{i-1} 重合。

两相邻连杆坐标系的变换矩阵如下：

$$T_i^{i-1} = \text{Rot}_{z_{i-1}}(\theta_i)\text{Trans}_{z_{i-1}}(d_i)\text{Trans}_{x_i}(a_i)\text{Rot}_{x_{i-1}}(\alpha_i)$$

$$= \begin{bmatrix} \cos\theta_i & -\sin\theta_i\cos\alpha_i & \sin\theta_i\sin\alpha_i & a_i\cos\theta_i \\ \sin\theta_i & \cos\theta_i\cos\alpha_i & -\cos\theta_i\sin\alpha_i & a_i\sin\theta_i \\ 0 & \sin\alpha_i & \cos\alpha_i & d_i \\ 0 & 0 & 0 & 1 \end{bmatrix} \quad (1\text{-}42)$$

通过以上规则，可以确定每个坐标系的 Z 轴方向、X 轴方向和 Y 轴方向，以及各个关节间的转动角度。利用这些信息，可以构建机械臂坐标系之间的关系，并计算机械臂末端的姿态和位置。

【例 1-1】 利用 D-H 法建立灵巧手单根手指的模型。

灵巧手单根手指包含 4 个关节，根据上述 D-H 法建立坐标系规则，可以得到如图 1-5 所示的灵巧手单根手指模型。其中，每根连杆的坐标系定义为 (x_i, y_i, z_i) $(i = 0,1,2,3)$，并分别用参数 α_i、a_i、d_i 和 θ_i 表示四个运动学参数。其中，α_i $(i = 1,2,3,4)$ 表示连杆扭转角；a_i $(i = 1,2,3,4)$ 表示连杆长度；d_i $(i = 1,2,3,4)$ 表示连杆偏距；θ_i $(i = 1,2,3,4)$ 表示连杆关节角。

这个模型可以用于计算和控制灵巧手单根手指的位置和姿态，以及计算各个关节的角度。

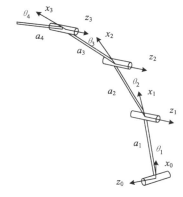

图 1-5　基于 D-H 法的灵巧手单根手指模型

总之，D-H 模型提供了一种简捷有效的方法，可用于描述机械连杆系统的运动学关系，能够帮助工程师或研究者研究和分析机器人的动力学特性与姿态控制。

2．各连杆 D-H 坐标系建立的步骤

在 D-H 模型中，各连杆 D-H 坐标系建立的步骤如下。

（1）选择一个坐标系作为基准坐标系。通常选择一个固定的参考物体或机器人的固定支点作为基准点。

（2）为每根连杆选择一个坐标系，并确定坐标系的原点位置。通常选择连杆的旋转轴（或关节轴）作为坐标系的 Z 轴，使 Z 轴与连杆轴线对齐。

（3）确定连杆扭转角、连杆长度、连杆偏距和连杆关节角。连杆扭转角是指连杆相对于前一根连杆或基准坐标系绕 Z 轴旋转的角度；连杆长度是指连杆沿着 Z 轴方向的长度；偏连杆偏距是指连杆在 X 轴方向上的偏移量；连杆关节角是指连杆的关节的角度。

（4）根据连杆扭转角、连杆长度、连杆偏距和连杆关节角，确定连杆坐标系相对于前一根连杆坐标系的变换关系。常见的变换关系有平移和旋转，可以通过矩阵变换的方法进行表示。

(5)将连杆坐标系的参数表示出来,通常使用矩阵形式表示,其中包括平移矩阵和旋转矩阵。

通过以上步骤,就可以建立起各连杆的 D-H 坐标系。这些坐标系之间的变换关系将用于计算机器人的正运动学和逆运动学问题。

【例 1-2】 根据例 1-1 中的 D-H 模型,建立 D-H 坐标系,并确定 D-H 参数表。

根据灵巧手的仿生学原理,将掌骨坐标系 $x_0 y_0 z_0$ 作为基准坐标系,每个坐标系的原点定义在该连杆的质心位置,得到的坐标系如图 1-5 所示。根据人手的医学结构和活动范围,a_1 代表的是掌骨 d,a_4、a_3、a_2 分别代表的是手指的远节指骨 a、中节指骨 b 和近节指骨 c。设 $a_1=42\text{mm}$,$a_4=a_3=25\text{mm}$,$a_2=50\text{mm}$。根据仿生学原理,设定关节角 θ_1 的范围是 $-20°\sim20°$,关节角 $\theta_2\sim\theta_4$ 的范围是 $0°\sim90°$。

根据图 1-5,可以得出灵巧手单根手指的 D-H 参数,如表 1-1 所示。

表 1-1 灵巧手单根手指的 D-H 参数表

关节	α_i	a_i	d_i	θ_i
1	90°	a_1	0	θ_1
2	0°	a_2	0	θ_2
3	0°	a_3	0	θ_3
4	0°	a_4	0	θ_4

3. 基于 D-H 参数的齐次变换矩阵

基于 D-H 参数的齐次变换矩阵(Homogeneous Transformation Matrix)是一种用于描述机械连杆系统中连杆坐标系之间变换关系的数学工具。

在 D-H 模型中,每根连杆的坐标系之间存在一种相对变换关系,这种变换关系可以用齐次变换矩阵来表示。该齐次变换矩阵是一个 4×4 的矩阵,其中包含平移和旋转的信息。通过对齐次变换矩阵进行乘法运算,可以将一个坐标系的点或向量转换到另一个坐标系中。

在 D-H 坐标系中,可以通过以下 4 步运动来使坐标系 $\{i-1\}$ 与 $\{i\}$ 重合。

(1)绕着 X 轴旋转:将坐标系 $\{i-1\}$ 绕着 X 轴旋转,使 Z 轴与 $\{i\}$ 的 Z 轴指向同一方向。

(2)沿着 X 轴平移:将坐标系 $\{i-1\}$ 沿着 X 轴平移,使两个坐标系的 Z 轴重合。

(3)绕着 Z 轴旋转:将坐标系 $\{i-1\}$ 绕着 Z 轴旋转,使 X 轴与 $\{i\}$ 的 X 轴指向同一方向。

(4)沿着 Z 轴平移:将坐标系 $\{i-1\}$ 沿着 Z 轴平移,使坐标系 $\{i-1\}$ 的原点与 $\{i\}$ 的原点重合。

根据上述旋转过程,齐次变换矩阵的表示形式如下:

$$T = \begin{bmatrix} R_{11} & R_{12} & R_{13} & T_X \\ R_{21} & R_{22} & R_{23} & T_Y \\ R_{31} & R_{32} & R_{33} & T_Z \\ 0 & 0 & 0 & 1 \end{bmatrix} \tag{1-43}$$

式中，R_{11}、R_{12}、R_{13}、R_{21}、R_{22}、R_{23}、R_{31}、R_{32}、R_{33} 分别表示旋转矩阵的元素；T_X、T_Y、T_Z 分别表示平移矩阵的元素。

为了将连杆的变换关系表示为齐次变换矩阵，需要根据连杆的 D-H 参数进行计算。具体的计算公式为

$$T = \begin{bmatrix} \cos\theta & -\sin\theta\cos\alpha & \sin\theta\sin\alpha & a\cos\theta \\ \sin\theta & \cos\theta\cos\alpha & -\cos\theta\sin\alpha & a\sin\theta \\ 0 & \sin\alpha & \cos\alpha & d \\ 0 & 0 & 0 & 1 \end{bmatrix} \tag{1-44}$$

通过计算每根连杆的齐次变换矩阵，并将其相乘就得到了整个机械连杆系统的变换矩阵，完成了将一个坐标系中的点或向量转换到另一个坐标系中的变换过程，实现了机器人的运动学分析和控制。

【例 1-3】 以表 1-1 所列的 D-H 参数为例，计算齐次变换矩阵。α_i 表示连杆 i 的扭转角，a_i 表示连杆 i 的长度，d_i 表示连杆 i 的偏距，θ_i 表示关节 i 的关节角。将表 1-1 中的值代入式 (1-42) 可以得到：

$$T_1^0 = \begin{bmatrix} \cos\theta_1 & 0 & \sin\theta_1 & a_1\cos\theta_1 \\ \sin\theta_1 & 0 & -\cos\theta_1 & a_1\sin\theta_1 \\ 0 & 1 & 1 & 0 \\ 0 & 0 & 0 & 1 \end{bmatrix} \tag{1-45}$$

$$T_2^1 = \begin{bmatrix} \cos\theta_2 & -\sin\theta_2 & 0 & a_2\cos\theta_2 \\ \sin\theta_2 & \cos\theta_2 & 0 & a_2\sin\theta_1 \\ 0 & 0 & 1 & 0 \\ 0 & 0 & 0 & 1 \end{bmatrix} \tag{1-46}$$

$$T_3^2 = \begin{bmatrix} \cos\theta_3 & -\sin\theta_3 & 0 & a_3\cos\theta_3 \\ \sin\theta_3 & \cos\theta_3 & 0 & a_3\sin\theta_3 \\ 0 & 0 & 1 & 0 \\ 0 & 0 & 0 & 1 \end{bmatrix} \tag{1-47}$$

$$T_4^3 = \begin{bmatrix} \cos\theta_4 & -\sin\theta_4 & 0 & a_4\cos\theta_4 \\ \sin\theta_4 & \cos\theta_4 & 0 & a_4\sin\theta_4 \\ 0 & 0 & 1 & 0 \\ 0 & 0 & 0 & 1 \end{bmatrix} \tag{1-48}$$

最后得到指尖基于基坐标的齐次变换矩阵如下：

$$T_4^0 = T_1^0 T_2^1 T_3^2 T_4^3 = \begin{bmatrix} C_1 C_{234} & -C_1 C_{234} & S_1 & (a_4 C_{234} + a_3 C_{23} + a_2 C_2 + a_1)C_1 \\ S_1 C_{234} & -S_1 S_{234} & -C_1 & (a_4 C_{234} + a_3 C_{23} + a_2 C_2 + a_1)S_1 \\ S_{234} & C_{234} & 0 & a_4 S_{234} + a_3 S_{23} + a_2 S_2 \\ 0 & 0 & 0 & 1 \end{bmatrix} \tag{1-49}$$

式中，$S_i = \sin\theta_i$；$C_i = \cos\theta_i$；$S_{ij} = \sin(\theta_i + \theta_j)$；$C_{ij} = \cos(\theta_i + \theta_j)$；$S_{ijk} = \sin(\theta_i + \theta_j + \theta_k)$；$C_{ijk} = \cos(\theta_i + \theta_j + \theta_k)$。

式(1-49)中矩阵 $\boldsymbol{T}_4^0$ 的第四列元素就是手指指尖的位置坐标，即

$$\begin{bmatrix} x \\ y \\ z \\ 1 \end{bmatrix} = \begin{bmatrix} (a_4 C_{234} + a_3 C_{23} + a_2 C_2 + a_1) C_1 \\ (a_4 C_{234} + a_3 C_{23} + a_2 C_2 + a_1) S_1 \\ a_4 S_{234} + a_3 S_{23} + a_2 S_2 \\ 1 \end{bmatrix} \tag{1-50}$$

式(1-50)即指尖在基坐标下的唯一空间位置坐标 (x, y, z)。

1.1.4 正运动学分析

正运动学分析(Forward Kinematics Analysis)是通过已知机器人各个关节的角度(关节变量)，推导出机器人末端执行器的位置和姿态信息的分析方法。

在正运动学分析中，可以通过机器人的 D-H 模型和齐次变换矩阵来描述机器人的运动学关系。

具体的分析过程如下。

(1)确定机器人各个关节的角度，这些角度可以通过传感器或用户输入的方式获取到。

(2)根据机器人的 D-H 模型，计算出每根连杆的齐次变换矩阵。即根据连杆的 D-H 参数，使用齐次变换矩阵的计算公式，将连杆的关节角度代入计算，得到每根连杆的齐次变换矩阵。

(3)将各个连杆的齐次变换矩阵相乘，得到整个机器人系统的齐次变换矩阵。

(4)从整个机器人系统的齐次变换矩阵中提取出末端执行器的位置和姿态信息，如位置的坐标和姿态的欧拉角或四元数表示。

通过以上步骤，即可完成机器人末端执行器的位置和姿态信息的获取。正运动学分析可以帮助我们了解机器人的运动学特性，它在机器人运动控制和轨迹规划中起到的重要作用。

【例 1-4】 以仿人机器人的下肢为例，说明正运动学分析过程。

利用 D-H 模型，推导仿人机器人的运动学方程。具体过程如下：为仿人机器人的每个关节都设定一个参考坐标系；然后，通过一定的变换关系，实现关节(坐标)间的变换。例如，要得到第 n 个关节的变换矩阵，就需要从基坐标开始推到第 1 个坐标、第 2 个坐标……直至第 n 个坐标，最后将之前的 n-1 次变换结合起来就得到了第 n 个关节的变化矩阵。

将机器人的每个关节看作 1 个自由度，每条腿上有 5 个自由度。根据仿人机器人的结构，建立 D-H 坐标系，如图 1-6 所示。

坐标系{0}为基础坐标系，固定在地面上；为了便于髋关节和踝关节轨迹的逆运动求解，在机器人的髋部增加了一个没有转动关节的坐标系{1}；坐标系{7}为脚板末端；为髋关节处的两个舵机建立坐标系{2}和坐标系{3}；为膝关节处的舵机建立坐标系{4}；为踝关节处的两个舵机建立坐标系{5}和坐标系{6}。表 1-2 给出了仿人机器人右腿的 D-H 参数。

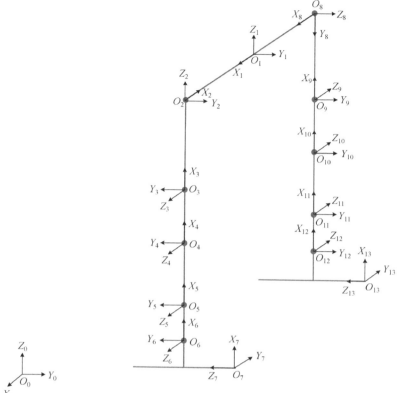

图 1-6　仿人机器人下肢的 D-H 坐标系

表 1-2　仿人机器人右腿的 D-H 参数表

右腿关节	α_i	a_i	d_i	θ_i
1	α_1	a_1	d_1	θ_1
2	$-90°$	-43	0	$180°$
3	$-90°$	-84	0	$\theta_3+90°$
4	$0°$	-59	0	θ_4
5	$0°$	-64	0	θ_5
6	$90°$	-45	0	θ_6
7	$180°$	-15	61.1	θ_7

　　从而可得到机器人双腿上任一关节坐标系（{1}、{2}、…、{7}）相对于基坐标系{0}的变换矩阵，其中脚掌坐标系相对于基坐标系的变换矩阵可写成：

$$T_7^0 = T_1^0 \cdot T_2^1 \cdot T_3^2 \cdot T_4^3 \cdot T_5^4 \cdot T_6^5 \cdot T_7^6$$

其中

$$T_{n+1}^n = \begin{bmatrix} \cos\theta_{n+1} & -\sin\theta_{n+1} & 0 & 0 \\ \sin\theta_{n+1} & \cos\theta_{n+1} & 0 & 0 \\ 0 & 0 & 1 & 0 \\ 0 & 0 & 0 & 1 \end{bmatrix} \times \begin{bmatrix} 1 & 0 & 0 & 0 \\ 0 & 1 & 0 & 0 \\ 0 & 0 & 1 & d_{n+1} \\ 0 & 0 & 0 & 1 \end{bmatrix}$$

$$\times \begin{bmatrix} 1 & 0 & 0 & a_{n+1} \\ 0 & 1 & 0 & 0 \\ 0 & 0 & 1 & 0 \\ 0 & 0 & 0 & 1 \end{bmatrix} \times \begin{bmatrix} 1 & 0 & 0 & 0 \\ 0 & \cos\alpha_{n+1} & -\sin\alpha_{n+1} & 0 \\ 0 & \sin\alpha_{n+1} & \cos\alpha_{n+1} & 0 \\ 0 & 0 & 0 & 1 \end{bmatrix}$$

(1-51)

1.1.5 逆运动学分析

逆运动学分析(Inverse Kinematics Analysis，IKA)是已知机器人末端执行器的位置和姿态信息，推导出机器人各个关节的角度(关节变量)的分析方法。

在逆运动学分析中，也通过机器人的 D-H 模型和齐次变换矩阵来描述机器人的运动学关系。

具体的分析过程如下。

(1)确定机器人末端执行器的位置和姿态信息，这些信息可以通过传感器或用户输入的方式获取到。

(2)根据机器人的 D-H 模型，确定逆解(Inverse Solution，IS)的关节变量。即通过逆解的计算公式，将机器人末端执行器的位置和姿态信息代入计算，得到机器人各个关节的角度。

(3)如果根据逆解的计算公式，计算机器人各个关节的角度，逆解的解析解不存在或难以求解，那么这时可以使用数值解的方法，如求解器或迭代求解的方法。

(4)将机器人各个关节的角度转换为对应的关节控制信号，以实现机器人的运动。

通过以上步骤，就可以获得与机器人末端执行器的位置和姿态信息相关的机器人各个关节的角度。逆运动学分析可以帮助我们在机器人运动控制、轨迹规划和碰撞检测等问题中，根据任务要求控制机器人的姿态和位置。

【例 1-5】   已知灵巧手指尖在空间中的目标位置坐标(x, y, z)，利用逆运动学分析 $\theta_1, \theta_2, \theta_3, \theta_4$。

逆运动学求解过程中，通常需要考虑实际约束问题。例如，在人手的实际运动中，手指的近侧指间关节和远侧指间关节有耦合关系：

$$\theta_{DIP} = 0.46\theta_{PIP} + 0.083\theta_{PIP}^2$$

(1-52)

式中，θ_{DIP} 表示远侧指间关节角；θ_{PIP} 表示近侧指间关节角。

在实际的控制中，二者的关系不需要这么精确，一般用三分之二代替即可。将该耦合关系应用在本节的灵巧手上，即有

$$\theta_4 = \frac{2}{3}\theta_3$$

(1-53)

由式(1-50)可以得到:

$$\theta_1 = \arctan\left(\frac{y}{x}\right) \tag{1-54}$$

记 $A = \dfrac{x}{C_1} - a_1$, $B = z$, 则有

$$A^2 + B^2 = a_2^2 + a_3^2 + a_4^2 + 2a_3a_4C_4 + 2a_2a_4C_{34} + 2a_2a_3C_3 \tag{1-55}$$

令 $r = \dfrac{A^2 + B^2 - a_2^2 - a_3^2 - a_4^2}{2}$, 又由式(1-51)可得

$$r = a_3a_4\cos\left(\frac{2}{3}\theta_3\right) + a_2a_4\cos\left(\frac{5}{3}\theta_3\right) + a_2a_3\cos\theta_3 \tag{1-56}$$

利用数值法求解式(1-56), 即可得到 θ_3。

令 $C = a_2 + a_3C_3 + a_4C_{34}$, $D = a_3S_3 + a_4S_{34}$, 则有

$$C \cdot S_2 + D \cdot C_2 = z \tag{1-57}$$

记 $z = E$, 可得

$$\theta_2 = \pm\arctan\left(\frac{E}{\sqrt{C^2 + D^2 - E^2}}\right) - \arctan\left(\frac{D}{E}\right), \quad 0° \leqslant \theta_2 \leqslant 90° \tag{1-58}$$

逆运动学问题往往比正运动学问题更加复杂,因为它需要求解非线性方程组。传统的数值方法,如牛顿迭代法或拟牛顿法,需要对目标函数进行二阶导数的计算,而逆运动学方程的目标函数往往难以求导,因此这些方法很难应用于逆运动学问题。

逆运动学方程求解的问题主要包括以下几个方面。

(1)多解性问题:可以使用群智能优化算法,如粒子群优化算法或遗传算法,进行全局搜索,找到最优解或多个局部最优解,也可以通过添加额外的约束条件来限制解的范围,减少多解性。

(2)歧义问题:逆运动学问题还可能存在歧义,即存在多个解,但它们实际上是等效的。这会给求解过程带来困难,需要通过额外的约束或规则来解决歧义问题。

(3)非线性问题:逆运动学方程通常是非线性的,这意味着无法直接使用解析方法求解,需要使用有效的数值优化算法来处理非线性问题。

(4)局部最优问题:逆运动学问题的解往往在一个多维的参数空间中存在多个局部最优解,这意味着在求解过程中可能会陷入局部最优解,而无法找到全局最优解。因此,需要使用全局优化算法或增加搜索策略来避免陷入局部最优解。

(5)鲁棒性问题:逆运动学问题可能受到噪声、测量误差或模型不准确性的影响,导致求解结果不稳定或不准确。因此,需要在求解过程中考虑到这些因素,提高算法的鲁棒性。

解决逆运动学方程求解中的问题需要考虑到不同的情况和具体问题的要求,以下是一些常见的解决方法。

(1)多解性问题：可以使用群智能优化算法，如粒子群优化算法或遗传算法，进行全局搜索，找到最优解或多个局部最优解，也可以通过添加额外的约束条件来限制解的范围，降低多解性。

(2)歧义问题：可以通过规定机器人关节的运动范围或添加额外的约束条件来解决歧义问题，也可以通过优化算法中的目标函数来设置优先级，选择特定的解。

(3)非线性问题：可以使用数值优化方法，如牛顿迭代法、拟牛顿法或 Levenberg-Marquardt 算法，来求解非线性方程组。同时还可以将逆运动学问题转化为优化问题，使用全局优化算法来求解。

(4)局部最优问题：可以使用全局优化算法，如模拟退火算法或遗传算法，进行全局搜索，避免陷入局部最优解，也可以在优化算法中添加随机扰动或多个起始点，增加搜索策略，提高找到全局最优解的概率。

(5)鲁棒性问题：可以在优化算法中引入鲁棒性评价指标，如条件数或敏感性分析，来评估解的稳定性，也可以通过增加样本数量或使用滤波技术来抑制噪声影响，提高算法的鲁棒性。

1.2 机器人动力学基础

机器人动力学基础在机器人学习、机器人控制和机器人设计等领域中起着重要的作用。通过对机器人动力学的研究和分析，可以深入理解机器人的力学特性，优化机器人的运动性能，提高机器人的控制精度和稳定性。

动力学研究机器人在运动过程中受到的力和力矩的关系，以及研究机器人运动过程中惯性的特性。动力学模型描述了机器人运动的力学特性，可以用来计算机器人在不同工作状态下的动力学响应。通过动力学模型，可以对机器人进行运动规划和控制，使其能够做出准确和稳定的运动。

建立机器人机构的动力学模型有许多种方法，包括拉格朗日(Lagrange)法、牛顿-欧拉(Newton-Euler)法、旋量(Spinor)法等。各种方法所建立的方程在本质上是等价的，只是方程形式不同，从而在计算或分析方面存在差异。方法的选择通常考虑构型、运动方程、迭代计算量、计算时间等几个方面。各种方法各有优缺点，在不同的场合可以选用适合的方法进行建模。

1.2.1 拉格朗日法

拉格朗日法基于拉格朗日力学原理和拉格朗日方程，通过对物体的能量和运动进行建模与求解，得到物体的运动状态和力学特性。

拉格朗日法通过以下步骤进行动力学建模。

(1)确定物体的广义坐标。广义坐标是描述物体位置和姿态的独立变量。广义坐标的选择需要遵循问题的几何特征和约束条件。

(2)根据物体的动能和势能，建立拉格朗日函数。动能和势能是物体的能量表示，可以通过物体的速度和位置的关系来计算。

（3）根据拉格朗日函数和拉格朗日方程，建立物体的运动方程。拉格朗日方程将能量和广义坐标的变化联系起来，描述了物体的运动规律和力学特性。

（4）对运动方程进行求解，得到物体的广义坐标随时间的变化。

拉格朗日法适用于各种类型的物体和约束情况，如刚体、弹性体和完整约束系统等。它在动力学分析和控制中具有广泛的应用，可以用于建立机械系统、机器人、车辆和航天器等的动力学模型。

拉格朗日法的具体实现过程如下。

1）建立物体的广义坐标

对于任何机械系统，拉格朗日函数定义为系统的动能 E_k 与势能 E_p 之差：

$$L = E_k - E_p \tag{1-59}$$

系统的动能和势能可以用任意选取的坐标系来表示，例如，广义坐标 $q_i\,(i=1,2,\cdots,n)$，不限于笛卡儿坐标。

对于旋转关节，广义坐标为关节角 θ_i；而对于平动关节，广义坐标为平动变量 d_i。因此，建立系统的动力学方程（第二类拉格朗日方程）如式（1-60）所示：

$$\tau_i = \frac{\mathrm{d}}{\mathrm{d}t}\left(\frac{\partial L}{\partial \dot{q}_i}\right) - \frac{\partial L}{\partial q_i}, \quad i=1,2,\cdots,n \tag{1-60}$$

式中，q_i、$\dot{q}_i$ 分别是系统的广义坐标和广义速度；τ_i 是与广义坐标相对应的广义力或力矩。若 q_i 是平动变量，则 τ_i 为力；若 q_i 是角度变量，则 τ_i 为力矩。

2）连杆的动能

对于具有 n 个自由度的机械臂，系统的动能表达式如式（1-61）所示：

$$E_k = \sum_{i=1}^{n} E_{ki} = \frac{1}{2}\sum_{i=1}^{n}(\boldsymbol{\omega}_i^{\mathrm{T}}\boldsymbol{I}_i\boldsymbol{\omega}_i + m_i\boldsymbol{v}_i^{\mathrm{T}}\boldsymbol{v}_i) = \frac{1}{2}\sum_{i=1}^{n}\sum_{j=1}^{i}\sum_{k=1}^{i} T_r\left[\frac{\partial(\boldsymbol{T}_i^0)}{\partial q_k}({}^i\boldsymbol{J}_i)\frac{\partial(\boldsymbol{T}_i^0)^{\mathrm{T}}}{\partial q_k}\right]\dot{q}_j\dot{q}_k \tag{1-61}$$

式中，${}^i\boldsymbol{J}_i$ 可用惯性张量表示为 ${}^i\boldsymbol{J}_i = \int ({}^i\bar{\boldsymbol{r}})({}^i\bar{\boldsymbol{r}})^{\mathrm{T}}\mathrm{d}m$。其中，${}^i\bar{\boldsymbol{r}} = \begin{bmatrix} x_i \\ y_i \\ z_i \\ 1 \end{bmatrix}$ 为连杆 i 上 $\mathrm{d}m$ 元相对

于其质心坐标系的齐次坐标，左上标用于描述矢量的参考坐标系，因此有

$$
{}^i\boldsymbol{J}_i = \int ({}^i\bar{\boldsymbol{r}})({}^i\bar{\boldsymbol{r}})^{\mathrm{T}}\mathrm{d}m = \begin{bmatrix}
\int x_i^2\mathrm{d}m & \int x_i y_i\mathrm{d}m & \int x_i y_i\mathrm{d}m & \int x_i\mathrm{d}m \\
\int x_i y_i\mathrm{d}m & \int y_i^2\mathrm{d}m & \int x_i y_i\mathrm{d}m & \int y_i\mathrm{d}m \\
\int x_i z_i\mathrm{d}m & \int x_i z_i\mathrm{d}m & \int z_i^2\mathrm{d}m & \int z_i\mathrm{d}m \\
\int x_i\mathrm{d}m & \int y_i\mathrm{d}m & \int z_i\mathrm{d}m & \int \mathrm{d}m
\end{bmatrix} \tag{1-62}
$$

设 $[x_{\mathrm{c}i}\ \ y_{\mathrm{c}i}\ \ z_{\mathrm{c}i}]^{\mathrm{T}}$ 为连杆 i 的质心坐标，同时设

$$\begin{cases} I_{xx} = \iiint\limits_{m} \left(y_i^2 + z_i^2 \right) \mathrm{d}m \\[2mm] I_{yy} = \iiint\limits_{m} \left(z_i^2 + x_i^2 \right) \mathrm{d}m \\[2mm] I_{zz} = \iiint\limits_{m} \left(x_i^2 + y_i^2 \right) \mathrm{d}m \\[2mm] I_{xy} = \iiint\limits_{m} x_i y_i \mathrm{d}m \\[2mm] I_{xz} = \iiint\limits_{m} x_i z_i \mathrm{d}m \\[2mm] I_{yz} = \iiint\limits_{m} y_i z_i \mathrm{d}m \end{cases} \tag{1-63}$$

则有

$$^{i}\boldsymbol{J}_i = \begin{bmatrix} \dfrac{-I_{xx} + I_{yy} + I_{zz}}{2} & -I_{xy} & -I_{xz} & m_i x_{ci} \\[3mm] -I_{xy} & \dfrac{I_{xx} - I_{yy} + I_{zz}}{2} & -I_{yz} & m_i y_{ci} \\[3mm] -I_{xz} & -I_{yz} & \dfrac{I_{xx} + I_{yy} - I_{zz}}{2} & m_i z_{ci} \\[3mm] m_i x_{ci} & m_i y_{ci} & m_i z_{ci} & m_i \end{bmatrix} \tag{1-64}$$

另外，根据齐次变换矩阵的性质，有

$$\begin{aligned} \frac{\partial T_i^{i-1}}{\partial \theta_i} &= \begin{bmatrix} -\sin\theta_i & -\cos\theta_i\cos\alpha_i & \cos\theta_i\sin\alpha_i & -a_i\sin\theta_i \\ \cos\theta_i & -\sin\theta_i\cos\alpha_i & \sin\theta_i\sin\alpha_i & a_i\cos\theta_i \\ 0 & 0 & 0 & 0 \\ 0 & 0 & 0 & 1 \end{bmatrix} \\[2mm] &= \begin{bmatrix} 0 & -1 & 0 & 0 \\ 1 & 0 & 0 & 0 \\ 0 & 0 & 0 & 0 \\ 0 & 0 & 0 & 1 \end{bmatrix} \begin{bmatrix} \cos\theta_i & -\sin\theta_i\cos\alpha_i & \sin\theta_i\sin\alpha_i & a_i\cos\theta_i \\ \sin\theta_i & \cos\theta_i\cos\alpha_i & -\cos\theta_i\sin\alpha_i & a_i\sin\theta_i \\ 0 & \sin\alpha_i & \cos\alpha_i & d_i \\ 0 & 0 & 0 & 1 \end{bmatrix} \\[2mm] &= \boldsymbol{Q}_i \boldsymbol{T}_i^{i-1} \end{aligned} \tag{1-65}$$

其中

$$\boldsymbol{Q}_i = \begin{bmatrix} 0 & -1 & 0 & 0 \\ 1 & 0 & 0 & 0 \\ 0 & 0 & 0 & 0 \\ 0 & 0 & 0 & 1 \end{bmatrix}$$

则有

$$\frac{\partial \boldsymbol{T}_i^0}{\partial q_i} = \frac{\partial(\boldsymbol{T}_{i-1}^0 \boldsymbol{T}_i^{i-1})}{\partial q_i} = \boldsymbol{T}_{i-1}^0 \frac{\partial \boldsymbol{T}_i^{i-1}}{\partial q_i} = \boldsymbol{T}_{i-1}^0 \boldsymbol{Q}_i^{i-1} \boldsymbol{T}_i \tag{1-66}$$

$$\frac{\partial \boldsymbol{T}_i^0}{\partial q_i} = \begin{cases} \dfrac{\partial(\boldsymbol{T}_{j-1}^0 \boldsymbol{T}_j^{j-1} \boldsymbol{T}_i^j)}{\partial q_i} = \boldsymbol{T}_{j-1}^0 \dfrac{\partial \boldsymbol{T}_j^{j-1}}{\partial q_i} \boldsymbol{T}_i^j = \boldsymbol{T}_{j-1}^0 \boldsymbol{Q}_i \boldsymbol{T}_i^j, & j \leqslant i \\ 0, & j > i \end{cases} \tag{1-67}$$

令 $\boldsymbol{U}_{ij} = \begin{cases} \boldsymbol{T}_{j-1}^0 \boldsymbol{Q}_i \boldsymbol{T}_i^j, & j \leqslant i \\ 0, & j > i \end{cases}$，则系统的总动能（式（1-67））可表示为

$$E_k = \frac{1}{2} \sum_{i=1}^{n} \sum_{j=1}^{i} \sum_{k=1}^{i} \mathrm{tr}\left(\frac{\partial(\boldsymbol{T}_i^0)}{\partial q_i} ({}^i\boldsymbol{J}_i) \frac{\partial(\boldsymbol{T}_i^0)^{\mathrm{T}}}{\partial q_k} \right) \dot{q}_j \dot{q}_k = \frac{1}{2} \sum_{i=1}^{n} \sum_{j=1}^{i} \sum_{k=1}^{i} \mathrm{tr}[\boldsymbol{U}_{ij}({}^i\boldsymbol{J}_i)\boldsymbol{U}_{ij}^{\mathrm{T}}]\dot{q}_j \dot{q}_k \tag{1-68}$$

3）连杆的势能

各个连杆的势能表示如下：

$$E_{pi} = -m_i \boldsymbol{g}^0 r_{ci} = -m_i \boldsymbol{g}(\boldsymbol{T}_i^0 \bar{\boldsymbol{r}}_{ci}^i) \tag{1-69}$$

式中，m_i 是连杆 i 的质量；$\boldsymbol{g} = [g_x, g_y, g_z, 0]$ 是表示重力的行矢量；$\bar{\boldsymbol{r}}_{ci}^i$ 为连杆 i 的质心在坐标系 $\{i\}$ 中的表示（齐次坐标），即

$$\bar{\boldsymbol{r}}_{ci}^i = \begin{bmatrix} x_{ci} \\ y_{ci} \\ z_{ci} \\ 1 \end{bmatrix}$$

则连杆总的势能表示如下：

$$E_p = \sum_{i=1}^{n} E_{pi} = -\sum_{i=1}^{n} m_i \boldsymbol{g}(\boldsymbol{T}_i^0 \bar{\boldsymbol{r}}_{ci}^i) \tag{1-70}$$

4）拉格朗日动力学方程

由式（1-68）和式（1-70）可得系统的拉格朗日函数为

$$L = E_k - E_p = \frac{1}{2} \sum_{i=1}^{n} \sum_{j=1}^{i} \sum_{k=1}^{i} \mathrm{tr}\left(\frac{\partial(\boldsymbol{T}_i^0)}{\partial q_j} ({}^i\boldsymbol{J}_i) \frac{\partial(\boldsymbol{T}_i^0)^{\mathrm{T}}}{\partial q_k} \right) \dot{q}_j \dot{q}_k + \sum_{i=1}^{n} m_i \boldsymbol{g}(\boldsymbol{T}_i^0 \bar{\boldsymbol{r}}_{ci}^i) \tag{1-71}$$

利用拉格朗日函数式可得到关节 i 驱动连杆 i 所需的广义力矩 τ_i，写成矩阵的形式表达式如下：

$$\boldsymbol{\tau} = \boldsymbol{D}(\boldsymbol{q})\ddot{\boldsymbol{q}} + \boldsymbol{h}(\boldsymbol{q}, \dot{\boldsymbol{q}}) + \boldsymbol{G}(\boldsymbol{q}) \tag{1-72}$$

式中，$\boldsymbol{\tau}$ 为加在各关节上的 $n \times 1$ 广义力矩，$\boldsymbol{\tau} = [\tau_1, \tau_2, \cdots, \tau_n]^{\mathrm{T}}$；$\boldsymbol{q}$ 为机器人的 $n \times 1$ 关节变量，$\boldsymbol{q} = [q_1, q_2, \cdots, q_n]^{\mathrm{T}}$；$\dot{\boldsymbol{q}}$ 为机器人的 $n \times 1$ 关节速度，$\dot{\boldsymbol{q}} = [\dot{q}_1, \dot{q}_2, \cdots, \dot{q}_n]^{\mathrm{T}}$；$\ddot{\boldsymbol{q}}$ 为机器人的 $n \times 1$ 关节加速度，$\ddot{\boldsymbol{q}} = [\ddot{q}_1, \ddot{q}_2, \cdots, \ddot{q}_n]^{\mathrm{T}}$；$\boldsymbol{D}(\boldsymbol{q})$ 为机械臂的质量矩阵，$n \times n$ 对称矩阵；$\boldsymbol{h}(\boldsymbol{q}, \dot{\boldsymbol{q}})$ 为 $n \times 1$ 的非线性科氏力和离心力；$\boldsymbol{G}(\boldsymbol{q})$ 为 $n \times 1$ 的重力。

最后利用矩阵算法对运动方程进行求解，得到物体的广义坐标随时间的变化。

拉格朗日法是一种以能量为中心的分析方法。它通过定义系统的拉格朗日函数来描

述系统的动力学行为,其函数是系统动能和势能的差,因此只需考虑系统的总能量即可。该方法中使用的变量是广义坐标,不需要引入惯性力。拉格朗日法的特点是能够描述复杂的运动系统,将系统自由度降低到最小,降低了问题的复杂性。

拉格朗日法的优点主要体现在以下几方面。

(1)广义性和一般性。拉格朗日法是一种通用的优化方法,适用于各种类型的约束优化问题。无论是线性约束问题、非线性约束问题,还是混合整数优化问题都可以通过拉格朗日法来进行求解。

(2)约束处理。拉格朗日法能够很好地处理约束条件,可以将约束条件和广义坐标的变化考虑在内。它将约束条件转化为等式约束,并通过引入拉格朗日乘子来表示约束条件对目标函数的影响程度。在求解无约束优化问题时,可以直接对拉格朗日函数进行求导,而不需要考虑约束条件的不等式关系。

(3)符号简化。拉格朗日法使用了广义坐标来描述物体的位置和姿态,使得计算更加简洁和直观。

1.2.2 牛顿-欧拉法

牛顿-欧拉法基于牛顿力学和欧拉运动方程,通过对物体的质量、力和运动进行建模与求解,得到物体的运动状态和力学特性。

牛顿-欧拉法通过以下步骤进行动力学建模。

(1)确定物体的质量分布和几何特征,计算物体的质心位置和质量矩阵。

(2)根据物体所受到的外力和外力矩,计算物体受到的合力和合力矩。

(3)根据牛顿第二定律和欧拉运动方程,通过质量、力和运动之间的关系,建立物体的运动方程。

(4)对运动方程进行求解,得到物体的加速度、速度和位置随时间的变化。

由于牛顿-欧拉法依赖于速度和加速度,因此用于描述刚体和机械系统更为方便。牛顿-欧拉法也更容易与实际问题的观测结果相结合,因为它更直接地涉及已知的力和加速度。

牛顿-欧拉法依据达朗贝尔原理描述各个连杆的运动和受力的关系。将静力平衡条件用于动力学问题,既考虑外加驱动力,又考虑物体产生加速度的惯性力。对于任何物体,外加力和运动阻力(惯性力)在任何方向上的代数和都为 0。其具体实现过程重点在于建立物体受到的合力和合力矩方程,其数学描述分为力平衡方程和力矩平衡方程。

1)力平衡方程

力学的基本方程是平衡方程,即物体所受合力等于零。这意味着在物体上施加的所有力的和,与物体自身的质量和加速度的乘积相等。平衡方程的基本形式通常称为"牛顿第二定律"。牛顿第二定律的含义是物体加速度的大小与合力成正比,与物体质量成反比,即

$$f_{ci} = \frac{\mathrm{d}(m_i v_{ci})}{\mathrm{d}t} = m_i \dot{v}_{ci} \tag{1-73}$$

式中，m_i 为连杆 i 的质量；v_{ci} 为连杆 i 质心的线速度；$\dot{v}_{ci}$ 为连杆 i 质心的线加速度；f_{ci} 为作用在连杆 i 上的外力合矢量。

2）力矩平衡方程

假设机器人的每个连杆都为刚体，连杆运动必须对其加速或减速。运动连杆所需要的力或力矩是所需加速度和连杆质量分布的函数。基于欧拉方程可以描述机器人驱动力矩、负载力（力矩）、惯性张量和加速度之间的关系，即

$$n_{ci} = \frac{\mathrm{d}(I_{ci}\omega_i)}{\mathrm{d}t} = I_{ci}\dot{\omega}_i + \omega_i \times (I_{ci}\omega_i) \tag{1-74}$$

式中，I_{ci} 为连杆 i 关于质心的惯性张量；ω_i 为连杆 i 的角速度；$\dot{\omega}_i$ 为连杆 i 的角加速度；n_{ci} 为作用在连杆 i 上的外力矩合矢量。

对于连杆 i，其所受外力主要为相邻连杆对其的作用力，即连杆 $i-1$ 及连杆 $i+1$ 对其的作用力，力平衡方程可表示为

$$^i f_{ci} = {}^i f_i - {}^i f_{i+1} + m_i {}^i g \tag{1-75}$$

式中，$^i f_{ci}$ 为连杆 i 所受合外力在坐标系 $\{i\}$ 中的表示；f_i 为连杆 $i-1$ 对连杆 i 所施加的力，左上标为用于描述矢量的参考坐标系，即 $^i f_i$ 为 f_i 在坐标系 $\{i\}$ 中的表示；$^i f_{i+1}$ 为连杆 i 对连杆 $i+1$ 所施加的力，而其反作用力 $-^i f_{i+1}$ 即连杆 $i+1$ 对连杆 i 所施加的力；$m_i {}^i g$ 为连杆 i 的自重。

为了方便递推方程的推导，将方程(1-75)中连杆的自重部分去掉，而其影响部分（即 $m_i {}^i g$）可通过设定基座（即连杆 0）的初始线加速度为重力加速度（$^0 \dot{v}_0 = {}^0 g$）来等效实现。令 $^0 \dot{v}_0 = {}^0 g$，意味着基座受到支撑作用相当于向上的重力加速度 g。处理后，式(1-75)可表示为如下形式：

$$^i f_{ci} = {}^i f_i - {}^i f_{i+1} \tag{1-76}$$

另外，对于各连杆，有如下力矩平衡方程：

$$^i n_{ci} = {}^i n_i - {}^i n_{i+1} - {}^i r_{ci} \times {}^i f_{ci} - {}^i p_{i+1} \times {}^i f_{i+1} \tag{1-77}$$

式中，$^i n_{ci}$ 为连杆 i 所受合外力矩在坐标系 $\{i\}$ 中的表示；$^i n_i$ 为连杆 $i-1$ 作用在连杆 i 上的力矩；$^i r_{ci}$ 为连杆 i 质心在坐标系 $\{i\}$ 中的位置矢量；$^i p_{i+1}$ 为坐标系 $\{i+1\}$ 的原点在坐标系 $\{i\}$ 中的位置矢量。将式(1-76)和式(1-77)写成迭代表达式：

$$^i f_i = {}^i f_{i+1} + {}^i f_{ci} = {}^i A_{i+1} {}^{i+1} f_{i+1} + {}^i f_{ci} n \tag{1-78}$$

$$^i n_i = {}^i n_{i+1} + {}^i n_{ci} + {}^i r_{ci} \times {}^i f_{ci} + {}^i p_{i+1} \times {}^i f_{i+1} \tag{1-79}$$

$$= {}^i A_{i+1} {}^{i+1} n_{i+1} + {}^i n_{ci} + {}^i r_{ci} \times {}^i f_{ci} + {}^i p_{i+1} \times ({}^i A_{i+1} {}^i f_{i+1}) \tag{1-80}$$

利用以上公式，可以从末端连杆 n 开始，顺次向内递推直至机械臂的基座。递推初值 $^{n+1} f_{n+1}$、$^{n+1} n_{n+1}$ 的规定如下。

(1)若机械臂末端在自由空间运动，则在不与环境接触时，有

$$^{n+1} f_{n+1} = 0 \tag{1-81}$$

$$^{n+1}\boldsymbol{n}_{n+1} = 0 \tag{1-82}$$

(2)若机械臂末端与环境接触，则有

$$^{n+1}\boldsymbol{f}_{n+1} = {}^{n+1}\boldsymbol{f}_{\mathrm{e}} \tag{1-83}$$

$$^{n+1}\boldsymbol{n}_{n+1} = {}^{n+1}\boldsymbol{n}_{\mathrm{e}} \tag{1-84}$$

式中，$^{n+1}\boldsymbol{f}_{\mathrm{e}}$、$^{n+1}\boldsymbol{n}_{\mathrm{e}}$ 分别为末端与环境之间的接触力和接触力矩。

针对转动关节和移动关节，利用迭代方程可以计算关节的驱动力矩或驱动力。

(1)对于转动关节，关节 i 所需的驱动力矩等于连杆 $i-1$ 作用在连杆 i 上的作用力矩沿坐标系 $\{i-1\}$ 的 z_{i-1} 轴上的分量，即

$$\tau_i = ({}^i\boldsymbol{n}_i)^{\mathrm{T}}({}^iz_{i-1}) \tag{1-85}$$

式中，$^iz_{i-1}$ 为 z_{i-1} 轴方向矢量在坐标系 $\{i\}$ 中的表示。

(2)对于移动关节，关节 i 所需的驱动力等于连杆 $i-1$ 作用在连杆 i 上的作用力沿坐标系 $\{i-1\}$ 的 z_{i-1} 轴上的分量，即

$$\tau_i = ({}^i\boldsymbol{f}_i)^{\mathrm{T}}({}^iz_{i-1}) \tag{1-86}$$

牛顿-欧拉法是一种以力和加速度为中心的分析方法。它基于牛顿力学的基本原理，通过分析物体受到的外力和惯性力来推导运动方程，其使用的变量是位置、速度和加速度等基本物理量。牛顿-欧拉法适用于描述大尺度和低速度的运动系统。

牛顿-欧拉法的优点主要体现在以下几方面。

(1)简单直观。牛顿-欧拉法基于经典的牛顿力学原理，具有直观的物理解释和模型表达。

(2)灵活性和适用性。牛顿-欧拉法适用于各种运动和力的情况，可以灵活地应用于不同的问题领域。

(3)数值可行性和计算效率。牛顿-欧拉法可以通过数值方法进行求解，具有较好的数值可行性和计算效率。

需要注意的是，在牛顿-欧拉法中，假设物体是刚体，并且外力和外力矩的大小与方向是已知的。此外，牛顿-欧拉法在应用过程中可能需要考虑一些限制条件和近似方法，如摩擦力、空气阻力和约束条件等。这些限制条件和近似方法需要根据具体问题和需求进行合理的选择与应用。

1.2.3 旋量法

旋量(对偶数)法是一种用于动力学建模的方法，它通过引入旋量来描述物体的运动和力的作用。旋量是一种具有方向和大小的量，可以用向量进行表示。与传统的向量法相比，旋量法在描述运动和力时更加简洁与直观。

在旋量法中，物体的运动通常由位置旋量、速度旋量和加速度旋量表示，这些旋量可以通过求导的方式从运动方程中获得。力的作用可以通过力旋量来表示，力旋量描述了力的大小、方向和作用点。

旋量法中的动力学模型可以通过牛顿第二定律来建立，通过以下步骤进行动力学

建模。

(1)根据物体的质量和几何特征，计算物体的惯性矩阵。

(2)根据物体的受力情况，计算力矩旋量。

(3)将惯性矩阵和力矩旋量组合在一起，可以得到物体的运动方程。

旋量法具有以下几个优点。

(1)简洁性。旋量法使用了一种更加直观和简洁的描述方式，可以将物体的运动和力的作用以更少的方程表达出来。

(2)形式不变性。旋量是一种抽象的量，不受坐标系的选择和变换的影响，具有形式不变性。这使得旋量法在不同坐标系下的应用具有一致性和可靠性。

(3)应用范围广。旋量法适用于各种类型的运动和力的作用，包括平动、旋转、约束等。它可以用于建立机械、弹性体、流体力学等系统的动力学模型。

需要注意的是，旋量法在数学上需要使用克利福德代数或外代数来进行计算，因此在实际应用中可能需要一定的数学基础。此外，旋量法在动力学建模中也存在一定的限制，如几何不变性的保持、旋量运算的复杂性等问题，需要根据具体问题和需求进行合理的选择与应用。

1.3　机械臂轨迹规划

轨迹规划是指根据机器人的运动学和动力学特性，制定机器人在运动过程中的轨迹和行为规划。机械臂轨迹规划是一种复杂的工程，是机械臂控制系统的关键技术之一。机械臂轨迹规划是指在三维空间中计算出机械臂从起始姿态到目标姿态的最优或可行路径的过程，其目标是使机器人能够以最佳的效果达到给定的任务。它能帮助机械臂按照规划路径实现高精度的操作。

机械臂轨迹规划通常分为在空间中轨迹规划和在时间上轨迹规划。在空间中，轨迹规划主要考虑机械臂执行任务时的位置和姿态，包括转动轴的角度、末端的偏移量等，它的路径经过的坐标必须要满足要求，到达整个任务的终点。在时间上，轨迹规划主要考虑机械臂在不同时间的加速度或减速度，从而实现动态运动，使机械臂有足够时间完成轨迹规划和路径优化。

空间机械臂的轨迹规划需要考虑以下几个关键因素。

(1)避障。机械臂在任务执行过程中需要避开障碍物，以确保操作的安全性和顺利性。避障通常使用传感器获取环境中的障碍物信息，并使用轨迹规划算法计算出避开障碍物的最优路径。

(2)动力学限制。机械臂的运动通常受到关节角速度、加速度限制等动力学约束。轨迹规划需要将这些约束考虑在内，以避免机械臂产生不稳定或不安全的运动。

(3)工作空间限制。机械臂的运动在工作空间内进行。轨迹规划需要将工作空间的形状和尺寸考虑在内，以确保机械臂能够在限定的空间内完成任务。

避障需要在传感器采样数据的支持下实现，本书将在 2.1.2 节中举例说明。本节重点描述工作空间内的轨迹规划，包括关节空间轨迹规划和笛卡儿空间轨迹规划。

1.3.1 关节空间轨迹规划

关节空间轨迹规划(Joint-space Motion Planning,JMP)是指在机器人的关节空间内规划机器人的运动轨迹和关节角度,以满足特定的任务和运动要求,其控制框图如图 1-7 所示。图中,f 表示起始位置,i 表示目标位置。关节空间是描述机器人关节角度的空间,每个关节都有一个特定的角度值。在关节空间中确定机器人各个关节角度的变化规律,以实现机器人的轨迹规划、轨迹跟踪和姿态控制等目标。

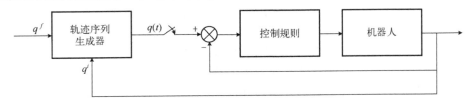

图 1-7 关节空间轨迹规划控制框图

关节空间轨迹规划首先需要把笛卡儿空间中点的坐标先转化成关节空间下的关节角度,通过规划点到点之间的关节角度,实现轨迹规划。

常见的关节空间轨迹规划方法包括以下方面。

(1)线性插值。关节角度在起始角度和目标角度之间进行线性插值,生成一系列关节角度的路径点。这种方法简单且易于实现,但在路径中可能会出现不连续的角度跳跃。

(2)二次多项式插值。使用二次多项式函数拟合起始角度和目标角度之间的路径,生成平滑的关节角度路径。这种方法可以避免角度跳跃,并且可以调整速度和角加速度,但可能会导致关节角度的变化过大。

(3)三次多项式插值。使用三次多项式函数拟合起始角度和目标角度之间的路径,生成更平滑的关节角度路径。这种方法可以更精确地控制关节角度的变化,但计算复杂度较高。

(4)S 形曲线插值。使用 S 形曲线函数(如 Sigmoid 函数)拟合起始角度和目标角度之间的路径。这种方法可以在路径开始和结束时产生更平缓的角度变化,较好地控制关节角速度和角加速度。

(5)优化算法。使用优化算法(如遗传算法、模拟退火算法等)来调整关节角度的路径,以满足特定的优化目标要求,如最小化能耗、最小化运动时间等。这种方法需要定义适当的目标函数和约束条件,并进行多次迭代优化,计算复杂度较高。

不同的关节空间轨迹规划方法各有优缺点,选择合适的方法要考虑机器人的运动要求、速度要求、平滑性要求等因素。常用的插值方法有三次多项式插值和五次多项式插值两种。

1. 三次多项式插值

若已知起始点 t_0 时刻的关节角 θ_0 及终止点 t_f 时刻的关节角 θ_f,通过增加起始点和终止点的速度约束实现关节空间轨迹规划,则可采用三次多项式进行关节运动轨迹规划,其表达式如下：

$$\theta(t) = a_0 + a_1 t + a_2 t^2 + a_3 t^3 \tag{1-87}$$

式中，a_0、a_1、a_2、a_3 为待定参数。关节运动轨迹规划的目的实际上就是确定这些参数。要确定这 4 个参数，需要 4 个约束条件。首先，起始时刻及终止时刻的关节角满足：

$$\theta(t_0) = \theta_0 \tag{1-88}$$

$$\theta(t_f) = \theta_f \tag{1-89}$$

另外，还需保证关节角速度函数连续，即起始时刻和终止时刻的关节角速度为 0：

$$\dot{\theta}(t_0) = 0 \tag{1-90}$$

$$\dot{\theta}(t_f) = 0 \tag{1-91}$$

将约束条件式（1-88）～式（1-91）代入式（1-87），可解出待定参数：

$$\begin{cases} a_0 = \theta_0 \\ a_1 = 0 \\ a_2 = \dfrac{3}{t_f^2}(\theta_f - \theta_0) \\ a_3 = -\dfrac{2}{t_f^3}(\theta_f - \theta_0) \end{cases} \tag{1-92}$$

上述解适用于起始关节角速度和终止关节角速度均为 0 的情况。当终止关节角速度不为 0 时，约束条件式(1-90)和式(1-91)改为

$$\dot{\theta}(t_0) = \dot{\theta}_0 \tag{1-93}$$

$$\dot{\theta}(t_f) = \dot{\theta}_f \tag{1-94}$$

将式（1-88）、式（1-89）、式（1-93）、式（1-94）代入式（1-87），可得

$$\begin{cases} a_0 = \theta_0 \\ a_1 = \dot{\theta}_0 \\ a_2 = \dfrac{3}{t_f^2}(\theta_f - \theta_0) - \dfrac{2}{t_f}\dot{\theta}_0 - \dfrac{1}{t_f}\dot{\theta}_f \\ a_3 = -\dfrac{2}{t_f^3}(\theta_f - \theta_0) + \dfrac{1}{t_f^2}(\dot{\theta}_f + \dot{\theta}_0) \end{cases} \tag{1-95}$$

【例 1-6】　在关节空间中实现灵巧手的轨迹规划。

在关节空间中对灵巧手进行轨迹规划之前，需要知道灵巧手在待规划的关节空间中的起始点角度值和终止点角度值。在约束条件下，运用插值的方式进行关节插值，从而得到合理的角度时间序列。对于灵巧手，轨迹要求平滑且连续，也就是要保证灵巧手手指的各个关节曲线都是连续平滑且无冲击的。常用的插值方法有三次多项式插值和五次

多项式插值两种。

对于三次多项式，其未知系数一共有四个。为确保多项式的唯一性，就需要确定这四个未知系数。如果把三次多项式当作灵巧手的关节角度随时间变化的函数，那么一阶导函数就是灵巧手关节角速度随时间变化的函数，二阶导函数就是灵巧手关节角加速度随时间变化的函数。

设置灵巧手手指的运动起始时间为 t_0，运动结束时间为 t_f，起始关节角速度为 $\dot{q}(t_0)$，终止关节角速度为 $\dot{q}(t_f)$。三次多项式用 $q(t)$ 表示，设 $q(t_0)=\theta_0$，$q(t_f)=\theta_f$，为了保证关节不受损伤，并且能平稳运动，限定 $\dot{q}(t_0)$、$\dot{q}(t_f)$ 为零，即

$$\begin{cases} q(t_0) = \theta_0 \\ q(t_f) = \theta_f \\ \dot{q}(t_0) = 0 \\ \dot{q}(t_f) = 0 \end{cases} \tag{1-96}$$

由以上条件可以得到唯一三次多项式 $q(t)$：

$$\begin{cases} q(t) = a_0 + a_1 t + a_2 t^2 + a_3 t^3 \\ \dot{q}(t) = a_1 + 2a_2 t + 3a_3 t^2 \\ \ddot{q}(t) = 2a_2 + 6a_3 t \end{cases} \tag{1-97}$$

式中，a_0、a_1、a_2 和 a_3 为多项式未知系数。

将式(1-96)代入式(1-97)可以算出四个线性方程：

$$\begin{cases} \theta_0 = a_0 \\ \theta_f = a_0 + a_1 t + a_2 t^2 + a_3 t^3 \\ 0 = a_1 \\ 0 = a_1 + 2a_2 t + 3a_3 t^2 \end{cases} \tag{1-98}$$

解得

$$\begin{cases} a_0 = \theta_0 \\ a_1 = 0 \\ a_2 = \dfrac{3(\theta_f - \theta_0)}{t_f^2} \\ a_3 = \dfrac{-2(\theta_f - \theta_0)}{t_f^3} \end{cases} \tag{1-99}$$

2. 五次多项式插值

如果对于运动轨迹的要求更加严格，要确定路径段起始点和终止点的位置、速度和加速度，则需要用五次多项式进行插值，即

$$\theta(t) = a_0 + a_1 t + a_2 t^2 + a_3 t^3 + a_4 t^4 + a_5 t^5 \tag{1-100}$$

其约束条件表示为

$$\begin{cases} \theta(t_0)=\theta_0, & \dot{\theta}(t_0)=0, & \ddot{\theta}(t_0)=0 \\ \theta(t_f)=\theta_f, & \dot{\theta}(t_f)=0, & \ddot{\theta}(t_f)=0 \end{cases} \tag{1-101}$$

分别将 $t=t_0$ 和 $t=t_f$ 代入式（1-100），有

$$\begin{cases} \theta_0=a_0 \\ \theta_f=a_0+a_1t_f+a_2t_f^2+a_3t_f^3+a_4t_f^4+a_5t_f^5 \\ \dot{\theta}_0=a_1 \\ \dot{\theta}_f=a_1+2a_2t_f+3a_3t_f^2+4a_4t_f^3+5a_5t_f^4 \\ \ddot{\theta}_0=2a_2 \\ \ddot{\theta}_f=2a_2+6a_3t_f+12a_4t_f^2+20a_5t_f^3 \end{cases} \tag{1-102}$$

由式（1-101）和式（1-102）可解出待定参数为

$$\begin{cases} a_0=\theta_0 \\ a_1=\dot{\theta}_0 \\ a_2=\dfrac{\ddot{\theta}_0}{2} \\ a_3=\dfrac{20(\theta_f-\theta_0)-(8\dot{\theta}_f+12\dot{\theta}_0)t_f+(\ddot{\theta}_f-3\ddot{\theta}_0)t_f^2}{2t_f^3} \\ a_4=\dfrac{-30(\theta_f-\theta_0)+(14\dot{\theta}_f+16\dot{\theta}_0)t_f-(2\ddot{\theta}_f-3\ddot{\theta}_0)t_f^2}{2t_f^4} \\ a_5=\dfrac{12(\theta_f-\theta_0)-(6\dot{\theta}_f+6\dot{\theta}_0)t_f+(\ddot{\theta}_f-\ddot{\theta}_0)t_f^2}{2t_f^5} \end{cases} \tag{1-103}$$

【例 1-7】　对于五次多项式，其未知系数一共有六个。如果把五次多项式当作灵巧手的关节角度随时间变化的函数，那么其一阶导函数就是灵巧手关节角速度随时间变化的函数，二阶导函数就是灵巧手关节角加速度随时间变化的函数。

设置灵巧手手指的运动起始时间为 t_0，运动结束时间为 t_f，起始关节角速度为 $\dot{q}(t_0)$，终止关节角速度为 $\dot{q}(t_f)$，起始关节角加速度为 $\ddot{q}(t_0)$，终止关节角加速度为 $\ddot{q}(t_f)$。五次多项式用 $q(t)$ 表示，设 $q(t_0)=\theta_0$，$q(t_f)=\theta_f$，为了保证关节不受损伤，并且能平稳运动，限定 $\dot{q}(t_0)$、$\dot{q}(t_f)$、$\ddot{q}(t_0)$、$\ddot{q}(t_f)$ 都为零，即

$$\begin{cases} q(t_0)=\theta_0 \\ q(t_f)=\theta_f \\ \dot{q}(t_0)=0 \\ \dot{q}(t_f)=0 \\ \ddot{q}(t_0)=0 \\ \ddot{q}(t_f)=0 \end{cases} \tag{1-104}$$

由以上条件可以得到唯一五次多项式 $q(t)$：

$$\begin{cases} q(t) = a_0 + a_1 t + a_2 t^2 + a_3 t^3 + a_4 t^4 + a_5 t^5 \\ \dot{q}(t) = a_1 + 2a_2 t + 3a_3 t^2 + 4a_4 t^3 + 5a_5 t^4 \\ \ddot{q}(t) = 2a_2 + 6a_3 t + 12a_4 t^2 + 20a_5 t^3 \end{cases} \tag{1-105}$$

解得

$$\begin{cases} a_0 = \theta_0 \\ a_1 = 0 \\ a_2 = 0 \\ a_3 = \dfrac{10(\theta_f - \theta_0)}{t_f^3} \\ a_4 = \dfrac{-15(\theta_f - \theta_0)}{t_f^4} \\ a_5 = \dfrac{6(\theta_f - \theta_0)}{t_f^5} \end{cases} \tag{1-106}$$

1.3.2 笛卡儿空间轨迹规划

笛卡儿空间轨迹规划（Cartesian-space Motion Planning，CMP）是在机器人的笛卡儿空间内规划机器人的运动轨迹和末端执行器的姿态，以满足特定的任务和运动要求，其控制框图如图 1-8 所示。笛卡儿空间是描述机器人末端执行器的位置和姿态的空间，包括三维空间中的坐标和方向。在笛卡儿空间中，机器人的运动可以用平移和旋转两个自由度描述，其中平移自由度包括机器人的位置信息，旋转自由度包括机器人的姿态信息。

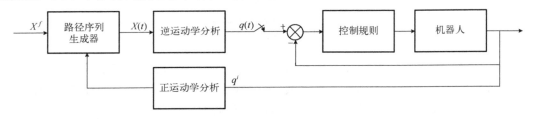

图 1-8　笛卡儿空间轨迹规划控制框图

笛卡儿空间轨迹规划就是对笛卡儿空间坐标下的点到点之间的参量进行规划，得到规划路径。将规划的路径通过逆运动学解算出所对应的关节轨迹，然后把关节轨迹在位置模式下作为输入，输入给控制器，实现轨迹规划。

根据控制对象的不同，笛卡儿空间轨迹规划可以分为基于位置级求逆的笛卡儿空间轨迹规划和基于速度级求逆的笛卡儿空间轨迹规划。

1. 基于位置级求逆的笛卡儿空间轨迹规划

基于位置级求逆的笛卡儿空间轨迹规划主要关注的是机械臂末端的位姿控制，首先通过逆运动学求解机械臂的关节角度，然后通过关节角度的插值得到关节角度的路径，进而反解运动学求解机械臂末端的位姿，最终通过控制机械臂的关节运动来实现轨迹规划。

具体步骤如下。

（1）确定起始位姿和目标位姿。根据任务需求确定机械臂的起始位姿和目标位姿，包括位置和姿态信息。

（2）正运动学。根据机械臂的结构和关节角度，通过正运动学求解出机械臂的末端位姿。利用正运动学将关节角度映射到末端位姿，可以使用 D-H 参数化模型或其他正运动学的方法。

（3）逆运动学。根据目标位姿和起始位姿，通过逆运动学求解机械臂的关节角度。利用逆运动学将末端位姿映射到关节角度，可以使用解析法、数值法或其他逆运动学的方法。

（4）插值。根据起始关节角度和目标关节角度，通过插值算法，如直线插值、样条插值等，生成关节角度的路径。插值算法可以保证关节角度的平滑变化，并且可以加上运动学和动力学约束。

（5）轨迹生成。根据关节角度的路径，通过反解运动学求解机械臂的末端位姿轨迹。

（6）控制。根据末端位姿轨迹和运动控制算法（如 PID 控制），控制机械臂末端的位置和姿态运动。

基于位置级求逆的笛卡儿空间轨迹规划方法可以简单地控制机械臂在笛卡儿空间中的运动，但缺点是过程中可能出现奇异点、多解和收敛速度慢等问题。为了克服这些问题，可以使用其他轨迹规划算法和优化算法进行改进与调整。

2. 基于速度级求逆的笛卡儿空间轨迹规划

基于速度级求逆的笛卡儿空间轨迹规划主要关注的是机械臂末端的速度控制，首先通过逆运动学求解机械臂的末端速度，然后通过速度级求逆求解机械臂的关节角速度，再通过关节角速度的插值得到关节角速度的路径，最终通过控制机械臂的关节角速度来实现轨迹规划。

具体步骤如下。

（1）确定起始位姿和目标位姿。与基于位置级求逆的方法类似，根据任务需求确定机械臂的起始位姿和目标位姿。

（2）正运动学。通过正运动学求解出机械臂的末端位姿。

（3）逆运动学。根据目标位姿和起始位姿，通过逆运动学求解机械臂的末端速度。逆运动学求解末端速度是一个将末端位姿的差异映射到末端速度的过程，可以使用解析法、数值法或其他逆运动学的方法。

（4）速度级求逆。根据末端速度，通过速度级求逆求解机械臂的关节角速度。速度级求逆是一个将末端速度映射到关节角速度的过程，可以使用雅可比矩阵或其他速度级求逆的方法。

（5）插值。根据起始关节角速度和目标关节角速度，通过插值算法生成关节角速度的路径。

（6）控制。根据关节角速度的路径和运动控制算法，控制机械臂的关节运动。

基于速度级求逆的笛卡儿空间轨迹规划方法可以更精确地控制机械臂在笛卡儿空间中的运动，并且可以避免奇异点和多解的问题。但是，该方法可能会引入运动不连续和速度不平滑的问题。在实际应用中，可以根据具体需求选择合适的轨迹规划算法和优化算法进行改进与调整。

机械臂轨迹规划常常伴随着复杂的数学算法，如样条曲线的基本方法、Bezier 曲线的方法、自适应基线算法等，它们都可用来解决路径方面的复杂问题。

实际上，可以使用基于计算机的规划和优化方法来解决机械臂控制的轨迹规划问题，如遗传算法、蚁群算法和模拟退火算法。这些算法可以更容易地抵抗复杂度，并且可以更快、更准确地找到机械臂所需的最优解。机械臂轨迹规划可以使机械臂实现一定程度的自适应性，也可以针对不同场景和工作内容做出针对性的优化。

1.4   运动学分析算法举例

1.4.1   攀爬机器人的正运动学分析

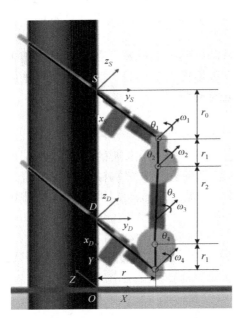

图 1-9   攀爬机器人简化模型

本节以攀爬机器人为例说明正运动学分析过程，采用基于旋量理论的分析方法，为了便于对攀爬机器人进行运动学分析和动力学分析，将攀爬机器人简化为连杆结构，并建立攀爬机器人的简易数学模型，如图 1-9 所示。设图 1-9 中机器人的姿态为机器人的基础姿态。在爬杆与地面的交点处建立世界坐标系 $\{W\}$，该坐标系为静坐标系，用来描述机器人的整体运动；在机器人的上夹持装置顶端位置建立基础坐标系 $\{S\}$，该坐标系为动坐标系，用来描述机器人上夹持装置顶端的位形；在机器人的下夹持装置顶端位置建立工具坐标系 $\{D\}$，该坐标系为动坐标系，用来描述机器人下夹持装置顶端的位形。

令 $q = (q_S, \theta)^T$ 用于描述攀爬机器人运动过程中的广义坐标，其中，$q_S = [x, y, \sigma]^T$，x 和 y 分别是机器人在坐标系 $\{W\}$ 中的坐标，σ 是基础坐标系 $\{S\}$ 的坐标轴与世界坐标系 $\{W\}$ 的坐标轴之间的夹角，也就是爬杆与地面之间的夹角。θ_i 表示第 i 个关节的旋转角度，定义 $\theta = [\theta_1, \theta_2, \theta_3, \theta_4]^T$ 表示攀爬机器人在基础坐标系 $\{S\}$ 中的广义坐标。

当机器人上夹持装置固定，下夹持装置运动时，其正运动学方程可以通过计算各个关节的运动旋量来得到。首先将机器人系统当作一个非固定基多自由度的刚体系统，然后通过构建虚拟连杆把机器人整体看作固定基单自由度的开链系统。机器人在坐标系 $\{W\}$ 中的位形可以用三个齐次变换矩阵的积来表示，也可以用两次平移和一次旋转的变换来表示，如式 (1-107) 所示。旋转关节的运动旋量表达式如式 (1-108) 所示。

$$g_{WS} = \mathrm{Trans}(x)\mathrm{Trans}(y)\mathrm{Rot}(z, -\theta) \tag{1-107}$$

$$\boldsymbol{\xi}_i = \begin{bmatrix} -\boldsymbol{\omega}_i \times \boldsymbol{q}_i \\ \boldsymbol{\omega}_i \end{bmatrix} \tag{1-108}$$

式中，$\boldsymbol{\omega}_i$ 是运动旋量旋转轴方向上的单位矢量；$\boldsymbol{q}_i$ 是旋转轴上的点。设关节 1、2、3、4 的角速度方向为沿 Z 轴方向，则 $\boldsymbol{\omega}_i = [0,0,1]^T, i = 1,2,3,4$，轴上的点在基础坐标系 $\{S\}$ 中的坐标如下：

$$\boldsymbol{q}_1 = [r_0, r, 0]^T \tag{1-109}$$

$$\boldsymbol{q}_2 = [r_0 + r_1, r, 0]^T \tag{1-110}$$

$$\boldsymbol{q}_3 = [r_0 + r_1 + r_2, r, 0]^T \tag{1-111}$$

$$\boldsymbol{q}_4 = [r_0 + 2r_1 + r_2, r, 0]^T \tag{1-112}$$

根据式（1-108），可以得到各个关节的运动旋量如下：

$$\boldsymbol{\xi}_1 = [r, -r_0, 0, 0, 0, 1]^T \tag{1-113}$$

$$\boldsymbol{\xi}_2 = [r, -(r_0 + r_1), 0, 0, 0, 1]^T \tag{1-114}$$

$$\boldsymbol{\xi}_3 = [r, -(r_0 + r_1 + r_2), 0, 0, 0, 1]^T \tag{1-115}$$

$$\boldsymbol{\xi}_4 = [r, -(r_0 + 2r_1 + r_2), 0, 0, 0, 1]^T \tag{1-116}$$

攀爬机器人在图 1-9 所示的初始位置时，工具坐标系 $\{D\}$ 相对于基础坐标系 $\{S\}$ 的变换满足：

$$\boldsymbol{g}_{SD}(0) = \begin{bmatrix} \boldsymbol{I} & \begin{bmatrix} 2r_1 + r_2 \\ 0 \\ 0 \end{bmatrix} \\ 0 & 1 \end{bmatrix} \tag{1-117}$$

指数积公式如式（1-118）所示：

$$\boldsymbol{g}_{SD}(\theta) = e^{\boldsymbol{\xi}_1 \theta_1} e^{\boldsymbol{\xi}_2 \theta_2} e^{\boldsymbol{\xi}_3 \theta_3} e^{\boldsymbol{\xi}_4 \theta_4} \boldsymbol{g}_{SD}(0) \tag{1-118}$$

式中，$e^{\xi\theta} = \begin{bmatrix} \boldsymbol{R} & \boldsymbol{p} \\ 0 & 1 \end{bmatrix} = \begin{bmatrix} e^{\hat{\omega}\theta} & (\boldsymbol{I} - e^{\hat{\omega}\theta})(\boldsymbol{\omega} \times \boldsymbol{v}) + \boldsymbol{\omega}\boldsymbol{\omega}^T \boldsymbol{v}\theta \\ 0 & 1 \end{bmatrix}$，$\boldsymbol{R}$ 为机器人末端，即下夹持装置的姿态矩阵；$\boldsymbol{p}$ 为下夹持装置的位置向量。

各个关节运动中刚体运动的李代数的矩阵形式如式（1-119）～式（1-122）所示：

$$\hat{\boldsymbol{\xi}}_1 = \begin{bmatrix} \hat{\boldsymbol{\omega}}_1 & \boldsymbol{v}_1 \\ 0 & 0 \end{bmatrix} = \begin{bmatrix} 0 & -1 & 0 & r \\ 1 & 0 & 0 & -r_0 \\ 0 & 0 & 0 & 0 \\ 0 & 0 & 0 & 0 \end{bmatrix} \tag{1-119}$$

$$\hat{\boldsymbol{\xi}}_2 = \begin{bmatrix} \hat{\boldsymbol{\omega}}_2 & \boldsymbol{v}_2 \\ 0 & 0 \end{bmatrix} = \begin{bmatrix} 0 & -1 & 0 & r \\ 1 & 0 & 0 & -(r_0 + r_1) \\ 0 & 0 & 0 & 0 \\ 0 & 0 & 0 & 0 \end{bmatrix} \tag{1-120}$$

$$\hat{\boldsymbol{\xi}}_3 = \begin{bmatrix} \hat{\boldsymbol{\omega}}_3 & \boldsymbol{v}_3 \\ 0 & 0 \end{bmatrix} = \begin{bmatrix} 0 & -1 & 0 & r \\ 1 & 0 & 0 & -(r_0 + r_1 + r_2) \\ 0 & 0 & 0 & 0 \\ 0 & 0 & 0 & 0 \end{bmatrix} \tag{1-121}$$

$$\hat{\boldsymbol{\xi}}_4 = \begin{bmatrix} \hat{\boldsymbol{\omega}}_4 & \boldsymbol{v}_4 \\ 0 & 0 \end{bmatrix} = \begin{bmatrix} 0 & -1 & 0 & r \\ 1 & 0 & 0 & -(r_0 + 2r_1 + r_2) \\ 0 & 0 & 0 & 0 \\ 0 & 0 & 0 & 0 \end{bmatrix} \tag{1-122}$$

据此可求解各个关节的指数映射，如式(1-123)~式(1-126)所示：

$$e^{\hat{\xi}_1 \theta_1} = \begin{bmatrix} C_1 & -S_1 & 0 & S_1 r + (1-C_1) r_0 \\ S_1 & C_1 & 0 & -S_1 r_0 + (1-C_1) r \\ 0 & 0 & 1 & 0 \\ 0 & 0 & 0 & 1 \end{bmatrix} \tag{1-123}$$

$$e^{\hat{\xi}_2 \theta_2} = \begin{bmatrix} C_2 & -S_2 & 0 & S_2 r + (1-C_2)(r_0 + r_1) \\ S_2 & C_2 & 0 & -S_2(r_0 + r_1) + (1-C_2) r \\ 0 & 0 & 1 & 0 \\ 0 & 0 & 0 & 1 \end{bmatrix} \tag{1-124}$$

$$e^{\hat{\xi}_3 \theta_3} = \begin{bmatrix} C_3 & -S_3 & 0 & S_3 r + (1-C_3)(r_0 + r_1 + r_2) \\ S_3 & C_3 & 0 & -S_3(r_0 + r_1 + r_2) + (1-C_3) r \\ 0 & 0 & 1 & 0 \\ 0 & 0 & 0 & 1 \end{bmatrix} \tag{1-125}$$

$$e^{\hat{\xi}_4 \theta_4} = \begin{bmatrix} C_4 & -S_4 & 0 & S_4 r + (1-C_4)(r_0 + 2r_1 + r_2) \\ S_4 & C_4 & 0 & -S_4(r_0 + 2r_1 + r_2) + (1-C_4) r \\ 0 & 0 & 1 & 0 \\ 0 & 0 & 0 & 1 \end{bmatrix} \tag{1-126}$$

式中，$C_i = \cos\theta_i$；$S_i = \sin\theta_i$；i=1,2,3,4。

由式(1-112)和式(1-123)~式(1-126)，可以得到攀爬机器人的正运动学方程：

$$\boldsymbol{g}_{SD}(\theta) = \begin{bmatrix} \boldsymbol{R}(\theta) & \boldsymbol{p}(\theta) \\ 0 & 1 \end{bmatrix} = \begin{bmatrix} C_{1234} & -S_{1234} & 0 & p_1 \\ S_{1234} & C_{1234} & 0 & p_2 \\ 0 & 0 & 1 & p_3 \\ 0 & 0 & 0 & 1 \end{bmatrix} \tag{1-127}$$

其中

$$
\begin{cases}
p_1 = S_{12}[rS_3-(C_3-1)(r_0+r_1+r_2)]-C_{12}[S_3(r_0+r_1+r_2)+r(C_3-1)]-r_0S_1-r(C_1-1) \\
\quad -S_{123}[(C_4-1)(r_0+2r_1+r_2)-rS_4]-C_{123}[r(C_4-1)+S_4(r_0+2r_1+r_2)] \\
\quad -C_1[S_2(r_0+r_1)+r(C_2-1)]+S_1[rS_2-(r_0+r_1)(C_2-1)]+S_{1234}(2r_1+r_2) \\
p_2 = rS_1+S_{12}[S_3(r_0+r_1+r_2)+r(C_3-1)]+C_{12}[rS_3-(C_3-1)(r_0+r_1+r_2)]-r_0(C_1-1) \\
\quad +S_{123}[r(C_4-1)+S_4(r_0+2r_1+r_2)]-C_{123}[(C_4-1)(r_0+2r_1+r_2)-rS_4] \\
\quad +C_1[rS_2-(r_0+r_1)(C_2-1)]+S_1[S_2(r_0+r_1)+r(C_2-1)]+C_{1234}(2r_1+r_2) \\
p_3 = 0
\end{cases}
$$

式中，$\boldsymbol{R}(\theta)=\begin{bmatrix} C_{1234} & -S_{1234} & 0 \\ S_{1234} & C_{1234} & 0 \\ 0 & 0 & 1 \end{bmatrix}$ 是下夹持装置末端的姿态矩阵；$\boldsymbol{p}(\theta)=\begin{bmatrix} p_1 \\ p_2 \\ p_3 \end{bmatrix}$ 是下夹持装置

末端的位置向量；$C_{ij}=\cos(\theta_i+\theta_j)$；$S_{ij}=\sin(\theta_i+\theta_j)$；$i=1,2,3,4$；$j=1,2,3,4$。根据式（1-127）以及攀爬机器人各个关节的旋转角度，即可得到任意时刻机器人的姿态。

1.4.2 基于灰狼遗传算法的逆运动学求解

本节以灵巧手为例说明逆运动学分析过程，采用一种混合灰狼优化（Grey Wolf Optimizer，GWO）算法和遗传算法的分析方法。采用灰狼优化算法求解逆运动学时，存在着"早熟"现象，结果容易陷入局部最优，导致适应度和平均适应度相差非常大，从而影响求解精度。针对以上问题，本节采用改进的 GWO 算法，即灰狼遗传优化（Grey Wolf Genetic Optimizer，GWGO）算法，解决灵巧手逆运动学求解问题。首先利用 GWO 算法获得逆运动学初解，然后利用遗传算法（Genetic Algorithm，GA）中的选择算子和交叉算子对初始逆解进行优化并且筛选出逆解中的优解。

本节首先利用标准测试函数对 GWGO 算法性能进行分析测试并且与 GWO 算法进行比较，然后再用 GWGO 算法求解灵巧手单根手指逆运动学问题。

1. GWGO 算法的基本原理

GWO 算法是近年来新提出的一种群智能优化算法，具有参数少、结构简单、优化精度高和收敛速度快的特点。但是对于一些复杂的优化问题，GWO 算法却存在着局部收敛的问题。运用 GWO 算法对灵巧手手指的逆运动学问题进行求解，得到的结果有"早熟"的现象，因此要对 GWO 算法做进一步的改进。

GA 作为早期的群智能优化算法之一，优点是应用范围广泛、使用简单、鲁棒性强，缺点是过程费时以及特有的转码过程容易引入量化误差从而错过最优点。GA 遵循自然界原理，通过选择、交叉、变异的操作实现最优解的寻找。交叉算子在算法中有全局搜索的作用，选择算子可以决定进化方向，而运算过程中起到辅助作用并且最耗时的是变异算子。GA 的流程图如图 1-10 所示。

针对以上问题，本节采用 GWGO 算法。首先利用 GWO 算法获得逆运动学初解，其次利用 GA 中的选择算子和交叉算子对初始逆解进行优化并且筛选出逆解中的优解，从而降低适应度，提高求解精度，避免因陷入局部收敛而产生"早熟"现象。由于改进的

算法设计需求是提高算法的全局搜索能力和算法的收敛精度，因此采用选择算子和交叉算子进行算法改进。这样既可以利用选择算子和交叉算子提高 GWO 算法的全局搜索能力，也可以避免 GA 因为转码而产生量化误差。

GWGO 算法的基本运算步骤如下。

(1) 初始化种群，每个种群随机产生 n 个个体。

(2) 计算当前个体的适应度 F，确定 α、β 和 δ。

(3) 计算 a、A 和 C 的值。

(4) 更新个体当前位置，保留当前个体作为父代个体。

(5) 对父代个体进行选择和交叉，得到子代个体。

(6) 计算子代个体的适应度 F。

(7) 比较父代个体与子代个体对应的适应度值 F，采用子代个体替换父代个体中表现不好的个体。

(8) 若达到最大迭代次数，则结束；否则转到步骤(2)。

GWGO 算法的流程图如图 1-11 所示。

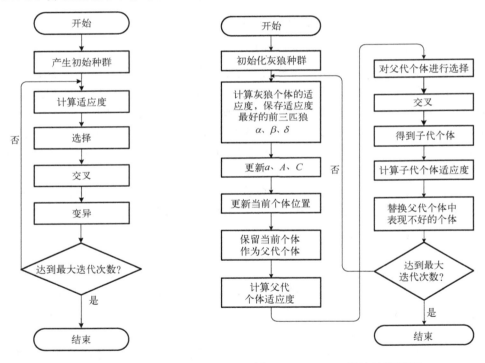

图 1-10 GA 的流程图   图 1-11 GWGO 算法的流程图

2. 标准测试函数测试 GWGO 算法

1) f_1: Sphere 函数

Sphere 函数是连续、单峰凸函数。Sphere 函数的输入域：对于 $i=1,2$，函数通常在 $x_i \in [-5,5]$ 上进行计算。当 $x_i=0$ 时，对应的全局函数最优值为 0。计算公式为

$$f(x) = \sum_{i=1}^{d} x_i^2 \tag{1-128}$$

式中，d 代表函数维度。当 $d = 2$ 时，MATLAB 仿真函数图如图 1-12 所示。

2）f_2：Matyas 函数

Matyas 函数是二维测试函数。除了全局最小值，没有局部最小值。Matyas 函数的输入域：对于 $i = 1,2$，函数通常在 $x_i \in [-10,10]$ 上进行计算。当 $x_i = 0$ 时，对应的全局函数最优值为 0。计算公式为

$$f(x) = 0.26\left(x_1^2 + x_2^2\right) - 0.48x_1x_2 \tag{1-129}$$

MATLAB 仿真函数图如图 1-13 所示。

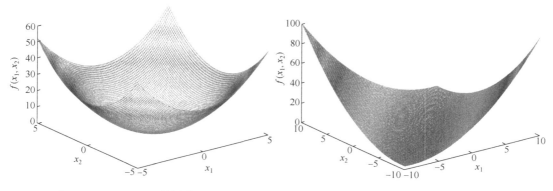

图 1-12　Sphere 函数图像　　　　　　图 1-13　Matyas 函数图像

3）f_3：Sum Squares 函数

Sum Squares 函数仅有一个全局最小值，是连续、单峰凸函数。Sum Squares 函数的输入域：对于 $i = 1,2$，函数通常在 $x_i \in [-10,10]$ 上进行计算。当 $x_i = 0$ 时，对应的全局函数最优值为 0。计算公式为

$$f(x) = \sum_{i=1}^{d} ix_i^2 \tag{1-130}$$

式中，d 代表函数维度。当 $d = 2$ 时，MATLAB 仿真函数图如图 1-14 所示。

4）f_4：Rosenbrock 函数

Rosenbrock 函数是单峰测试函数，该函数的全局最小值处于抛物线谷中，由于该区域较为狭窄，收敛到最低限度较为困难。Rosenbrock 函数的输入域：对于 $i = 1,2$，函数通常在 $x_i \in [-2.048, 2.048]$ 上进行计算。当 $x_i = 0$ 时，对应的全局函数最优值为 0。计算公式为

$$f(x) = \sum_{i=1}^{d-1} \{[100(x_{i+1} - x_i^2)^2 + (x_i - 1)^2]\} \tag{1-131}$$

式中，d 代表函数维度。当 $d = 2$ 时，MATLAB 仿真函数图如图 1-15 所示。

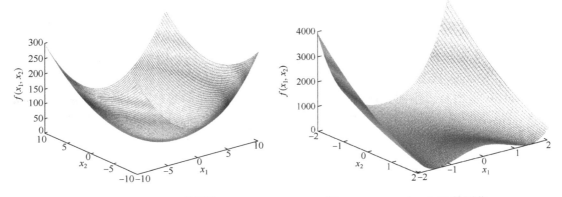

图 1-14   Sum Squares 函数图像   图 1-15   Rosenbrock 函数图像

5) f_5: Beale 函数

Beale 函数是二维测试函数。Beale 函数的输入域：对于 $i = 1, 2$ ，函数通常在 $x_i \in [-4.5, 4.5]$ 上进行计算。当 $x_i = 0$ 时，对应的全局函数最优值为 0。计算公式为

$$f(x) = (1.5 - x_1 + x_1 x_2)^2 + \left(2.25 - x_1 + x_1 x_2^2\right)^2 + \left(2.625 - x_1 + x_1 x_2^3\right)^2 \tag{1-132}$$

MATLAB 仿真函数图如图 1-16 所示。

6) f_6: Shubert 函数

Shubert 函数是二维测试函数，有几个局部最小值和许多全局最小值，是多峰函数的代表。Shubert 函数的输入域：对于 $i = 1, 2$ ，函数通常在 $x_i \in [-10, 10]$ 上进行计算，全局函数最优值为 -186.7309。计算公式为

$$f(x) = \left\{ \sum_{i=1}^{5} i \cos[(i+1) x_1 + i] \right\} \left\{ \sum_{i=1}^{5} i \cos[(i+1) x_2 + i] \right\} \tag{1-133}$$

MATLAB 仿真函数图如图 1-17 所示。

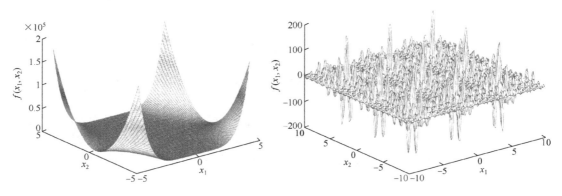

图 1-16   Beale 函数图像   图 1-17   Shubert 函数图像

7) f_7: Levy 函数

Levy 函数是多峰测试函数。Levy 函数的输入域：对于 $i = 1, 2$ ，函数通常在 $x_i \in [-10, 10]$ 上进行计算。当 $x_i = 0$ 时，对应的全局函数最优值为 0。计算公式为

$$f(x) = \sin^2(\pi\omega_1) + \sum_{i=1}^{d-1}(\omega_i - 1)^2[1 + 10\sin^2(\pi\omega_i + 1)] + (\omega_d - 1)^2[1 + \sin^2(2\pi\omega_d)] \quad (1\text{-}134)$$

式中，$\omega_i = 1 + \dfrac{x_i - 1}{4}$；$d$ 代表函数维度。当 $d = 2$ 时，MATLAB 仿真函数图如图 1-18 所示。

8) f_8：Griewank 函数

Griewank 函数有很多局部最小值，是多峰函数的代表。Griewank 函数的输入域：对于 $i = 1,2$，函数通常在 $x_i \in [-600,600]$ 上进行计算。当 $x_i = 0$ 时，全局函数最优值为 0。计算公式为

$$f(x) = \sum_{i=1}^{d}\frac{x_i^2}{4000} - \prod_{i=1}^{d}\cos\left(\frac{x_i}{\sqrt{i}}\right) + 1 \quad (1\text{-}135)$$

式中，d 代表函数维数。当 $d = 2$ 时，MATLAB 仿真函数图如图 1-19 所示。

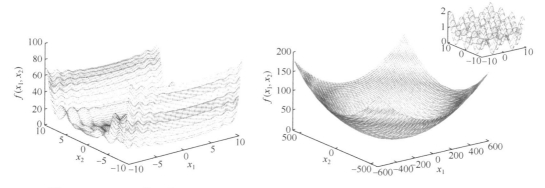

图 1-18 Levy 函数图像   图 1-19 Griewank 函数图像

将 8 个标准测试函数的特性列于表 1-3 中。

表 1-3 标准测试函数参数表

函数	公式	属性
f_1	$f(x) = \sum_{i=1}^{d} x_i^2$	单峰
f_2	$f(x) = 0.26\left(x_1^2 + x_2^2\right) - 0.48x_1x_2$	单峰
f_3	$f(x) = \sum_{i=1}^{d} ix_i^2$	单峰
f_4	$f(x) = \sum_{i=1}^{d-1}\left\{\left[100\left(x_{i+1} - x_i^2\right)^2 + (x_i - 1)^2\right]\right\}$	单峰
f_5	$f(x) = \left(1.5 - x_1 + x_1x_2\right)^2 + \left(2.25 - x_1 + x_1x_2^2\right)^2 + \left(2.625 - x_1 + x_1x_2^3\right)^2$	多峰
f_6	$f(x) = \left\{\sum_{i=1}^{5} i\cos[(i+1)x_1 + i]\right\}\left\{\sum_{i=1}^{5} i\cos[(i+1)x_2 + i]\right\}$	多峰
f_7	$f(x) = \sin^2(\pi\omega_1) + \sum_{i=1}^{d-1}(\omega_i - 1)^2\left[1 + 10\sin^2(\pi\omega_i + 1)\right] + (\omega_d - 1)^2\left[1 + \sin^2(2\pi\omega_d)\right]$	多峰
f_8	$f(x) = \sum_{i=1}^{d}\frac{x_i^2}{4000} - \prod_{i=1}^{d}\cos\left(\frac{x_i}{\sqrt{i}}\right) + 1$	多峰

上述函数中前 4 个为单峰函数，可以用于测试算法的收敛精度和收敛速度；后 4 个是具有很多全局最小值的多峰函数，可以用于测试算法全局搜索的能力。其中，f_2、f_5、f_6 为二维测试函数，f_1、f_3、f_4、f_7、f_8 为多维测试函数。由式(1-20)～式(1-23)可知，灵巧手单根手指逆运动学求解问题的维度为三维。为了更好地测试 GWGO 算法在求解灵巧手的逆运动学问题上的算法性能，设置多维测试函数的维度为三维。

GWGO 算法的参数设置如下：种群为 100，迭代次数为 100，GGAP=1，PC=0.6。GWO 算法的种群数量和迭代次数与 GWGO 算法相同。其中，GGAP 是选择操作的代沟，PC 是交叉操作的交叉概率。在用标准测试函数测试算法整体性能时，GGAP 和 PC 的取值不影响算法的整体性能，只有在解决具体问题时，为了获得更高的收敛精度，才会对 GGAP 和 PC 的具体参数取值进行选择。

算法性能的评价标准设置分别为最优适应度(Best)、最差适应度(Worst)、平均适应度(Mean)和标准差(Std)。最优适应度和最差适应度对应 100 次独立仿真实验结果中的最小适应度和最大适应度。由于算法具有一定的随机性，100 次仿真结果中会存在一些差异，最优适应度可以反映算法在最优情况下的寻优结果；最差适应度可以反映算法在最差情况下的寻优结果。平均适应度和标准差可以反映算法性能，平均适应度越接近最优值，说明算法的寻优效果越好，收敛精度越高；标准差越小说明算法稳定性越高。

首先分别运用 GWO 算法和 GWGO 算法对 4 个单峰标准测试函数进行 100 次独立仿真实验。在各自的 100 次独立仿真实验中，算法对各测试函数寻优的最优适应度、最差适应度、平均适应度和标准差如表 1-4 和表 1-5 所示，算法的最优适应度、最差适应度和平均适应度的收敛曲线如图 1-20～图 1-23 所示。为了便于观察和显示，在MATLAB 中使用 semilogy 函数绘图，semilogy 函数设置 y 轴的单位为以 10 为基数的对数。

表 1-4　GWO 算法求解单峰标准测试函数时，100 次独立仿真实验结果统计表

函数	最优适应度	最差适应度	平均适应度	标准差
f_1	$2.1552×10^{-103}$	$1.3774×10^{-66}$	$1.3855×10^{-68}$	$1.3705×10^{-67}$
f_2	$6.5606×10^{-56}$	$1.0724×10^{-37}$	$1.1801×10^{-39}$	$1.0701×10^{-38}$
f_3	$3.2125×10^{-68}$	$2.2307×10^{-45}$	$2.3115×10^{-47}$	$2.2194×10^{-46}$
f_4	$1.4193×10^{-5}$	$4.2428×10^{-2}$	$7.9400×10^{-3}$	$8.7677×10^{-3}$

表 1-5　GWGO 算法求解单峰标准测试函数时，100 次独立仿真实验结果统计表

函数	最优适应度	最差适应度	平均适应度	标准差
f_1	$8.3303×10^{-111}$	$5.1556×10^{-74}$	$5.1612×10^{-76}$	$5.1298×10^{-75}$
f_2	$1.0002×10^{-67}$	$4.4674×10^{-41}$	$4.7129×10^{-43}$	$4.4532×10^{-42}$
f_3	$5.1804×10^{-70}$	$2.8556×10^{-47}$	$3.5244×10^{-49}$	$2.8811×10^{-48}$
f_4	$9.4642×10^{-6}$	$1.2758×10^{-2}$	$1.5071×10^{-3}$	$2.1329×10^{-3}$

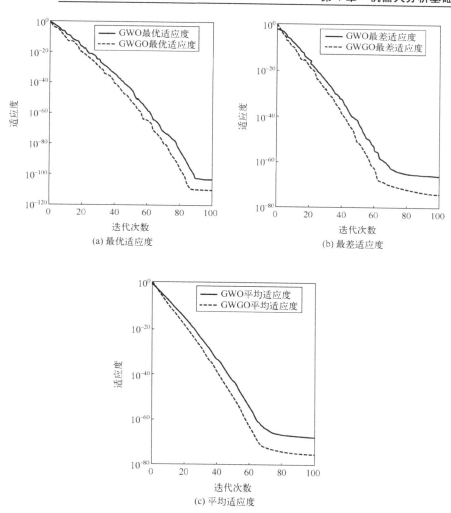

图 1-20 f_1 函数测试 GWO 算法和 GWGO 算法性能

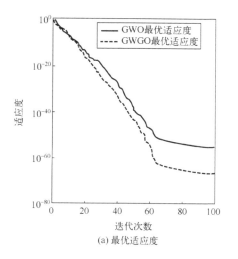

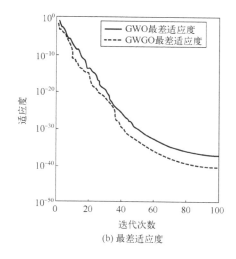

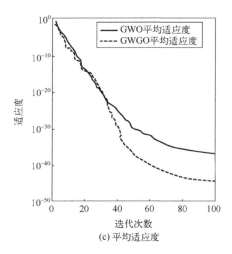

(c) 平均适应度

图 1-21 f_2 函数测试 GWO 算法和 GWGO 算法性能

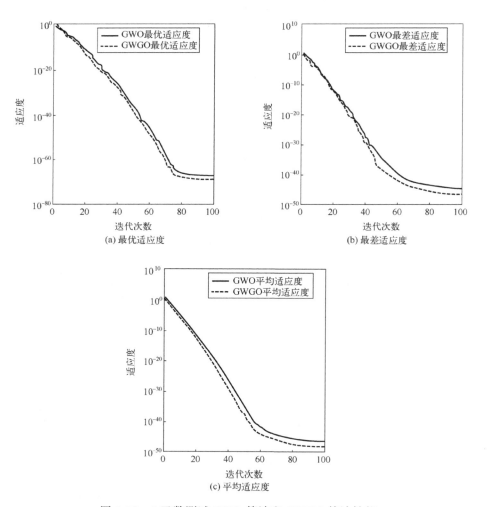

图 1-22 f_3 函数测试 GWO 算法和 GWGO 算法性能

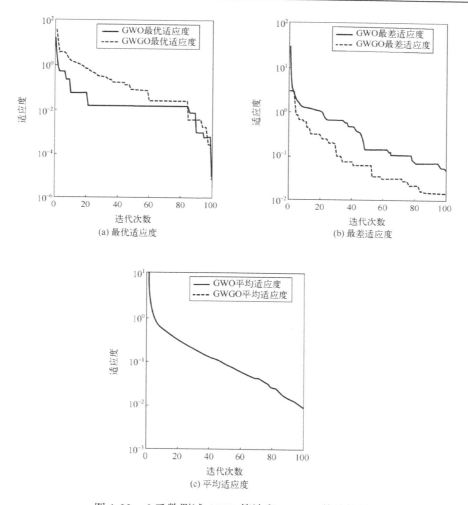

图 1-23　f_4 函数测试 GWO 算法和 GWGO 算法性能

由表 1-4 和表 1-5 可知，在求解 f_1 函数时，GWGO 算法的最优适应度、最差适应度、平均适应度以及标准差比 GWO 算法均降低了 8 个数量级。在求解 f_2 函数时，GWGO 算法的最优适应度比 GWO 算法降低了 11 个数量级，最差适应度降低了 4 个数量级，平均适应度降低了 4 个数量级，标准差降低了 4 个数量级。在求解 f_3 函数时，GWGO 算法的最优适应度、最差适应度、平均适应度以及标准差比 GWO 算法均降低了 2 个数量级。在求解 f_4 函数时，GWGO 算法的最优适应度比 GWO 算法降低了 1 个数量级，最差适应度、平均适应度和标准差与 GWO 算法的数量级相同，但均低于 GWO 算法。由此可知，GWGO 算法的最差适应度、最优适应度、平均适应度以及标准差均低于 GWO 算法，说明在求解 4 个标准单峰函数时，GWGO 算法的收敛精度和稳定性均高于 GWO 算法。

由图 1-20～图 1-23 可知，在求解 4 个单峰测试函数时，GWGO 算法整体收敛速度优于 GWO 算法。在迭代次数相同的情况下，GWGO 算法可以获得更低的适应度。由图 1-20(a)～图 1-23(a) 可知，对于函数 f_1、f_2 和 f_3，GWGO 算法的收敛速度大于 GWO 算法；对于 f_4 函数，GWGO 算法在收敛前期和收敛中期的收敛速度小于 GWO 算法，但是在收敛后期 GWGO

算法的收敛速度明显增加，跳出局部最优，获得了更低的适应度。由图 1-20（b）～图 1-23（b）可知，对于函数 f_1、f_2、f_3 和 f_4，可以明显看出 GWGO 算法的收敛速度大于 GWO 算法。由图 1-20（c）～图 1-23（c）可知，对于函数 f_1、f_3 和 f_4，GWGO 算法的收敛速度大于 GWO 算法；对于 f_2 函数，GWGO 算法和 GWO 算法在收敛前期收敛速度没有明显差别，但是 GWGO 算法在收敛后期快速跳出局部最优，获得了更低的适应度。

分别运用 GWO 算法和 GWGO 算法对 4 个多峰标准测试函数进行 100 次独立仿真实验。在各自的 100 次独立仿真实验中，算法对各测试函数寻优的最优适应度、最差适应度、平均适应度和标准差如表 1-6 和表 1-7 所示，算法的最优适应度、最差适应度和平均适应度的收敛曲线如图 1-24～图 1-27 所示。为了便于观察和显示，在 MATLAB 中使用 semilogy 函数绘图，semilogy 函数设置 y 轴的单位为以 10 为基数的对数。由于 semilogy 函数的绘图无法显示负和 0，而 f_6 函数的适应度为负数，所以根据 GWGO 算法测试 f_6 函数的计算结果。在绘图时，对 GWO 算法和 GWGO 算法的最优适应度、最差适应度和平均适应度分别添加 186.7309084、186.4313419、186.7266693，使图中的最小值均调整至 1×10^{-7}。

表 1-6　GWO 算法求解多峰标准测试函数时，100 次独立仿真实验结果统计表

函数	最优适应度	最差适应度	平均适应度	标准差
f_5	8.3811×10^{-7}	7.3282×10^{-6}	1.4839×10^{-6}	1.3901×10^{-6}
f_6	-186.7309049	-186.1929151	-186.7169232	6.1775×10^{-2}
f_7	8.5318×10^{-8}	4.9678×10^{-6}	1.6056×10^{-6}	1.1086×10^{-6}
f_8	0	5.9162×10^{-2}	1.3733×10^{-2}	1.1448×10^{-2}

表 1-7　GWGO 算法求解多峰标准测试函数时，100 次独立仿真实验结果统计表

函数	最优适应度	最差适应度	平均适应度	标准差
f_5	1.3628×10^{-8}	6.8424×10^{-7}	2.7712×10^{-7}	3.0115×10^{-7}
f_6	-186.7309083	-186.4313418	-186.7266692	3.0261×10^{-2}
f_7	6.8524×10^{-9}	1.9826×10^{-6}	2.9313×10^{-7}	2.7809×10^{-7}
f_8	0	4.4936×10^{-2}	3.5863×10^{-3}	9.2752×10^{-3}

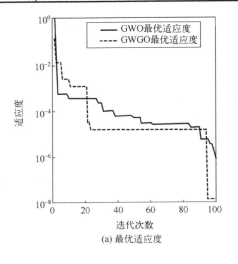

(a) 最优适应度

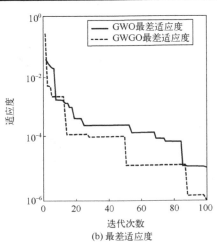

(b) 最差适应度

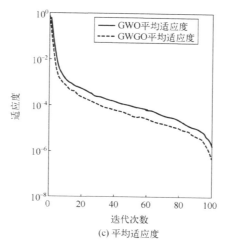

图 1-24　f_5 函数测试 GWO 算法和 GWGO 算法性能

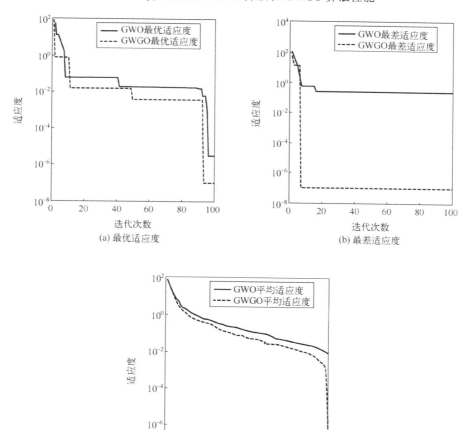

图 1-25　f_6 函数测试 GWO 算法和 GWGO 算法性能

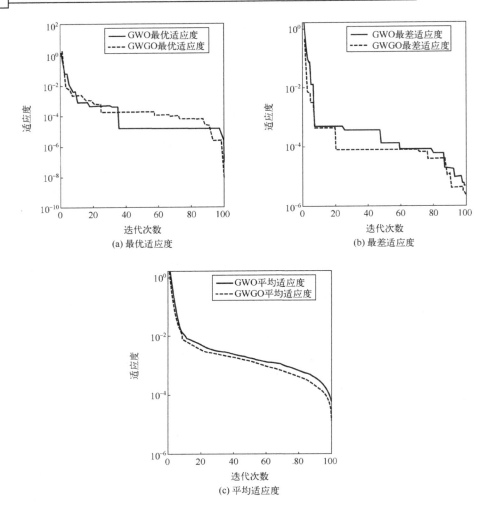

图 1-26　f_7 函数测试 GWO 算法和 GWGO 算法性能

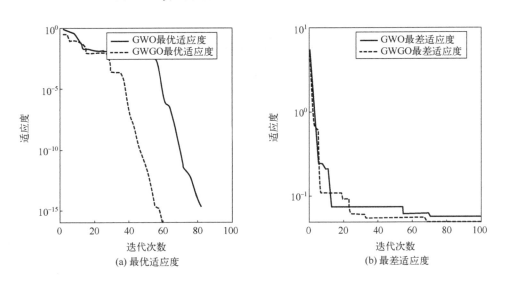

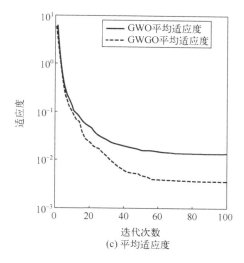

图 1-27 f_8 函数测试 GWO 算法和 GWGO 算法性能

由表 1-6 和表 1-7 可知，在求解 f_5 函数时，GWGO 算法的最优适应度、最差适应度、平均适应度和标准差比 GWO 算法降低了 1 个数量级。在求解 f_6 函数时，GWGO 算法和 GWO 算法的最优适应度都可以达到函数的全局最优值，GWGO 算法的最差适应度、平均适应度与最优适应度的差值以及标准差均低于 GWO 算法。在求解 f_7 函数时，GWGO 算法的最优适应度、平均适应度以及标准差比 GWO 算法降低了 1 个数量级，最差适应度的数量级与 GWO 算法相同，但低于 GWO 算法。在求解 f_8 函数时，GWGO 算法的最优适应度与 GWO 算法相同，最差适应度与 GWO 算法的数量级相同但低于 GWO 算法，平均适应度和标准差比 GWO 算法均降低了 1 个数量级。说明在对 f_8 函数求解时，GWGO 算法在最优情况下的求解结果与 GWO 算法相同，但是全局搜索能力和稳定性均高于 GWO 算法。以上结果可以说明，在求解多峰函数时，GWGO 算法的收敛精度和稳定性要高于 GWO 算法。

由图 1-24～图 1-27 可知，在求解 4 个多峰测试函数时，GWGO 算法的整体收敛速度优于 GWO 算法。由图 1-24(a)～图 1-27(a)可知，对于函数 f_5、f_6 和 f_8，GWGO 算法的收敛速度均大于 GWO 算法；对于 f_7 函数，GWGO 算法在收敛前期和收敛中期的收敛速度小于 GWO 算法，但是 GWGO 算法在收敛后期快速跳出局部最优，获得了更低的适应度。由图 1-24(b)～图 1-27(b)可知，对于函数 f_5、f_6 和 f_7，GWGO 算法的收敛速度大于 GWO 算法；对于函数 f_8，GWGO 算法在收敛前期的收敛速度小于 GWO 算法，但是 GWGO 算法在收敛中期速度增加，跳出局部最优，获得了更低的适应度。由图 1-24(c)～图 1-27(c)可知，对于函数 f_5、f_6、f_7 和 f_8，GWGO 算法的收敛速度均大于 GWO 算法，收敛精度均高于 GWO 算法。

从 8 个标准测试函数测试算法的结果可以得出，GWGO 算法的算法性能相对于 GWO 算法有明显提高，包括更高的收敛精度、更快的收敛速度、更高的稳定性和更强的全局搜索能力，可以有效避免求解结果陷入局部最优值所产生的"早熟"现象。

3. GWGO 算法的参数选择和最优解求取

在 GWGO 算法中，选择操作和交叉操作是筛选最优解、提高算法全局搜索能力的关键。这两种操作的算子的选择和取值都会影响逆运动学求解的结果。其中交叉算子作为 GWGO 算法中最重要的算子，其取值对于算法的求解精度更为重要。

在选择操作中，常用的算子有两种，分别为轮盘赌算子和随机遍历抽样算子。前者选择偏差通常较大，而后者可以在统计基础上消除选择偏差。因此，本书选择随机遍历抽样算子作为 GWGO 算法的选择算子，代沟(GGAP)取值为 1，以此保证子代种群数量和父代种群数量相同。

在交叉操作中，常用的算子有两种，分别为单点交叉算子和两点交叉算子。前者是最经典的交叉算子，与后者相比，可以更全面均匀地覆盖到每一个个体。因此，本书选择单点交叉算子作为 GWGO 算法的交叉算子。交叉概率(PC)一般取 0.6～0.9。为了研究 PC 取值对求解结果的影响，保持其他参数不变，将 PC 分别设为 0.6、0.7、0.8 和 0.9，从中选出 GWGO 算法求解逆运动学的最优交叉概率。GWGO 算法求解逆运动学的参数设置如表 1-8 所示。

表 1-8　GWGO 算法求解逆运动学参数表

种群数量	迭代次数	仿真次数	GGAP	PC
100	1000	100	1	0.6～0.9

当交叉概率为 0.6 时，运行 100 次独立仿真实验结果如图 1-28 所示。

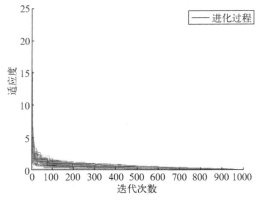

(a) 100次独立仿真实验的GWGO算法收敛曲线

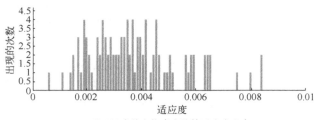

(b) 100次独立仿真实验的适应度分布

图 1-28　100 次独立仿真实验的 GWGO 算法收敛曲线和适应度分布(交叉概率为 0.6 时)

100 次独立仿真实验($F \leqslant 0.010$)中的最优适应度、最差适应度、平均适应度以及寻优成功率，如表 1-9 所示。

表 1-9　交叉概率为 0.6 时的 100 次独立仿真实验结果统计表

交叉概率	求解次数	最优适应度	最差适应度	平均适应度	寻优成功率
0.6	100	0.000554613	0.008418064	0.003363029	100%

图 1-28 中，当 PC=0.6 时，求解的最优适应度 F=0.000554613，关节角度 θ = (15.0000°, 14.9999°, 44.9998°, 30.0000°)。

当交叉概率为 0.7 时，运行 100 次独立仿真实验结果如图 1-29 所示。

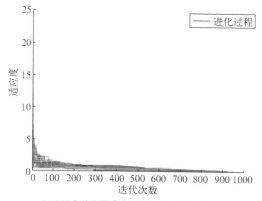

(a) 100次独立仿真实验的GWGO算法收敛曲线

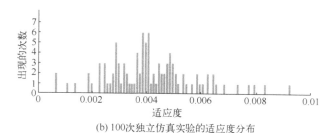

(b) 100次独立仿真实验的适应度分布

图 1-29　100 次独立仿真实验的 GWGO 算法收敛曲线和适应度分布（交叉概率为 0.7 时）

100 次独立仿真实验($F \leqslant 0.010$)中的最优适应度、最差适应度、平均适应度以及寻优成功率，如表 1-10 所示。

表 1-10　交叉概率为 0.7 时的 100 次独立仿真实验结果统计表

交叉概率	求解次数	最优适应度	最差适应度	平均适应度	寻优成功率
0.7	100	0.000736722	0.009397833	0.00422875	100%

图 1-29 中，当 PC=0.7 时，求解的最优适应度 F=0.000736722，关节角度 θ = (15.0000°, 14.9993°, 45.0007°, 30.0005°)。

当交叉概率为 0.8 时，运行 100 次独立仿真实验结果如图 1-30 所示。

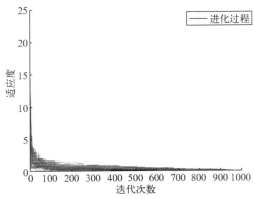

(a) 100次独立仿真实验的GWGO算法收敛曲线

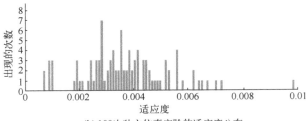

(b) 100次独立仿真实验的适应度分布

图 1-30　100 次独立仿真实验的 GWGO 算法收敛曲线和适应度分布（交叉概率为 0.8 时）

100 次独立仿真实验（$F \leqslant 0.010$）中的最优适应度、最差适应度、平均适应度以及寻优成功率，如表 1-11 所示。

表 1-11　交叉概率为 0.8 时的 100 次独立仿真实验结果统计表

交叉概率	求解次数	最优适应度	最差适应度	平均适应度	寻优成功率
0.8	100	0.000931277	0.009923348	0.003871824	100%

图 1-30 中，当 PC=0.8 时，求解的最优适应度 F=0.000931277，关节角度 θ =（14.9998°，15.0003°，45.000°，30.000°）。

当交叉概率为 0.9 时，运行 100 次独立仿真实验结果如图 1-31 所示。

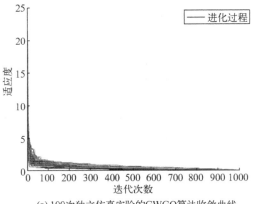

(a) 100次独立仿真实验的GWGO算法收敛曲线

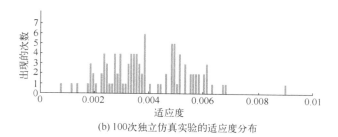

(b) 100次独立仿真实验的适应度分布

图 1-31　100 次独立仿真实验的 GWGO 算法收敛曲线和适应度分布(交叉概率为 0.9 时)

100 次独立仿真实验($F \leqslant 0.010$)中的最优适应度、最差适应度、平均适应度以及寻优成功率，如表 1-12 所示。

表 1-12　交叉概率为 0.9 时的 100 次独立仿真实验结果统计表

交叉概率	求解次数	最优适应度	最差适应度	平均适应度	寻优成功率
0.9	100	0.000725946	0.009212563	0.003852986	100%

图 1-31 中，当 PC=0.9 时，求解的最优适应度 F=0.000725946，关节角度 θ = (15.0001°, 15.0007°, 44.9993°, 29.9995°)。

由表 1-9～表 1-12 可知，若采用 GWGO 算法求解，当交叉概率的值为 0.6 时，平均适应度最小，最优适应度最小，最差适应度最小，寻优成功率为 100%。最终选用种群数量为 100，迭代次数为 1000，GGAP=1，PC=0.6 的 GWGO 算法对逆运动学进行求解，最优适应度 F=0.000554613，关节角度 θ = (15.0000°, 14.9999°, 44.9998°, 30.0000°)，相对于 GWO 算法，求解逆运动学的最优适应度提高了 52.60%，最差适应度提高了 54.54%，平均适应度提高了 56.38%，寻优成功率提高了 12%。

综上所述，GWGO 算法在参数不同的情况下，平均适应度均低于 GWO 算法，寻优成功率均达到 100%，最优适应度均在 0.001 以下，且最差适应度、平均适应度与最优适应度的差低于 GWO 算法，说明改进后的 GWGO 算法提高了全局搜索能力，有效降低了来自局部最优解的干扰。

1.5　动力学分析算法举例

1.5.1　基于旋量理论的拉格朗日动力学方程

本节利用旋量理论对攀爬机器人进行动力学分析，首先建立机器人动力学模型。该模型没有考虑机器人各个部件之间的摩擦、弹性等问题。

为了计算具有 n 个关节的连杆机器人的动能，可以先求出每一个连杆的动能，再进行求和来解出整个机器人的动能。假定机器人每一个连杆是质量分布均匀的，那么它的质心就位于连杆的中心，定义一个在连杆 i 质心处的物体坐标系为 L_i，其坐标轴方向与基础坐标系的坐标轴方向相同，连杆 i 在参考坐标系下的初始位形是 $\boldsymbol{g}_{SL_i}(0)$，物体坐标系相对于机器人基础坐标系 $\{S\}$ 的初始位形为

$$\boldsymbol{g}_{SL_i}(\boldsymbol{\theta}) = e^{\hat{\xi}_1\theta_1} e^{\hat{\xi}_2\theta_2} \cdots e^{\hat{\xi}_i\theta_i} \boldsymbol{g}_{SL_i}(0) \tag{1-136}$$

根据旋量理论，连杆 i 质心的物体速度为

$$V_{SL_i}^B = \boldsymbol{J}_{SL_i}^B(\boldsymbol{\theta})\dot{\boldsymbol{\theta}} \tag{1-137}$$

式中，$\boldsymbol{J}_{SL_i}^B(\boldsymbol{\theta})$ 是相对于 $\boldsymbol{g}_{SL_i}(0)$ 的物体雅可比矩阵，其形式为

$$\boldsymbol{J}_{SL_i}^B(\boldsymbol{\theta}) = [\xi_1'' \quad \cdots \quad \xi_i'' \quad 0 \quad \cdots \quad 0] \tag{1-138}$$

式中，雅可比矩阵中的各项 ξ_j''，即相对于连杆 i 坐标系的第 j 个瞬间关节运动旋量，其计算方法满足：

$$\xi_j'' = \left[\boldsymbol{g}_{SL_i}^{-1}(\boldsymbol{\theta}) \frac{\partial \boldsymbol{g}_{SL_i}}{\partial \theta_i} \right]^V = Ad^{-1}_{\left[e^{\hat{\xi}_j\theta_j} L e^{\hat{\xi}_i\theta_i} g_{UL_i}(0) \right]} \boldsymbol{\xi}_j, \quad j \leq i \tag{1-139}$$

式(1-139)中引入运算符 V，定义 $\boldsymbol{\xi} = \begin{bmatrix} \boldsymbol{\omega} & \boldsymbol{v} \\ 0 & 0 \end{bmatrix} \in \mathbf{R}^{4\times4}$，那么 $\boldsymbol{\xi} = \begin{bmatrix} \boldsymbol{\omega} & \boldsymbol{v} \\ 0 & 0 \end{bmatrix}^V = \begin{bmatrix} \boldsymbol{v} \\ \boldsymbol{\omega} \end{bmatrix} \in \mathbf{R}^{6\times1}$。

定义 M_i 为连杆 i 的广义惯性矩阵，那么连杆 i 的动能如式(1-140)所示：

$$E_{ki}(\boldsymbol{\theta},\dot{\boldsymbol{\theta}}) = \frac{1}{2}(V_{SL_i}^B)^T M_i V_{SL_i}^B = \frac{1}{2}\dot{\boldsymbol{\theta}}^T J_i^T(\boldsymbol{\theta}) M_i J_i(\boldsymbol{\theta})\dot{\boldsymbol{\theta}} \tag{1-140}$$

那么系统的总动能如下：

$$E_k(\boldsymbol{\theta},\dot{\boldsymbol{\theta}}) = \sum_{i=1}^n E_{ki}(\boldsymbol{\theta},\dot{\boldsymbol{\theta}}) = \frac{1}{2}\dot{\boldsymbol{\theta}}^T \boldsymbol{M}(\boldsymbol{\theta})\dot{\boldsymbol{\theta}} \tag{1-141}$$

矩阵 $\boldsymbol{M}(\boldsymbol{\theta})$ 为机器人惯性矩阵，基于连杆的雅可比矩阵，机器人的惯性矩阵 $\boldsymbol{M}(\boldsymbol{\theta})$ 定义如下：

$$\boldsymbol{M}(\boldsymbol{\theta}) = \sum_{i=1}^n J_i^T(\boldsymbol{\theta}) M_i J_i(\boldsymbol{\theta}) \tag{1-142}$$

设连杆 i 的质心高度为 $h_i(\boldsymbol{\theta})$，那么连杆 i 的势能满足：

$$E_{pi}(\boldsymbol{\theta}) = mgh_i(\boldsymbol{\theta}) \tag{1-143}$$

式中，m 是机器人连杆的质量；g 是重力加速度。系统的总势能如下：

$$E_p(\boldsymbol{\theta}) = \sum_{i=1}^n E_{pi}(\boldsymbol{\theta}) = \sum_{i=1}^n mgh_i(\boldsymbol{\theta}) \tag{1-144}$$

根据式(1-143)和式(1-144)，可以得到拉格朗日函数，即

$$L(\boldsymbol{\theta},\dot{\boldsymbol{\theta}}) = E_k(\boldsymbol{\theta}) - E_p(\boldsymbol{\theta}) \tag{1-145}$$

根据式(1-145)，可以得到基于旋量理论的拉格朗日动力学方程，即

$$\boldsymbol{M}(\boldsymbol{\theta})\ddot{\boldsymbol{\theta}} + \boldsymbol{C}(\boldsymbol{\theta},\dot{\boldsymbol{\theta}})\dot{\boldsymbol{\theta}} + \boldsymbol{N}(\boldsymbol{\theta},\dot{\boldsymbol{\theta}}) = \boldsymbol{\tau} \tag{1-146}$$

式中，$\boldsymbol{\tau}$是驱动力矩矢量；$\boldsymbol{C}(\boldsymbol{\theta},\dot{\boldsymbol{\theta}})$是科氏力和离心力；$\boldsymbol{N}(\boldsymbol{\theta},\dot{\boldsymbol{\theta}})$是重力和作用于关节的其他力。

科氏力和离心力满足：

$$C_{ij}(\boldsymbol{\theta},\dot{\boldsymbol{\theta}})=\sum_{k=1}^{n}\varGamma_{ijk}\dot{\theta}_k=\frac{1}{2}\sum_{k=1}^{n}\left(\frac{\partial M_{ij}}{\partial\theta_k}+\frac{\partial M_{ik}}{\partial\theta_j}+\frac{\partial M_{kj}}{\partial\theta_i}\right)\dot{\theta}_k \tag{1-147}$$

重力和作用于关节的其他力满足：

$$\boldsymbol{N}(\boldsymbol{\theta},\dot{\boldsymbol{\theta}})=\frac{\partial E_p(\boldsymbol{\theta})}{\partial\boldsymbol{\theta}} \tag{1-148}$$

1.5.2　连杆雅可比矩阵的计算

根据图 1-9，可以得到攀爬机器人各连杆在参考坐标系下的初始位形 $\boldsymbol{g}_{SL_i}(0)$，如式（1-149）～式（1-152）所示，据此计算得到连杆的物体雅可比矩阵。

$$\boldsymbol{g}_{SL_1}(0)=\begin{bmatrix}1&0&0&r_0+\frac{1}{2}r_1\\0&1&0&r\\0&0&1&0\\0&0&0&1\end{bmatrix} \tag{1-149}$$

$$\boldsymbol{g}_{SL_2}(0)=\begin{bmatrix}1&0&0&r_0+r_1+\frac{1}{2}r_2\\0&1&0&r\\0&0&1&0\\0&0&0&1\end{bmatrix} \tag{1-150}$$

$$\boldsymbol{g}_{SL_3}(0)=\begin{bmatrix}1&0&0&r_0+\frac{3}{2}r_1+r_2\\0&1&0&r\\0&0&1&0\\0&0&0&1\end{bmatrix} \tag{1-151}$$

$$\boldsymbol{g}_{SL_4}(0)=\begin{bmatrix}1&0&0&\frac{1}{2}r_0+2r_1+r_2\\0&1&0&r\\0&0&1&0\\0&0&0&1\end{bmatrix} \tag{1-152}$$

根据物体雅可比矩阵的计算公式（式（1-138）和式（1-139）），可以得到各连杆的雅可比矩阵如式（1-153）～式（1-156）所示：

$$J_1 = J_{SL_1}^B = [\xi_1'' \quad 0 \quad 0 \quad 0] = \begin{bmatrix} 0 & 0 & 0 & 0 \\ \frac{1}{2}r_1 & 0 & 0 & 0 \\ 0 & 0 & 0 & 0 \\ 0 & 0 & 0 & 0 \\ 0 & 0 & 0 & 0 \\ 1 & 0 & 0 & 0 \end{bmatrix} \tag{1-153}$$

$$J_2 = J_{SL_2}^B = [\xi_1'' \quad \xi_2'' \quad 0 \quad 0] = \begin{bmatrix} S_2 r_1 & 0 & 0 & 0 \\ C_2 r_1 + \frac{1}{2}r_2 & \frac{1}{2}r_2 & 0 & 0 \\ 0 & 0 & 0 & 0 \\ 0 & 0 & 0 & 0 \\ 0 & 0 & 0 & 0 \\ 1 & 1 & 0 & 0 \end{bmatrix} \tag{1-154}$$

$$J_3 = J_{SL_3}^B = [\xi_1'' \quad \xi_2'' \quad \xi_3'' \quad 0] = \begin{bmatrix} S_3 r_2 + S_{23} r_2 & S_3 r_2 & 0 & 0 \\ C_3 r_2 + \frac{1}{2}r_1 + C_{23} r_2 & C_3 r_2 + \frac{1}{2}r_1 & \frac{1}{2}r_1 & 0 \\ 0 & 0 & 0 & 0 \\ 0 & 0 & 0 & 0 \\ 0 & 0 & 0 & 0 \\ 1 & 1 & 1 & 0 \end{bmatrix} \tag{1-155}$$

$$J_4 = J_{SL_4}^B = [\xi_1'' \quad \xi_2'' \quad \xi_3'' \quad \xi_4'']$$
$$= \begin{bmatrix} S_4 r_1 + S_{34} r_1 + S_{234} r_1 & S_4 r_1 + S_{34} r_1 & S_4 r_1 & 0 \\ C_4 r_1 + C_{34} r_1 + C_{234} r_1 - \frac{1}{2}r_0 & C_4 r_1 + C_{34} r_1 - \frac{1}{2}r_0 & C_4 r_1 - \frac{1}{2}r_0 & -\frac{1}{2}r_0 \\ 0 & 0 & 0 & 0 \\ 0 & 0 & 0 & 0 \\ 0 & 0 & 0 & 0 \\ 1 & 1 & 1 & 1 \end{bmatrix} \tag{1-156}$$

1.5.3 攀爬机器人的动力学方程

在图 1-9 所示的坐标系下,攀爬机器人各个连杆的惯性矩阵的形式如式(1-157)所示:

$$M_i = \begin{bmatrix} m & 0 & 0 & & & \\ 0 & m & 0 & & 0 & \\ 0 & 0 & m & & & \\ & & & I_{xi} & 0 & 0 \\ & 0 & & 0 & I_{yi} & 0 \\ & & & 0 & 0 & I_{zi} \end{bmatrix} \tag{1-157}$$

式中，m 是每个连杆的质量；I_{xi}、I_{yi}、I_{zi} 分别是连杆关于 x 轴、y 轴、z 轴的惯性矩。

根据式 (1-142) 以及式 (1-153)~式 (1-156)，可以得到系统的惯性矩阵，即

$$\boldsymbol{M}(\theta) = \begin{bmatrix} M_{11} & M_{12} & M_{13} & M_{14} \\ M_{21} & M_{22} & M_{23} & M_{24} \\ M_{31} & M_{32} & M_{33} & M_{34} \\ M_{41} & M_{42} & M_{43} & M_{44} \end{bmatrix} \tag{1-158}$$

$$= J_1^{\mathrm{T}} M_1 J_1 + J_2^{\mathrm{T}} M_2 J_2 + J_3^{\mathrm{T}} M_3 J_3 + J_4^{\mathrm{T}} M_4 J_4$$

令连杆 a_0 和连杆 a_4 的质量为 m_{a0}，连杆 a_1 和连杆 a_3 的质量为 m_{a1}，连杆 a_2 的质量为 m_{a2}，连杆经过计算，可以得到 $\boldsymbol{M}(\theta)$ 中各项的值：

$$\begin{aligned} M_{11} = &I_{z1} + I_{z2} + I_{z3} + I_{z4} + m_{a1}(r_2 S_3 + r_2 S_{23})^2 + m_{a0}(r_1 S_4 + r_1 S_{23} + r_1 S_{234})^2 \\ &+ m_{a2}\left(\frac{1}{2}r_2 + r_1 C_2\right)^2 + \frac{1}{4}m_{a1}r_1^2 + m_{a1}\left(\frac{1}{2}r_1 + r_2 C_{23} + r_2 S_3\right)^2 \\ &+ m_{a0}\left(r_1 C_4 - \frac{1}{2}r_0 + r_1 C_{34} + r_1 C_{234}\right)^2 + m_{a2}r_1^2 S_2^2 \end{aligned} \tag{1-159}$$

$$\begin{aligned} M_{12} = M_{21} = &I_{z2} + I_{z3} + I_{z4} + m_{a0}\left(r_1 C_4 - \frac{1}{2}r_0 + r_1 C_{34}\right)\left(r_1 C_4 - \frac{1}{2}r_0 + r_1 C_{34} + r_1 C_{234}\right) \\ &+ \frac{1}{2}m_{a2}r_2\left(\frac{1}{2}r_2 + r_1 C_2\right) + m_{a1}\left(\frac{1}{2}r_1 + r_2 C_3\right)\left(\frac{1}{2}r_1 + r_2 C_{23} + r_2 S_3\right) \\ &+ m_{a0}(r_1 S_4 + r_1 S_{23})(r_1 S_4 + r_1 S_{23} + r_1 S_{234}) + m_{a1}r_2 S_3(r_2 S_3 + r_2 S_{23}) \end{aligned} \tag{1-160}$$

$$\begin{aligned} M_{13} = M_{31} = &I_{z3} + I_{z4} + \frac{1}{2}\left[m_{a1}r_1\left(\frac{1}{2}r_1 + r_2 C_{23} + r_2 S_3\right)\right] \\ &- m_{a0}\left(\frac{1}{2}r_0 - r_1 C_4\right)\left(r_1 C_4 - \frac{1}{2}r_0 + r_1 C_{34} + r_1 C_{234}\right) \\ &+ m_{a0}r_1 S_4(r_1 S_4 + r_1 S_{23} + r_1 S_{234}) \end{aligned} \tag{1-161}$$

$$M_{14} = M_{41} = I_{z4} - \frac{1}{2}m_{a0}r_0\left(r_1 C_4 - \frac{1}{2}r_0 + r_1 C_{34} + r_1 C_{234}\right) \tag{1-162}$$

$$\begin{aligned} M_{22} = &I_{z2} + I_{z3} + I_{z4} + m_{a0}(r_1 S_4 + r_1 S_{23})^2 + m_{a1}\left(\frac{1}{2}r_1 + r_2 C_3\right)^2 + \frac{1}{4}m_{a2}r_2^2 \\ &+ m_{a0}\left(r_1 C_4 - \frac{1}{2}r_0 + r_1 C_{34}\right)^2 + m_{a1}r_2^2 S_3^2 \end{aligned} \tag{1-163}$$

$$\begin{aligned} M_{23} = M_{32} = &I_{z3} + I_{z4} + \frac{1}{2}m_{a1}r_1\left(\frac{1}{2}r_1 + r_2 C_3\right) \\ &- m_{a0}\left(\frac{1}{2}r_0 - r_1 C_4\right)\left(r_1 C_4 - \frac{1}{2}r_0 + r_1 C_{34}\right) + m_{a0}r_1 S_4(r_1 S_4 + r_1 S_{23}) \end{aligned} \tag{1-164}$$

$$M_{24} = M_{42} = I_{z4} - \frac{1}{2}m_{a0}r_0\left(r_1 C_4 - \frac{1}{2}r_0 + r_1 C_{34}\right) \tag{1-165}$$

$$M_{33} = I_{z3} + I_{z4} + m_{a0}\left(\frac{1}{2}r_0 - r_1 C_4\right)^2 + \frac{1}{4}m_{a1}r_1^2 + m_{a0}r_1^2 S_4^2 \qquad (1\text{-}166)$$

$$M_{34} = M_{43} = I_{z4} + \frac{1}{2}m_{a0}r_0\left(\frac{1}{2}r_0 - r_1 C_4\right) \qquad (1\text{-}167)$$

$$M_{44} = I_{z4} + \frac{1}{4}m_{a0}r_0^2 \qquad (1\text{-}168)$$

将求得的系统惯性矩阵的各项的值代入式(1-147)，即可求得系统的科氏力和离心力。根据式(1-144)，在已知攀爬机器人各连杆质心的位置时，即可求得机器人的势能。至此便完成机器人的动力学方程的推导，将上述求得的系统惯性矩阵代入式(1-146)，即可求得机器人的驱动力矩。

1.6　轨迹规划仿真

1.6.1　灵巧手单根手指正运动学分析仿真

利用 MATLAB 中的机器人工具箱(MATLAB Robotic Toolbox)可以建立灵巧手单根手指的连杆模型，并对单根手指的正运动学进行仿真。仿真条件：四连杆模型的连杆 a_1、a_2、a_3、a_4 的长度分别为 58mm、58mm、58mm、42mm，侧摆关节角 (θ_1) 的范围为 $-20°\sim20°$，手指弯曲/伸展的关节角 ($\theta_2\sim\theta_4$) 的范围均为 $0°\sim90°$。首先令各关节角度均为 0，再随机选取三组手指各关节的关节角度，并根据式(1-49)计算出四组手指指尖在空间中的位置坐标，计算结果如表 1-13 所示。将表 1-13 中 θ_1、θ_2、θ_3、θ_4 的四组值配置到 MATLAB 的机器人工具箱建立的手指连杆机构上，得到如图 1-32 所示的仿真结果。

表 1-13　三组灵巧手指正运动学计算结果

序号	$\theta_1/(°)$	$\theta_2/(°)$	$\theta_3/(°)$	$\theta_4/(°)$	x	y	z
0	0	0	0	0	216	0	0
1	−15	20	60	40	98.1127	−26.2892	113.3291
2	10	30	90	60	36.6639	6.4648	79.2295
3	15	15	45	30	138.1503	37.0173	107.2410

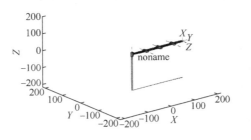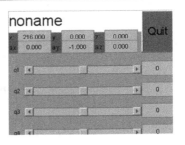

(a)关节角均为 0°时的姿态

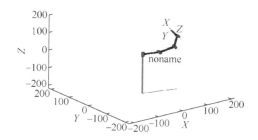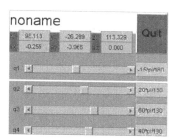

(b) 关节角分别为 -15°、20°、60°、40°时的姿态

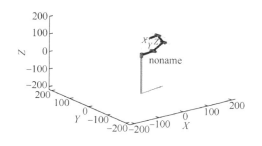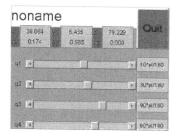

(c) 关节角分别为 10°、30°、90°、60°时的姿态

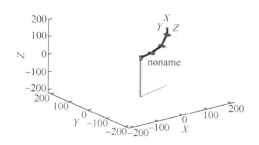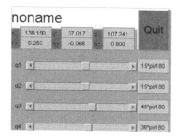

(d) 关节角分别为 15°、15°、45°、30°时的姿态

图 1-32　手指正运动学仿真结果

对比图 1-32 与表 1-13 可以得出，计算结果与仿真结果一致，可以证明正运动学分析的正确性。

1.6.2　单根手指轨迹规划算法的仿真

将单根手指轨迹规划过程在 MATLAB 中进行仿真，取表 1-13 中 2 组的坐标值，由逆运动学计算可得 θ_1、θ_2、θ_3、θ_4 分别为 10°、30°、90°、60°。设运动时间为 2s，图 1-33～图 1-36 分别为各个关节的角度、速度以及加速度与时间的关系。由图 1-33～图 1-36 中的 (b)、(c) 图可以看出，在运动开始以及结束时关节速度与加速度均为零，可以保证手指与目标物体接触时冲击力为零。

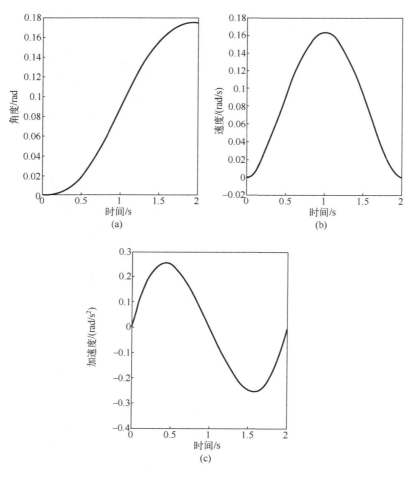

图 1-33　关节 1 的角度、速度和加速度曲线

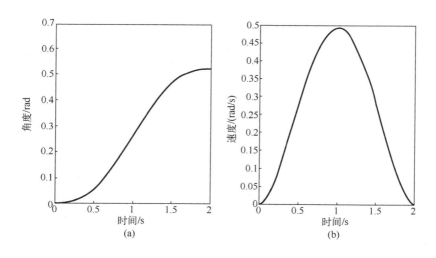

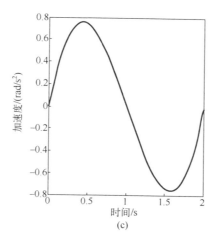

(c)

图 1-34　关节 2 的角度、速度和加速度曲线

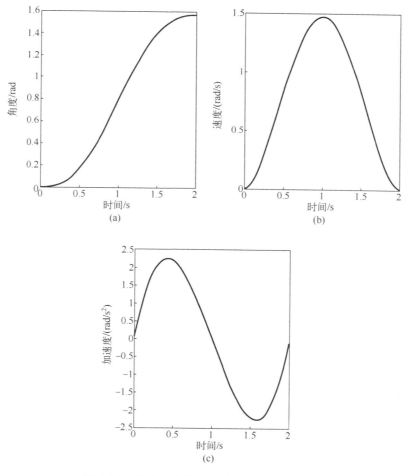

(a)

(b)

(c)

图 1-35　关节 3 的角度、速度和加速度曲线

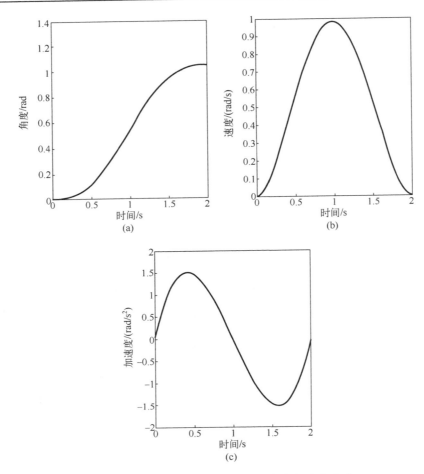

图 1-36　关节 4 的角度、速度和加速度曲线

1.6.3　单根手指轨迹规划算法的实验

　　将单根手指轨迹规划算法应用于 DH-MN-I 型灵巧手，实现轨迹规划控制实验。样机的远节指骨长度 a_4 为 42mm，中节指骨、近节指骨和掌骨的长度 a_3、a_2、a_1 都为 58mm。舵机 4′的侧摆角（θ_1）的范围为$-20°\sim20°$，舵机 1′、2′、3′的关节角（$\theta_2\sim\theta_4$）的范围均为 $0°\sim90°$。在实际控制中，利用插值的方法，每隔 0.05s 输出一组角度值，控制 4 个关节运动，在 2s 内共输出 40 组控制量，如表 1-14 所示。

表 1-14　轨迹规划算法实验的 40 组控制量

时间/s	θ_1/rad	θ_2/rad	θ_3/rad	θ_4/rad	时间/s	θ_1/rad	θ_2/rad	θ_3/rad	θ_4/rad
0.05	0	0.0001	0.0002	0.0002	0.3	0.0046	0.0139	0.0418	0.0279
0.1	0.0002	0.0006	0.0018	0.0012	0.35	0.0071	0.0212	0.0636	0.0424
0.15	0.0007	0.002	0.0059	0.0039	0.4	0.0101	0.0303	0.091	0.0607
0.2	0.0015	0.0045	0.0134	0.009	0.45	0.0138	0.0413	0.124	0.0826
0.25	0.0028	0.0084	0.0252	0.0168	0.5	0.0181	0.0542	0.1626	0.1084

续表

时间/s	θ_1/rad	θ_2/rad	θ_3/rad	θ_4/rad	时间/s	θ_1/rad	θ_2/rad	θ_3/rad	θ_4/rad
0.55	0.023	0.0689	0.2067	0.1378	1.3	0.1335	0.4005	1.2014	0.8009
0.6	0.0285	0.0854	0.2562	0.1708	1.35	0.14	0.4201	1.2603	0.8402
0.65	0.0345	0.1035	0.3105	0.207	1.4	0.1461	0.4382	1.3146	0.8764
0.7	0.041	0.1231	0.3694	0.2463	1.45	0.1516	0.4547	1.3641	0.9094
0.75	0.048	0.1441	0.4323	0.2882	1.5	0.1565	0.4694	1.4082	0.9388
0.8	0.0554	0.1662	0.4986	0.3324	1.55	0.1608	0.4823	1.4468	0.9645
0.85	0.0631	0.1893	0.5678	0.3785	1.6	0.1644	0.4933	1.4798	0.9865
0.9	0.071	0.213	0.6391	0.4261	1.65	0.1675	0.5024	1.5072	1.0048
0.95	0.0791	0.2373	0.7119	0.4746	1.7	0.1699	0.5097	1.529	1.0193
1	0.0873	0.2618	0.7854	0.5236	1.75	0.1717	0.5152	1.5456	1.0304
1.05	0.0954	0.2863	0.8589	0.5726	1.8	0.173	0.5191	1.5574	1.0382
1.1	0.1035	0.3106	0.9317	0.6211	1.85	0.1739	0.5216	1.5649	1.0433
1.15	0.1114	0.3343	1.003	0.6687	1.9	0.1743	0.523	1.569	1.046
1.2	0.1191	0.3574	1.0722	0.7148	1.95	0.1745	0.5235	1.5706	1.047
1.25	0.1265	0.3795	1.1385	0.759	2	0.1745	0.5236	1.5708	1.0472

实验结果如图 1-37 所示。图 1-37(a)、(b)、(c)、(d)分别为时间 t=0.5s、1s、1.5s、2s 时的单手指样机姿态。

(a) t=0.5s　　　　(b) t=1s　　　　(c) t=1.5s　　　　(d) t=2s

图 1-37　轨迹规划算法单手指实验结果

将表 1-14 中时间分别为 0.5s、1s、1.5s、2s 时 θ_1、θ_2、θ_3、θ_4 的值配置到 MATLAB 的机器人工具箱建立的手指连杆机构上，仿真结果如图 1-38 所示。

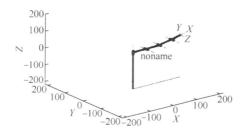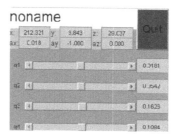

(a) 时间 t=0.5s 时手指连杆模型姿态

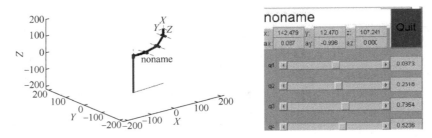

(b)时间 t=1s 时手指连杆模型姿态

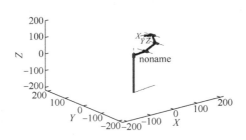 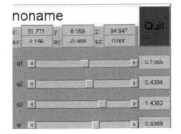

(c)时间 t=1.5s 时手指连杆模型姿态

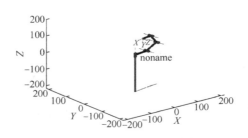 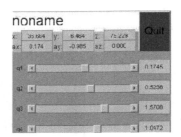

(d)时间 t=2s 时手指连杆模型姿态

图 1-38　轨迹规划算法单手指仿真结果

对比图 1-37 与图 1-38 可以得出，样机 DH-MN-I 可以实现单手指轨迹运动规划。

第**2**章
机器人感知系统

机器人感知系统是指机器人利用各种传感器和感知算法来获取外部环境信息及自身反馈信息的系统。感知系统将外部环境信息及自身反馈信息转变为机器人控制系统能够理解的数据，是机器人与环境交互的关键。机器人通过感知系统理解周围环境，并根据环境信息做出相应的决策和行动。机器人感知系统的主要任务是从传感器获得的原始数据中提取有意义的信息，然后将这些信息传递给机器人的控制系统或决策系统。感知系统常用的传感器包括关节位置传感器、距离传感器、触觉传感器、视觉传感器等，其核心是机器人感知算法，通过分析和处理传感器数据，提取出环境中的目标、障碍物、地形等信息。机器人感知系统的基础硬件单元是由不同种类的传感器构成的，它们作为机器人身上的"感觉器官"，充当了"眼睛""耳朵""鼻子"等重要角色。不同类型的传感器用于收集不同的测量信息，经过数据处理阶段，输送给不同的感知算法，为机器人后续的规划、控制阶段提供支持。

本章主要阐述传感器工作原理，包括关节位置传感器、距离传感器、触觉传感器、视觉传感器；感知数据采集与处理的基本概念和架构；人工智能与机器学习算法基础；以及机器人感知系统的应用实例。

2.1　机器人传感器

2.1.1　关节位置传感器

关节位置传感器（Joint Position Sensor，JPS）是一种用于测量机器人关节角度或位置的传感器。关节位置传感器通常安装在机器人各个关节处，可以实时地监测和反馈机器人的关节角度或位置信息，其作用是为机器人系统提供关节的运动方向和位置反馈，以实现精确的运动控制和路径规划。通过测量关节角度或位置，可以闭环控制机器人的运动和姿态，满足不同的任务需求。

常见的关节位置传感器包括惯性传感器、光电编码器和磁性编码器等。

1. 惯性传感器

惯性传感器主要测量加速度、速度、方向的变化等，是定向、导航和运动载体控制的重要部件。九轴姿态传感器是一种惯性传感器，广泛应用于机器人的运动控制系统中，其主要优点是高精度、高性能、高可靠性、安装简单、适用性强。

　　九轴姿态传感器是基于 MEMS 技术的高性能三维运动姿态测量系统，其系统硬件结构示意图如图 2-1 所示，包含三轴陀螺仪、三轴加速度计、三轴磁力计等运动传感器。三轴陀螺仪传感器可以测量物体的旋转速度，三轴加速度计传感器可以监测物体的运动，三轴磁力计则可以检测物体所处的磁场强度。其内部采用高分辨率差分数/模转换器，内置自动补偿和滤波算法，最大限度地减小了环境变化引起的误差。通过采集传感器的数据，融合卡尔曼滤波，把静态重力场的变化转换成倾角变化，以数字方式直接输出当前的横滚角和俯仰角。利用温度补偿的算法，通过内嵌的低功耗 ARM 处理器得到经过温度补偿的三维姿态与方位等数据。

　　九轴姿态传感器内部采用基于四元数的三维算法和互补滤波技术，实时输出以四元数、欧拉角表示的零漂移三维姿态方位数据。此外，九轴姿态传感器还可以直接输出九轴数据，包括三轴陀螺仪、三轴加速度计、三轴磁力计，其内部所采用的互补滤波技术工作原理如图 2-2 所示。

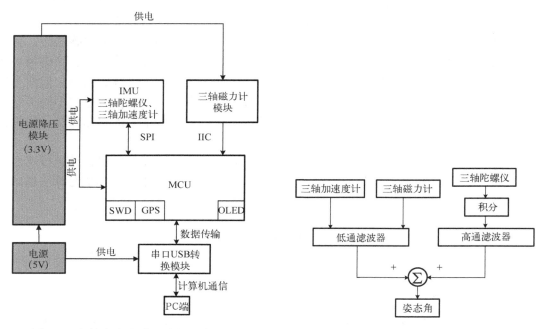

图 2-1　九轴姿态传感器结构示意图　　　　图 2-2　九轴姿态传感器互补滤波算法框图

　　由于九轴姿态传感器在采集数据过程中，会存在一些不可避免的误差和噪声，例如，加速度计和磁力计的输出信号具有短时高精度的特点，在静态条件下输出信号较准确，在运动过程中测量值所受到的干扰较大，测量准确度较低；而陀螺仪测量角速度信息，需要积分得到角度，在长时间测量过程中，各时刻的误差会不断累加，导致数据的漂移。因此，利用融合滤波可获得更加准确的姿态数据。

　　互补滤波器由高通滤波器和低通滤波器组成。九轴姿态传感器中陀螺仪、加速度计和磁力计所输出的信号满足在频域中互补特性的 3 种输入。陀螺仪采集角速度后通过积分得到角度信息，测量结果会随时间的积累产生漂移误差，该积分漂移为低频噪声；加速度计测量结果精度高但动态性能不足，测量结果含有高频噪声；磁力计测得的磁场信息也包含高频噪声。利用互补滤波对加速度计和磁力计的测量结果进行低通滤波，并将陀螺仪的测量结果积分后进行高通滤波，实现数据融合，可输出可靠性更高的角度值。

2．光电编码器

光电编码器是一种通过光电转换将输出轴上的机械几何位移量转换成脉冲或数字量的传感器。在机器人应用领域，其主要用于测量转速、角度、位置和位置误差等，是旋转位置检测和速度测量的重要部件。光电编码器具有结构简单、精度高、寿命长等优点。

光电编码器主要由一个光电发射器和一个光电接收器组成。光电发射器发射光束，光电接收器接收光束，并测量光束的特征变化，如光强变化或光栅图案的变化。根据测量到的变化，可以确定关节的角度变化。光电编码器利用光电检测原理测量关节角度，一般精度较高，适用于精密机器人。

光电编码器通常选用发光二极管作为光电发射器。光电接收器的设计较为复杂，根据不同的任务需求有不同的设计结构。图 2-3 展示了一种典型的光电编码器结构。光电接收结构主要由光栅盘和光电检测装置组成。光栅盘是在一定直径的圆板上按照固定规则开通若干个长方形孔的器件。当电动机旋转时，光栅盘与电动机同速旋转，经光敏管等电子元件组成的检测装置检测输出若干脉冲信号，通过计算每秒输出脉冲的个数检测电动机的转速。

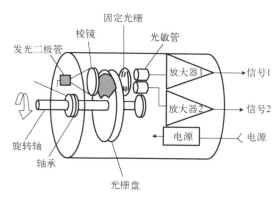

图 2-3　光电编码器结构示意图

光电编码器按照编码方式分为绝对值式和增量式两种类型。

1）绝对值式编码器

绝对值式编码器是一种利用光电检测原理测量旋转量的传感器。在它的圆形码盘上沿径向有若干同心码道。每条码道由透光和不透光的扇形区相间组成，相邻码道的扇区数目是双倍关系。码盘上的码道数就是它的二进制数码的位数 n。在编码器的每一个位置，通过读取每道刻线的通暗，获得唯一的二进制编码，这类编码器称为 n 位绝对值式编码器。绝对值式编码器的输出编码可以是二进制码、BCD 码和格雷码。输出二进制码时，码盘样式如图 2-4 所示。最外层的码道是编码的最低二进制位（Least Significant Bit，LSB），最内层的码道是编码的最高二进制位（Most Significant Bit，MSB）。

虽然二进制码盘可以直接获得二进制数字编码输出，但在某些情况下，其工作性能不理想。例如，从十进制的 3 转换为 4 时，二进制码由 011B 转换为 100B，每一位都发生了变化，导致数字电路产生很大的尖峰电流脉冲，输出不稳定。为了提高绝对值式编码器的稳定性，通常采用格雷码设置其码盘。格雷码是一种错误最小化的编码方式。格雷码的编码规则限制其在相邻位间转换时，只有一位产生变化。这样就减少了由一个状态到下一个状态时所出现的逻辑混淆。

格雷码码盘采用二进制循环码设置，如图 2-5 所示，其编码最大的特点是任意相邻的两个码值间只有一位码不同。码值每次变化只改变一位码，从而使传输、读数的错码率最小。格雷码是循环码，其最大码到最小码同样遵循只改变一位码的编码原则。

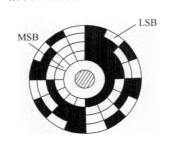

图 2-4　二进制码盘　　　　　　　　　　图 2-5　格雷码码盘

绝对值式编码器内部的"绝对值"是指编码器内部的所有位置值。在编码器出厂后，其量程内所有的位置已经"绝对"地确定在编码器内。初始化原点后，每一个位置独立并具有唯一性。它的内部及外部每一次数据刷新读取，都不依赖于前次的数据读取。无论是编码器内部还是编码器外部，都不存在"计数"与前次读数的累加计算，因此不存在累积误差。绝对值式编码器的特点是不需要计数器，在转轴的任意位置都可以读出一个固定的与位置相对应的数字码。n 条码道的码盘具有 n 位二进制分辨率。显然，码道越多，分辨率就越高。

国内已有 16 位的绝对值式编码器产品。这样的编码器是由码盘的机械位置决定的，不受停电、干扰的影响，被广泛地应用于各种自动化设备，如机器人、机器臂、CNC 机床、数字控制切割机等。

2）增量式编码器

增量式编码器也称为相对式编码器，它采用一种连续位移量离散化、增量化以及位移变化的传感方法测量转速和转轴位置。增量式编码器可以是线性的，也可以是旋转型的。增量式编码器的特点是每产生一个输出脉冲信号就对应一个增量位移，它能够产生与位移增量等值的脉冲信号。增量式编码器测量的是相对于某个基准点的相对位置增量，而不能够直接检测出绝对位置信息。

增量式光电编码器是目前使用最广泛的一类增量式编码器，主要应用于高速、高精度的场合。增量式光电编码器的结构如图 2-6 所示，包含一个码盘、LED 光源和光电探测器。LED 光源位于码盘一侧，光电探测器位于码盘另外一侧。码盘上有一系列的黑色标线和透明窗口，黑色标线不透光，而透明窗口是可以透光的，相邻两个透光缝之间代表一个增量周期。LED 光经过透镜后，形成平行光，打在码盘上，光线在黑色刻线处被阻挡，而在透明窗口处穿过码盘，照射到下面的感应器感应区域。感应器上有两个区域是可以感应信号的，一个是起始零位感应区域，另一个是位置信号变化感应区域。

零位感应也称 Home，其探测所产生的信号称为 Z 信号。并不是所有的增量式编码器都有参考零位，例如，有些传送带上的应用就不需要，而有的增量式编码器有不止一个参考零位。LED 光线通过码盘窗口，透射到另外一侧的感应器感应区域。码盘旋转，感应器便可以读取到光的这种交替变化信号，通过输出接口将位置信息反馈给控制系统。如果码盘上的不透明刻线和透明窗口间隔的角度相同，那么就可以获得如图 2-7 所示的波形。感应器所产生的波形是重复的方波，且高电平和低电平占用时间相同。一个黑线和一个透明扇区域构成一个周期，对应着波形图中的一个低电平和一个高电平。

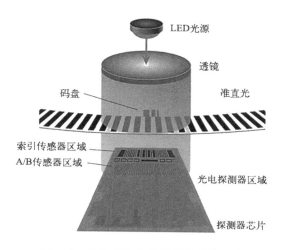

图 2-6　增量式光电编码器的结构示意图

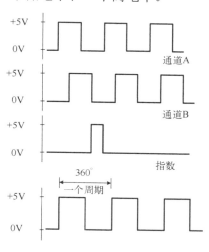

图 2-7　增量式编码器波形图

增量式编码器有两个主要输出，分别称为 A 和 B，两个输出是正交输出，相位差为 90°。这是因为检测光栅上刻有 A、B 两组与码盘相对应的透光缝隙，用以通过或阻挡光源和光电检测器件之间的光线，它们的节距和码盘上的节距相等，并且两组透光缝隙错开 1/4 节距，所以光电探测器件输出的信号在相位上相差 90°。在不同旋转方向，两个信号的相序也有所不同，可以利用程序将两个信号进行解码。根据其相序不同，在有方波时使计数器计数，此计数器的值即可对应转轴的旋转量。每旋转一圈，Z 信号会有一个方波输出，可以用来判断转轴的绝对位置，输出如图 2-8 所示。这类编码器可用在位置控制系统中。若旋转编码器只有单独一相的输出，仍然可以判断转轴的转速，只是不能判断旋转的方向。增量式编码器可用于测量转速或者测量运动的距离。

3．磁性编码器

磁性编码器利用磁性传感器测量关节角度或者位移，其工作原理是采用磁阻元件对变化的磁性材料的角度或者位移进行测量，提供位置和速度。磁性编码器通常由一个磁鼓和一个磁感应器组成，磁鼓上有若干磁极，磁感应器可以感知磁鼓的磁场变化，并根据磁场变化来确定关节的角度变化。磁性旋转编码器的分辨率取决于磁盘周围的磁极数和传感器的数量。

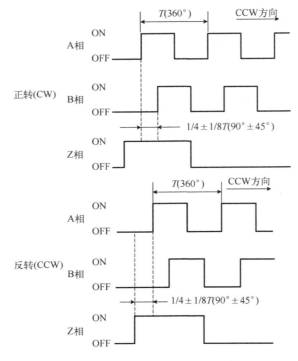

图 2-8 A、B、Z 相输出图

  磁性编码器结构如图 2-9 所示，三个主要组件是磁鼓、传感器和调节电路。磁盘已被磁化，其圆周上有许多磁极。传感器检测磁盘旋转时磁场的变化，并将此信息转换为正弦波。传感器可以是感应电压变化的霍尔效应器件，也可以是感应磁场变化的磁阻器件。调节电路对信号进行倍增、分频或内插以产生所需的输出。

  磁性编码器的分类和光电编码器的分类类似，主要有增量式和绝对值式，其中绝对值式分单圈绝对值和多圈绝对值。增量式磁性编码器使用正交输出，可以使用 X1、X2 或 X4 编码来进一步提高分辨率。

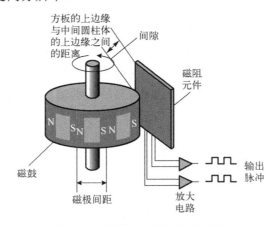

图 2-9 磁性编码器结构示意图

  磁性编码器的最大优势是其具有坚固性。与光电编码器不同，磁性编码器对灰尘、污垢、液体和油脂等污染物以及振动不敏感。与光电编码器类似，磁性编码器也需要在磁盘和传感器之间留有气隙。但是，磁性编码器中的气隙不需要像光电编码器那样清洁和透明。只要在磁盘和传感器之间不存在任何含铁材料，磁性编码器就会检测到电磁脉冲。磁性编码器正确运行的两个重要条件是传感器相对于磁鼓的径向位置以及传感器与磁鼓之间的间隙距离。磁性编码器的缺点显而易见：容易受到电磁干扰、容易产生温度漂移。为了克服温度漂移，需要采取补偿和保护措施。

关节位置传感器的选择取决于机器人的应用场景、精度要求和成本考虑。根据不同的原理，关节位置传感器可以提供不同的精度和可靠性。高精度的关节位置传感器可以提供更精确的关节角度反馈，但一般成本较高。低成本的传感器则可能精度有所限制，适用于一些中低精度要求的应用。

2.1.2　距离传感器

距离传感器(Distance Sensor)是一种用于测量物体与传感器之间距离的传感器。它可以通过各种原理来实现，如超声波、红外线、激光等。距离传感器可以安装在机器人的不同位置，根据具体应用的需求选择合适的安装位置。通过测量物体与传感器之间的距离，机器人可以识别障碍物，进行避障和导航等任务。

距离传感器在机器人技术、自动化系统等应用中发挥着重要作用。其主要作用包括以下方面。

(1)距离测量。距离传感器能够感知物体与传感器之间的距离，这对于导航、定位、避障和路径规划等任务至关重要。

(2)障碍物检测和避障。距离传感器通过检测物体与传感器之间的距离，获取自身周围的障碍物信息，包括尺寸、形状和位置等信息，帮助机器人或自动化系统检测和识别周围的障碍物，从而避免碰撞。

(3)环境感知。距离传感器属于环境感知的一种传感器，可以提供环境中物体的位置和空间信息，有助于机器人或系统对环境的感知和理解，为行动决策提供依据。

(4)自动调节和控制。基于距离传感器提供的距离数据，系统可以自动调节和控制相关设备或机构的运动、速度或位置，以实现精确的操作和闭环控制。

(5)三维建模和重建。某些距离传感器可以提供高精度的距离测量，通过结合多个测量点，可以生成物体或场景的三维模型或点云数据，对于虚拟现实、机器人导航和工业设计等应用具有重要意义。

距离传感器主要由发射器和接收器组成，其工作原理是发射器主动发射探测信号，所发射的探测信号在传播过程中碰到物体后反射回波，然后接收器接收回波信号来探测周围环境。这种方式能够直接得到所探测区域的空间距离信息。距离传感器属于主动传感器，既可单独使用，也可和被动传感器一起形成主被动传感器，在目标检测、定位、3D 环境建模等方面有重要作用。

距离传感器探测距离的公式如下：

$$s = \frac{v \times t}{2} \tag{2-1}$$

式中，s 表示物体与传感器之间的距离；v 表示传感器信号在介质中的传播速度；t 表示信号从传感器发射到接收返回的时间。

根据工作原理，距离传感器可以分为以下几类。

1. 超声波传感器

超声波传感器(Ultrasonic Sensor)利用超声波的特性进行测距。超声波对液体、固体的穿透能力强，是振动频率高于声波的机械波，它具有频率高、波长短、绕射现象小和方向性好的优点，尤其是方向性好的特点，使其能够定向传播。超声波碰到杂质或分界面会产生显著的反射现象形成反射回波，碰到活动物体会产生多普勒效应。利用该现象可以获得距离信息。超声波传感器广泛应用于工业、国防、生物医学等领域。

超声波传感器也称超声换能器，其结构如图 2-10 所示。从工作原理上看，其结构主要包括发射器和接收器。发射器产生超声波，接收器接收超声波。实际上，超声波传感器主要由压电晶片组成，既可以发射超声波，也可以接收超声波。它有许多不同的结构，可分为直探头、斜探头、表面波探头、兰姆波探头、双探头等。

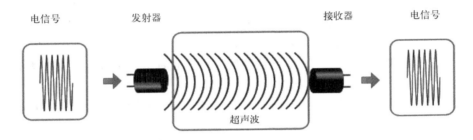

图 2-10　超声波传感器结构示意图

超声波测距的原理比较简单，一般采用时差法，即

$$d = \frac{c_s \times \Delta t}{2} \tag{2-2}$$

式中，d 表示待测距离；c_s 表示超声波速度，与环境温度有关，是环境温度的函数；Δt 表示从发射超声波至接收到回波的时间差。

由于超声波发射时有一定的波束角，因此其指向性较差，且易受多次回波的影响。如果多个超声波探头的探测范围有重叠，那么容易互相干扰。

2. 红外测距传感器

红外测距传感器(Infrared Distance Sensor)利用物体对红外线的反射、吸收和发射特性进行测距。红外线是介于可见光和微波之间的一种电磁波。它不仅具有可见光直线传播、反射、折射等特性，还具有微波的某些特性，如较强的穿透能力以及能贯穿某些不透明物质等。红外测距传感器向目标物体发出一束红外线信号，该信号会被物体反射回来，红外测距传感器会接收到反射回来的信号，根据反射信号强度检测障碍物的距离。红外测距原理有多种，常用的原理包括时间差法测距原理、反射能量法测距原理和相位法测距原理等。

第 2 章　机器人感知系统　　**69**

1）时间差法测距原理

时间差法测距是利用红外测距传感器的红外发射端发送信号与接收端接收信号的时间差实现距离测量。其测距公式如下：

$$d = \frac{c \times \Delta t}{2}$$

(2-3)

式中，c 是光的传播速度，约为 $3.0 \times 10^8 \, \text{m/s}$。

2）反射能量法测距原理

反射能量法测距是由发射控制电路控制发光元件发出信号射向目标物体，经物体反射后传回系统的接收端，通过光电转换器接收的光能量变化实现距离测量。其测距公式如下：

$$d = \left(\frac{p}{k\rho}\right)^3$$

(2-4)

式中，p 为接收端接收到的能量；k 为常数，其大小由发射系统输出功率、转换效率决定；ρ 为被测目标漫反射率。

3）相位法测距原理

相位法测距是利用无线电波段的频率，对红外激光束进行幅度调制并测定调制光往返一次所产生的相位延迟，再根据调制光的波长，换算出此相位延迟所代表的距离 d。此方式测量精度高，相对误差可以保持在 1/100 以内，但要求被测目标必须能主动发出无线电波产生相应的相位值。其测距公式如下：

$$d = \frac{c \times \Delta \varphi}{2\omega}$$

(2-5)

式中，$\Delta \varphi$ 为延迟相位；ω 为调制信号的角频率。

红外测距传感器的结构如图 2-11 所示，主要包括红外信号发射二极管、接收二极管、LED 驱动电路、信号处理电路、控制电路、稳压电路和输出电路。LED 驱动电路驱动红外信号发射二极管发射特定频率的红外信号，接收二极管接收这种频率的红外信号。当检测方向遇到障碍物时，红外信号反射回来被接收二极管接收，经过信号处理电路之后，通过数字传感器接口输出。机器人即可利用返回的红外信号来识别变化。

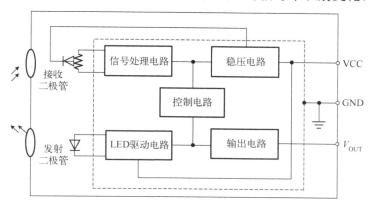

图 2-11　红外测距传感器结构示意图

3. 激光雷达传感器

激光雷达(Light Detection And Ranging，LiDAR)是以发射激光束探测目标的位置、速度等特征量的雷达系统。传统的雷达是以微波和毫米波波段的电磁波为载波的雷达。激光雷达则是以激光作为载波，可以用振幅、频率和相位来搭载信息作为载体，其工作原理是向目标发射激光束探测信号，然后接收从目标反射的回波信号，并与发射信号进行比较，处理后获得目标的有关信息，如目标距离、方位、高度、速度、姿态甚至形状等参数，如图2-12所示。激光雷达具有分辨率高、隐蔽性好和抗有源干扰能力强等优点。

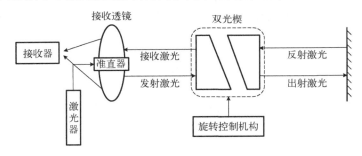

图 2-12　激光雷达测距原理示意图

激光雷达传感器的结构通常包括激光头、探测器、旋转反射机构和信息处理系统等，如图2-13所示。激光头将电脉冲变成光脉冲发射出去，控制旋转反射机构扫描目标场景，探测器接收放射光，再把从目标反射回来的光脉冲还原成电脉冲，经过信息处理系统实现目标探测。激光雷达工作时，先由激光二极管对准目标发射激光脉冲，目标反射后的激光向各方向散射。部分散射光返回到传感器接收器，被光学系统接收后成像到雪崩光电二极管上。雪崩光电二极管是一种内部具有放大功能的光学传感器，因此它能检测极其微弱的光信号。记录并处理从光脉冲发出到返回被接收所经历的时间，即可测定目标距离。激光雷达传感器必须极其精确地测定传输时间。

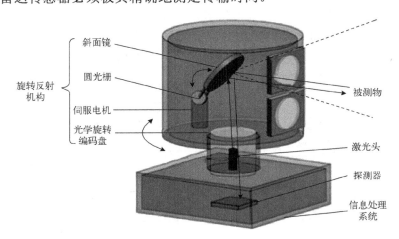

图 2-13　激光雷达传感器结构示意图

激光雷达的测距常用方法包括三角法、相位法和脉冲法等。

1）三角法

三角法是一种传统且比较简单的测距方法，常用于光学测距，其原理如图 2-14 所示。激光器发出的激光经准直透镜后射向参考平面与目标平面，激光器发出的光束与法线夹角为 γ，反射光束 A_1A_2 与法线夹角为 α，光接收器件与 A_1A_2 的夹角为 β，入射光点到接收透镜光心的距离即物距为 d_1，光通过透镜在光接收器件成像，其距离即像距为 d_2，随参考面移动距离为 y，在光接收器件上的像点光斑发生移动，移动距离为 x，透镜焦距设为 f。由于激光源、反射平面和光接收器件位置呈三角形，三角法因此得名。其测距公式如下：

$$y = \frac{d_1 + x \cdot \sin\beta\cos\beta}{d_2 - x \cdot \sin(\alpha+\beta+\gamma)}$$
$$= \frac{x \cdot (d_1 - f) \cdot \sin\beta\cos\gamma}{f \cdot \sin(\alpha+\gamma) \pm x \cdot \left(1 - \dfrac{f}{d_1}\right)\sin(\alpha+\beta)} \tag{2-6}$$

当测距系统固定时，只需在光接收器件上测量出光斑移动的距离 x，即可推导出待测值 y。具体应用时还区分为斜射式和直射式。

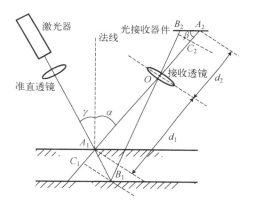

图 2-14　三角法测距原理示意图

这种方法的好处是原理与结构都比较简单，但是随着测量距离的不断增加，测量误差也不断增大。因此，三角法只适用于短距离测量，且系统占据体积较大。

2）相位法

相位法主要依靠测量激光信号在路径上传播的过程中产生的相位差，推导出待测距离，其原理如图 2-15 所示。

使用调制器将激光器的输出调制成周期为 T、频率为 f 的连续激光信号，遇到目标后产生反射激光信号，称为回波信号，设发射激光和回波信号之间的相位差为 $\Delta\varphi$，鉴相器对这个相位差进行鉴别和输出，通过后续数据处理即可推算出目标和测距仪之间的距离：

$$d = \frac{c \times t}{2} = \frac{c \times \Delta\varphi}{4\pi f} \tag{2-7}$$

式中，c 为光速；t 为信号从发射到接收的传输时间。但在实际测量中，往往不止产生了一个周期的相移，即

$$\Delta\varphi = n \cdot 2\pi + \Delta\varphi_1 \tag{2-8}$$

式中，n 为非负整数。因此实际上测得的距离应表示为

$$d = \frac{c \times (n \cdot 2\pi + \Delta\varphi_1)}{4\pi f} \tag{2-9}$$

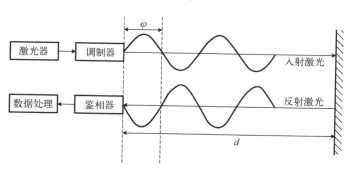

图 2-15　相位法测距原理示意图

　　此时，n 值的不确定，求解方程会存在多个解，导致测距结果的不确定性。因此，为了确定距离，可以先将发射激光的频率降至最低，即周期最长，以求得 $n=0$ 状态的粗略结果，再向上调整发射激光的频率，多次测量、求解以计算出精确的距离。

　　该方法测量精度较高，但是电路和计算过程复杂，测量速度较慢，由于多值解的问题而需要多个工作频率的激光源与光电探测器，并且因为激光器连续工作，所以出射光的功率不能太高，因此具有一定的局限性。此外，环境变化产生的温度、湿度等情况变化也会对系统的测距结果造成一定的影响。

　　3）脉冲法

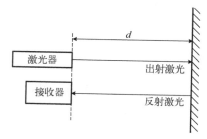

图 2-16　脉冲法测距原理示意图

　　脉冲法使用激光脉冲作为信息载体，通过测量其在空间中传播的时间来推导出目标距离，其传播时间称为飞行时间（Time of Flight, TOF），其原理如图 2-16 所示。

　　相比于三角法，这种方法中激光器与接收器基本可以视为无角度差，因此只需获取脉冲信号的发射时间 t_{start} 和接收时间 t_{stop} 即可计算出飞行时间 t_{TOF} 并求出目标距离：

$$d = \frac{c \cdot t_{TOF}}{2} = \frac{c \cdot (t_{stop} - t_{start})}{2} \tag{2-10}$$

　　由于脉冲宽度较窄，一般选用纳秒级脉冲，且目标距离未知，因此不方便用定时器方法对飞行时间进行测量，而是采用时间-数字转换器（Time to Digital Converter，TDC）来进行测量。虽然这将提高成本，且相比于相位法精度稍差，但这种方法能够应用于大范围的激光测距，且测量速度快，因此得到了广泛的应用。

　　激光雷达传感器可以在白天或黑夜测量特定物体与无人系统之间的距离。由于反射强度的不同，激光雷达传感器也可用于区分表面反射强度不同的物体，但是无法探测被遮挡的物体或光束无法到达的物体，在雨、雪、雾等天气下性能较差。

在实际设计与应用中，以上分类并不是互斥的，在某些距离传感器中可能会结合多种原理来实现更准确的距离测量。

2.1.3 触觉传感器

触觉传感器(Tactile Sensor)是一种能够模拟人类触觉感知能力的传感器，其作用是模仿人类触觉感知的能力，从而实现机器人对物体接触和压力的感知。通过测量物体与其接触时参数的变化，如电容、电阻或者光强度，将这些变化信息转化为电信号进行处理和分析。触觉传感器广泛应用于机器人、虚拟现实、医疗设备等领域。例如，将触觉传感器安装在机器人手指和手掌上，可以实现精确的抓取和操纵；触觉传感器作为机器人的皮肤可以实现对外界环境的感知与交互；在精密装配场景下的触觉传感器，可以用于检测和控制装配过程中的力道和位置。机器人的触觉感知能力是实现与物体之间柔性交互的重要部分。通过监测接触表面法向力和切向力的大小/方向、压力分布、滑动等，在一些抓握或灵巧操作任务中，能够让动作更稳定准确。

根据测量的参数不同，触觉传感器有不同的类型。目前，常见的触觉传感器有应变传感器、压电式触觉传感器、电容式触觉传感器和光学触觉传感器。

1. 应变传感器

应变传感器是一种用于测量物体应变(Strain)的传感器。应变是指物体在受力或变形时发生的长度、形状或体积的变化。该传感器将物体的应变量转换为电信号，实现对物体应变的测量和监测。

应变传感器通常由敏感元件、电路和信号处理器组成。敏感元件可以是电阻应变片、压阻传感器、光纤传感器等。当物体受到外力作用或发生形变时，敏感元件会产生相应的应变量，如电阻值的变化、电阻片的形变等。电路和信号处理器将敏感元件输出的物理量转换为可测量的电信号，通常是电压或电流信号。

根据工作原理的不同，应变传感器可分为电阻式应变传感器、压阻式应变传感器和光纤式应变传感器。

1) 电阻式应变传感器

电阻式应变传感器利用材料的应变-电阻效应来测量应变，即材料在受到压力时，电阻值发生变化。最常见的电阻式应变传感器是电阻应变片(Strain Gauge)，其结构如图 2-17 所示。电阻应变片通常由金属箔或薄膜制成，固定在被测物体表面。当被测物体受到压力时，电阻应变片会发生形变，导致电阻值发生变化。通过测量电阻值的变化，可以推导出物体的应变量。

2) 压阻式应变传感器

压阻式应变传感器也是利用材料的应变-电阻效应来测量应变，但其结构与电阻应变片不同，如图 2-18 所示。压阻式应变传感器通常由导电高分子材料制成，当材料受到压力时，其电阻值发生变化。压阻式应变传感器常用于柔性和弯曲应变的测量。

3) 光纤式应变传感器

光纤式应变传感器利用光纤的光学特性来测量应变。光纤式应变传感器通常是将光纤固定在被测物体表面，当被测物体受到压力时，光纤中的光信号会发生相应的变化。

通过测量光信号的变化，可以推导出物体的应变量。光纤式应变传感器由光源、入射光纤、出射光纤、光调制器、光探测器以及解调制器组成，其基本原理是将光源的光经入射光纤送入调制区，光在调制区内与外界被测参数相互作用，使光的光学性质(如强度、波长、频率、相位、偏正态等)发生变化而成为被调制的信号光，再经出射光纤送入光探测器、解调器而获得被测参数。例如，利用光的偏振性质开发光纤式应变传感器。

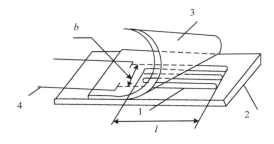

图 2-17   电阻应变片原理示意图

1-电阻丝；2-基片；3-覆盖层；4-引出线；
b-应变感受区的宽度；l-应变感受区的长度

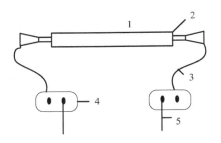

图 2-18   压阻式应变传感器原理示意图

1-胶膜衬底；2-P-Si；3-内引线
4-焊接板；5-外引线

偏振型光纤应变传感器利用光波的偏振性质来测量应变，其工作原理如图 2-19 所示。许多物理效应都会影响或改变光的偏振状态，有些效应可引起双折射现象。双折射现象就是对于光学性质随方向而异的一些晶体，一束入射光常分解为两束折射光的现象。光通过双折射介质的相位延迟是输入光偏振状态的函数，利用光的偏振状态的变化来传递被测对象信息。

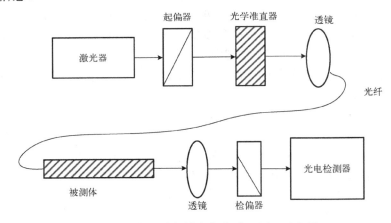

图 2-19   偏振型光纤应变传感器原理示意图

2. 压电式触觉传感器

压电式触觉传感器利用压电效应来测量压力，其工作原理如图 2-20 所示。它包含一个压电材料(如石英或陶瓷)，当压力施加在材料上时，传感器电极之间会产生电荷或电势的变化。通过测量电荷或电势的变化，压电式触觉传感器可以确定压力的大小。压电式触觉传感器常用于高温、高压和精密测量的应用中。

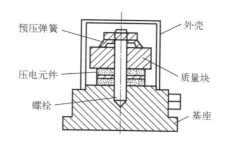

图 2-20　压电式触觉传感器原理示意图

3. 电容式触觉传感器

电容式触觉传感器基于电容变化原理的触摸输入技术，它利用触摸物体和传感器之间的电容变化来检测触摸输入。当触摸物体(如手指)接近或接触到传感器表面时，传感器电极之间的电容量会发生改变，进而被传感器检测到。电容式触觉传感器通常由以下几个主要组成部分构成。

(1)传感器电极。传感器电极通常由导电材料制成，如金属或导电涂层，它们被布置在触摸面板的表面或底部，形成一个电容结构。

(2)控制电路。控制电路用于驱动和读取传感器电极之间的电容变化，可以通过测量电容值的变化来确定触摸位置和触摸动作。

(3)触摸控制器。触摸控制器是电容式触觉传感器的核心部分，它负责处理传感器读取的电容数据，并将其转换为触摸位置和手势信息。触摸控制器通常集成在触摸屏或触摸面板的电路板上。

(4)驱动电源。驱动电源为触觉传感器提供所需的电力，它可以是内部电池、外部电源或设备本身的电源。

电容式触觉传感系统如图 2-21 所示。

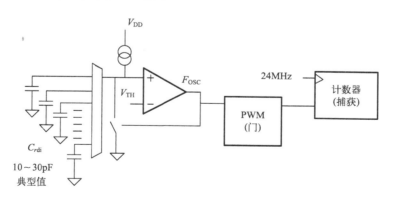

图 2-21　电容式触觉传感系统示意图

电容式触觉传感器分为互容式电容传感器、自容式电容传感器和互感式电容传感器。

(1)互容式(Mutual-Capacitance)电容传感器。互容式电容传感器使用交错排列的发送和接收电极。发送电极施加交替的电场，而接收电极用于检测电场的变化。当触摸物体接近或接触到传感器表面时，电场发生变化，互容式电容传感器通过测量接收电极上的电压变化来检测触摸。

（2）自容式（Self-Capacitance）电容传感器。自容式电容传感器使用单一的电极结构，该电极既用于发送电场，也用于接收电场。当触摸物体接近或接触到传感器表面时，电容量发生变化，自容式电容传感器通过测量电极上的电容变化来检测触摸。

（3）互感式（Projected-Capacitance）电容传感器。互感式电容传感器结合了互容式和自容式的特点。它使用交错排列的电极，并在发送电极上加上特殊的感应电场。当触摸物体接近或接触到传感器表面时，感应电场会发生变化，互感式电容传感器通过测量接收电极上的电压变化来检测触摸。

4. 光学触觉传感器

光学触觉传感器是一种使用光学技术来检测和跟踪触摸输入的传感器，它利用光学原理来感知和记录触摸位置与动作。光学触觉传感器通常由光源、光学元件和光敏元件组成。光学触觉传感器利用光的传播特性来测量压力，其工作原理如图 2-22 所示。它包含光学元件，如光纤或光栅，当压力施加在元件上时，光的传播特性会发生变化。通过测量光的特性变化，光学触觉传感器可以确定压力的大小。

在光学触觉传感器中，光源通常是 LED（发光二极管），它发出可见光或红外光。光学元件可以是透明的玻璃或塑料表面，也可以是特殊的光学涂层。光敏元件可以是光电二极管（Photodiode）或光敏电阻（Photoreceptor），用于接收反射或透射的光信号。当用户触摸光学触觉传感器表面时，触摸点会导致光的散射或遮挡，进而影响光线到达光敏元件的方式。通过检测光敏元件接收到的光信号的变化，光学触觉传感器可以确定触摸点的位置和动作。光学触觉传感器具有一些优点，如精度高、响应快速、耐久性好和适用于各种表面材料。

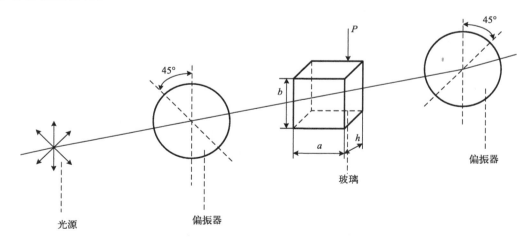

图 2-22 光学触觉传感器原理示意图

光学触觉传感器可分为投射式光学触觉传感器、红外光学触觉传感器和全息光学触觉传感器。

（1）投射式光学触觉传感器。这种传感器使用光源和光敏元件组成一个光栅，光源发出的光线被光栅反射到光敏元件上。当触摸物体接触到传感器表面时，光线被遮挡或散射，从而改变光敏元件接收到的光信号。通过分析这些变化，投射式光学触觉传感器可以确定触摸的位置和动作。投射式光学触觉传感器常用于大型触摸屏或交互式平板显示器上。

（2）红外光学触觉传感器。这种传感器在触摸面板的四个角落或边缘放置红外光源和光敏元件。当触摸物体接触到表面时，会阻挡或散射红外光，从而被光敏元件检测到。通过分析被遮挡的光线，红外光学触觉传感器可以确定触摸的位置和动作。红外光学触觉传感器常用于小型触摸屏、手机和其他便携设备上。

（3）全息光学触觉传感器。这种传感器使用全息光学技术来检测触摸输入。它通过利用干涉原理和衍射原理，将触摸物体的变形转换为光学干涉图案。通过分析干涉图案的变化，全息光学触觉传感器可以确定触摸的位置和动作。全息光学触觉传感器具有高精度和高灵敏度的优点，常用于科学研究和专业应用领域。

2.1.4　视觉传感器

视觉传感器（Vision Sensor）是一种能够感知和获取图像信息的传感器，用于获取、处理和解释视觉信息。它模仿人类的视觉系统，能够感知和理解周围环境中的图像与视频数据。视觉传感器通常用图像分辨率来描述自身的性能。视觉传感器的精度不仅与分辨率有关，而且与被测物体的检测距离相关。被测物体距离越远，其位置精度越差。

视觉传感器安装在机器人外部位置（如机器人头部），其作用是获取周围环境的视觉信息。通过对图像进行处理和分析，视觉传感器可以实现目标检测、位姿估计、路径规划、图像识别等功能，从而实现机器人的感知和高级决策。在工业领域的应用中，如金属的焊接封装、物流码垛、安全巡检、生产过程智能分拣等都离不开机器人的视觉感知。

视觉传感器的概念最早由电子工程师 George E. Smith 和 Nobell Laureate Willard Boyle 在 1969 年提出，他们发明了 CCD（Charge-Coupled Device）图像传感器，如图 2-23 所示，该技术对光电传感领域的发展起到了重要作用。在计算机视觉、机器学习和深度学习等领域的快速发展中，也涌现出许多关于图像处理和目标识别的新方法与技术。

图 2-23　CCD 图像传感器

视觉传感器主要由光源、镜头、图像传感器、模/数转换器、图像处理器、图像存储器等组成，如图 2-24 所示，其主要功能是获取足够的机器视觉系统要处理的原始图像。

视觉传感器具有以下特点。

（1）视觉图像的信息量极为丰富，尤其是彩色图像，不仅包含视野内目标的距离信息，而且有该目标的颜色、纹理、深度和形状等信息。

（2）在视野范围内可同时实现道路识别、车辆识别、行人识别、交通标志识别、交通信号灯识别等功能，信息获取量大。当多辆智能网联汽车同时工作时，不会出现相互干扰的现象。

（3）视觉信息获取的是实时的场景图像，提供的信息不依赖于先验知识，如 GPS 导航依赖地图信息，有较强的适应环境的能力。

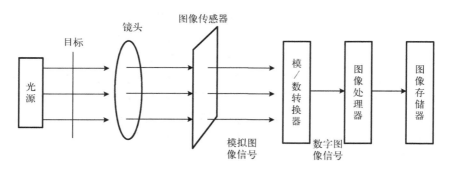

图 2-24　视觉传感器组成示意图

(4)视觉传感器与机器学习、深度学习等人工智能相融合,可以获得更佳的识别效果,必将扩大视觉传感器在智能网联汽车上的应用范围。

根据视觉传感器的不同特性,视觉系统通常分为单目视觉系统、双目立体视觉系统和全景视觉系统等。单目视觉系统缺少深度信息,常被应用于只需要二维特征的应用场景,如二维的目标检测与跟随等。双目立体视觉系统可以帮助机器人进行三维视觉感知,在需要二维信息的任务中必不可少。例如,当机器人需要完成类似人手的高精度操作时,双目立体视觉系统根据成像特点获取目标物体的三维信息。全景视觉系统虽然有图像畸变大、细节损失等缺点,但它的视场角范围大,可获得丰富的信息,也常用于移动机器人领域。然而,视觉传感器也存在一些挑战,如对光照条件的敏感性、处理复杂场景的复杂性以及计算量较大等。

不同传感器的精度差异、特性差异局限了各自的感知能力。在实际应用中,通常采用多传感器融合技术。多传感器融合技术可以在数据级、特征级和决策级不同层面上实现数据融合。例如,对于移动机器人,当其处于未知环境时,运动规划的前提是要有精确的自主定位和环境感知,主要包括环境三维地图的构建、移动障碍物的动态标注、机器人自身位姿的即时确定等,移动机器人上的相机可以完成物体的识别与检测,激光雷达、毫米波雷达可以用于估计机器人的位置、速度,因此多源传感器的协同作用能够为移动机器人的安全行驶保驾护航。

2.2　感知数据采集与处理

感知数据采集与处理是指利用传感器获取和处理环境中的各种数据信息的过程。

数据采集是从不同来源收集数据的过程。最常见的数据采集方法是使用传感器:将传感器测量或者监测的物理变量和化学变量,如热量、光、气压和湿度,或是监测健康和运动活动的变化量,通过有线、无线信号传输到数据处理中心,然后分析并转化为有用的信息。

数据处理是将采集的数据转化为有用信息的过程。一种广泛应用的数据处理技术是机器学习。机器学习使用算法识别数据中的模式,并以此来预测未来数据中的趋势,其可以被用于模式识别、分类和聚类,从而提高效率和减少人力成本。

感知数据采集的过程通常包括以下几个步骤。

（1）传感器选择和部署：根据需求，选择合适的传感器类型和规格，并将其部署在需要监测的位置或设备上。常见的传感器包括温度传感器、湿度传感器、压力传感器、加速度传感器等。

（2）数据采集：传感器将环境中的物理量转换为电信号，并通过接口将数据传输到数据采集设备或系统中。数据采集设备可以是嵌入式设备、计算机和数据采集卡等。

（3）数据传输：将采集到的数据通过有线或无线方式传输到数据处理系统中。常用的传输方式包括以太网、Wi-Fi、蓝牙和 LoRaWAN 等。

感知数据处理的过程通常包括以下几个步骤。

（1）数据清洗和校准：对采集到的原始数据进行清洗，去除异常数据和噪声，同时进行校准以确保数据的准确性和可靠性。

（2）数据预处理：对清洗后的数据进行预处理，如数据重采样、数据滤波和特征提取等，以获得符合后续分析要求的数据形式。

（3）数据分析：根据需求，采用不同的算法和模型对数据进行分析和挖掘，如统计分析、机器学习和深度学习等。通过对数据的分析，可以发现数据的规律、趋势和异常，为进一步的决策提供依据。

（4）数据存储和可视化：将处理后的数据存储到数据库或文件中，方便后续的查询和使用。同时，将数据以可视化的形式展示，如图表、地图等，以便用户直观地理解和分析数据。

感知数据采集与处理在很多领域都有重要的应用，如机器人、智能家居、智慧城市和工业自动化等。通过采集和处理感知数据，可以实现对环境和设备的监测、控制和优化，提升生活和生产的效率与质量。

2.2.1　预处理

预处理是指在进行数据分析和建模之前，对原始数据进行一系列的操作和处理，以提高数据的质量和可用性。预处理主要包括数据清洗、数据转换和数据归一化等步骤。

预处理之前，首先需要进行数据清洗。数据清洗主要是识别和处理原始数据中的异常值、缺失值和重复值等问题。异常值是指与其他数据明显偏离的数据点，可能是由数据采集或输入错误导致的；缺失值是指数据中某些属性缺少的数值，可以通过插值或删除等方法进行处理；重复值是指数据集中存在完全一样的记录，可以通过删除重复记录来处理。

然后需要进行数据转换。数据转换是将原始数据转换为适合特定分析和建模方法的形式。常见的转换操作包括数值化、标准化和离散化等。数值化就是将类别型变量转换为数字编码；标准化就是将数据缩放至均值为 0、方差为 1 的过程；离散化就是将连续变量分为区间处理。

最后需要进行数据归一化。数据归一化是将不同量纲和取值范围的数据调整到统一的尺度上，以消除由量纲和取值范围不同导致的权重不平衡问题。归一化的常见方法包括线性比例缩放、z-score 标准化和最小-最大规范化等。

预处理在数据分析和建模过程中起到了非常重要的作用。通过对原始数据进行适当的清洗、转换和归一化操作，可以降低噪声和减少干扰，提高数据的可用性和准确性，进而提升模型的性能和稳定性。同时，预处理也为后续的特征工程和模型训练奠定了基础。

滤波算法在工程应用中起着关键作用，能够有效地消除噪声、提取特征等，因此常用于数据预处理过程中。常用的滤波算法包括卡尔曼滤波、互补滤波等。

1. 卡尔曼滤波

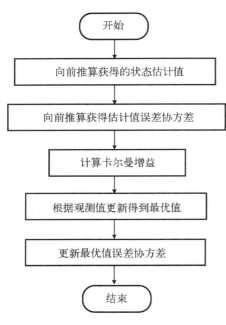

图 2-25　卡尔曼滤波算法框图

匈牙利数学家鲁道夫·埃米尔·卡尔曼(Rudolf Emil Kalman)在 1960 年提出了一种递归更新滤波算法，该算法引入了状态空间模型，由 5 个核心公式组成，在计算过程中估计状态量，并实时更新，以达到均方误差最小。卡尔曼滤波算法在控制工程中有着广泛的应用，在姿态融合方面的贡献尤为突出。

卡尔曼滤波算法中包括预测和更新两个阶段：利用当前时刻的测量值修正上一时刻的预测值并更新对下一时刻状态变量的预测，如图 2-25 所示。

卡尔曼滤波算法的公式如下所示。

状态预测方程：

$$X(k|k-1) = AX(k-1|k-1) + BU(k) \quad (2\text{-}11)$$

协方差预测方程：

$$P(k|k-1) = AP(k-1|k-1)A^{\mathrm{T}} + Q \quad (2\text{-}12)$$

卡尔曼增益计算方程：

$$Kg(k) = P(k|k-1)H^{\mathrm{T}} / [HP(k|k-1)H^{\mathrm{T}} + R] \quad (2\text{-}13)$$

最优值更新方程：

$$X(k|k) = X(k|k-1) + Kg(k)[Z(k) - HX(k|k-1)] \quad (2\text{-}14)$$

协方差更新方程：

$$P(k|k) = [I - Kg(k)H]P(k|k-1) \quad (2\text{-}15)$$

式中，X 为系统最优预测值；P 为协方差矩阵；$U(k)$ 为当前状态的控制量；A 为状态转移矩阵；A^{T} 为 A 矩阵的转置；B 为输入转换状态矩阵，K 为卡尔曼增益矩阵；Z 为测量值矩阵；R 为测量噪声矩阵；Q 为过程噪声矩阵；H 为偏微分矩阵。式(2-11)、式(2-12)是对系统的预测，式(2-13)～式(2-15)是状态的更新。

2. 互补滤波

互补滤波器是一种具有频域特性的滤波器，在多传感器融合领域具有广泛的应用，当两个或两个以上信号测量同一物理量，测量信号效果在频域上特性互补时，可以采用互补滤波器分别针对各特性进行滤波，以达到数据融合的目的。以两信号输入 A1、A2 为例，当一个信号输入 A1 中的高频分量为有效信息但低频分量为噪声，而另一个信号输入 A2 中的高频分量为噪声而低频信号为有效信息时,将信号 A1 通过高通滤波器滤波,去除低频噪声;将信号 A2 通过低通滤波器进行滤波,去除高频噪声,即可得到有效信号。该互补滤波器由高通滤波器和低通滤波器组成,其结构框图如图 2-26 所示。

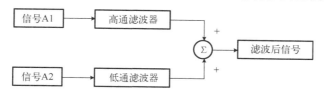

图 2-26 互补滤波器结构框图

互补滤波器的传递函数为

$$F_{\mathrm{L}}(s) + F_{\mathrm{H}}(s) = 1 \tag{2-16}$$

式中,$F_{\mathrm{L}}(s)$ 为低通滤波器的传递函数;$F_{\mathrm{H}}(s)$ 为高通滤波器的传递函数,其中有

$$F_{\mathrm{L}}(s) = \frac{1}{f_{\mathrm{s}} + 1} \tag{2-17}$$

$$F_{\mathrm{H}}(s) = \frac{f_{\mathrm{s}}}{f_{\mathrm{s}} + 1} \tag{2-18}$$

式中,f_{s} 为滤波器常数。

利用互补滤波进行姿态融合计算量小、运算简单、融合效果理想,但对于滤波器常数的选择则是通过经验值和不断地调试、反复修改来确定的,没有其他更好的解决办法,若滤波器常数选择不当,则会导致结果收敛速度慢、动态性能低或波动大、滤波效果差等问题,因此,在使用互补滤波算法时通常还需要结合自适应算法,如模糊算法等对参数实时调整。

2.2.2 多传感器融合架构

机器人感知系统的发展趋势是集成多种传感器,实现多模态感知;引入机器学习和人工智能技术,提高感知算法的准确性和鲁棒性;增强感知能力,使机器人能够感知更复杂的环境和任务。多源数据融合技术能够将多个不同数据源收集的不完整信息整合在一起,并进行相应的处理和融合加工,使不同数据之间的优势互相补足,最终得到一条有决策意义的数据结果,以此削弱数据源中存在的不确定成分,帮助机器人获得有效的融合判断和准确的综合衡量,从而做出合理的判断和决策。

多传感器融合架构将多个传感器的数据进行集成和融合,以提供更全面、准确、可靠的环境感知和决策支持。多传感器融合架构可以结合不同类型的传感器(如视觉传感器、声音传感器、温度传感器等)、不同位置的传感器(如分布在不同地点或不同部件上的传感器),以及不同性能的传感器(如低成本的传感器和高精度的传感器)。

多传感器融合架构一般包括以下几层组件。

(1)传感器层:该层包含了多个传感器,它们负责从环境中采集数据。每个传感器可以获取到不同的信息，如图像、声音、温度和湿度等。

（2）数据融合层：该层负责将来自多个传感器的数据进行集成和融合。数据融合可以通过不同的方法进行，如最大似然估计、加权投票和网格滤波等。数据融合的目标是综合利用各个传感器的优势，提高数据的质量和信息量。

（3）环境模型层：该层将融合后的数据进一步处理，生成环境的模型。环境模型可以是时间序列模型、状态空间模型和物体识别模型等，用于对环境进行描述和理解。

（4）决策层：该层根据环境模型和应用需求，做出相应的决策。决策可以是控制行为、告警通知和优化调度等。决策的目标是根据环境的信息，使得系统达到预期的性能和效果。

多传感器融合架构的设计可以根据具体的应用需求和环境特点进行灵活调整。合理的多传感器融合架构可以提高环境感知的准确性和稳定性，为智能化系统的设计和应用提供有力支持。

多传感器数据融合的层次结构分为数据级、特征级和决策级。

（1）数据级融合：直接在采集到的原始数据层上进行的融合，在各种传感器的原始测量未经处理之前就进行数据的综合和分析，这是最低层次的融合。在该级上进行数据融合，要求传感器是同质的。将全部传感器的观测数据融合，然后从融合的数据中提取特征向量，并进行判断识别。这种融合的优点是能保持尽可能多的现场数据，提供其他融合层次所不能提供的细微信息。但它所要处理的传感器数据量太大，故处理代价高、处理时间长、实时性差。这种融合是在信息的最底层进行的，传感器原始信息的不确定性、不完全性和不稳定性要求在融合时有较高的纠错能力。

（2）特征级融合：多种传感器提供从观测数据中提取的特征，这些特征融合成单一的特征向量，然后运用模式识别的方法进行处理。在该级上进行数据融合，传感器可以是异质的。这种方法对通信带宽的要求较低。但由于数据的丢失，其准确性有所下降。

（3）决策级融合：从具体决策问题的需求出发，充分利用特征级融合所提取的测量对象的各类特征信息做出决策。在该级上进行数据融合，传感器可以是异质的。将传感器采集的信息进行变换以建立对所观察目标的初步结论，最后根据一定的准则以及每个判定的可信度做出最优决策。由于该级融合对传感器的数据进行了转换，预处理代价较高，而融合中心处理代价小，因此整个系统的通信量小、抗干扰能力强。

目前，多传感器数据融合依然面临一些挑战，如数据不完整、数据不一致、数据对齐与关联、融合位置和动态融合等。

2.3　人工智能与机器学习

人工智能（Artificial Intelligence，AI）是研究和开发用于模拟、延伸和扩展人类智能的理论、方法、技术和应用系统的学科。人工智能的目标是使计算机系统能够具备类似人类智能的能力，如感知、理解、学习、推理、决策等。机器学习（Machine Learning，ML）是人工智能的一个分支，主要是研究和开发使计算机能够自动学习并改善性能的算法和模型。机器学习的核心思想是通过对大量数据的学习和分析，从中发现数据的规律和模式，并将这些规律和模式应用于新的数据中进行预测和决策。人工智能和机器学习密切相关，两者相辅相成。人工智能是广义的概念，包括机器学习在内的一系列技术和方法。而机器学习是人工智能的一个重要组成部分，是实现人工智能的核心技术之一。

机器学习以强大的计算和预测能力显著地革新了数据融合技术。通过机器学习，计算机可以根据数据自动调整模型的参数，从而获得更好的预测和决策能力。机器学习可以通过监督学习、无监督学习和强化学习等方法进行。常见的机器学习算法包括支持向量机(Support Vector Machine，SVM)、神经网络、线性回归和决策树等。

机器学习可用于多传感器数据融合的各个层次，能够实现数据级数据融合、特征级数据融合和决策级数据融合。

(1)在数据级数据融合层，机器学习能够完成综合和分析。反向传播(Back Propagation，BP)神经网络是一种典型的数据级数据融合方法。然而，基于 BP 的融合模型往往收敛时间长，导致融合效率低、节点生命周期短。由于在数据级融合直接使用原始数据，这些数据是非线性变化的，因此需要选用非线性模式识别工具，如 SVM。在动态过程中，非线性模式识别工具也能够保证识别的准确性。此外，基于 SVM 的融合可以克服不完整数据的融合难题。将 k-均值聚类方法用于目标检测和跟踪，结果表明，与原有的过滤方法相比，k-均值聚类方法有效解决了数据关联问题，获得了更好的跟踪结果，展示出良好的融合质量。

(2)在特征级数据融合层，机器学习能够从观测数据中提取特征。例如，利用 BP 神经网络及其改进的神经网络算法提取特征。神经网络算法输入的数据既可以是转换后的数据，也可以是提取的特征量，其输出可以是细化的特征或决策。与数据级数据融合相比，其输出的信息更加精炼和全面。SVM 也可以用于特征级数据融合。基于 SVM 融合的元搜索引擎将排序问题转化为二值分类问题，实现了更高的精度和更佳的性能。

(3)在决策级数据融合层，机器学习能够利用特征级融合所提取的测量对象的各类特征信息做出决策。决策级数据融合旨在进一步融合已生成的一些信息，得到决策结果。

机器学习在多传感器数据融合方面潜力巨大，如何将其应用到多传感器数据融合中是一项非常值得研究的内容。

2.4　应　用　设　计

2.4.1　人体姿态解算算法及人机姿态映射的研究

本节以人体动作捕获技术对机器人姿态的控制问题为例，说明九轴姿态传感器数据融合技术。示例首先介绍人体姿态采集节点的佩戴方法和开机时刻的初始化标定方法，重点介绍人体姿态解算算法，介绍采用四元数法表示姿态时如何通过坐标系间的相互关系确定载体的姿态，并通过计算角度测量值与初始位置偏差角度的关系得到关节的实际旋转角度。对比人体结构与自主搭建的机器人结构得出人机姿态影像关系，分析人体各关节旋转角度与机器人舵机旋转方向并进行对应，得到各舵机的输出参数，实现利用人体动作捕获技术对机器人姿态的控制。

1.姿态采集节点的佩戴位置

示例中设计了 11 个姿态采集节点，根据人体结构、人体的运动可以看作各骨骼间绕关节点的旋转过程，通过各姿态采集节点载体坐标系之间的关系可了解到各骨骼间的旋转关系。姿态采集节点分别佩戴在人体的躯干、各大臂、小臂、手、大腿、小腿和脚上，佩戴时将姿态采集节点的硬件 X 轴方向指向人体正右方，Y 轴指向人体正前方，Z 轴垂直于 XOY 平面指向头顶方向。由于人的头部姿态与整个人体的姿态动作相关性较小，因此本设计中为了控制计算量和传输速度，不对头部姿态进行采集。各节点的佩戴位置如图 2-27 所示。姿态采集节点通过紧贴人体佩戴在各肢体肌肉较不发达的地方，避免由肌肉形变引起测量误差。

2. 姿态采集初始化标定

由于示例中设计的控制随动效果验证装置是一款自主设计的仿人机器人系统，该机器人的姿态变换是通过在各关节设置的舵机转动来控制的，舵机的旋转角度是子骨骼相对父骨骼的相对角度变换，即子采集节点的载体坐标系相对父采集节点载体坐标系的变化，所以本书所研究的姿态解算算法是通过计算各子采集节点的载体坐标系与父采集节点的载体坐标系间的相对关系来表示人体各关节的旋转角度，无须将各采集节点的载体坐标系都转换到同一全局坐标系中。

初始化标定姿态采集节点是人体动作捕获技术中的基本环节，因为在肢体佩戴姿态采集节点时，每次不同的佩戴位置都会导致采集到的姿态数据不同，所以为了准确地采集人体运动姿态，在每次进行姿态采集之前需要对姿态采集节点进行初始化标定。

姿态采集节点标定方法为佩戴者保持目视前方呈自然立正姿势，双臂自然下垂，静止保持 30s 以上。为了利于观察实验效果，实验时统一将所有姿态采集节点中传感器硬件标示的 X 轴指向人体正右方，Y 轴指向人体正前方，Z 轴垂直于 XOY 平面指向头顶方向。以腿部模型为例说明初始化标定的过程，腿部模型如图 2-28 所示。

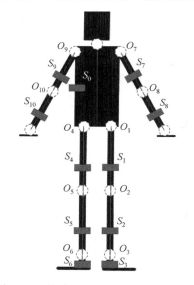

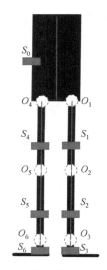

图 2-27　传感器节点佩戴位置示意图　　　　图 2-28　初始化标定腿部模型

图 2-28 中，S_0 为佩戴在躯干的姿态采集节点，S_1、S_2、S_3 分别为佩戴在右大腿、右

小腿和右脚上的姿态采集节点，O_1 为右髋关节，O_2 为右膝关节，O_3 为右踝关节。在初始化时，佩戴者直立保持不动，系统采集各节点的初始姿态，并对各父节点与子节点间的初始姿态偏差进行标定。具体标定过程如下。

设姿态采集节点 S_0 采集到躯干部位的初始四元数为 $\boldsymbol{Q}_{i0}$，有

$$\boldsymbol{Q}_{i0} = q_{i00} + q_{i01}\mathrm{i} + q_{i02}\mathrm{j} + q_{i03}\mathrm{k} \tag{2-19}$$

$$\boldsymbol{Q}_{i0}^{-1} = \frac{q_{i00} - q_{i01}\mathrm{i} - q_{i02}\mathrm{j} - q_{i03}\mathrm{k}}{q_{i00}^2 + q_{i01}^2 + q_{i02}^2 + q_{i03}^2} \tag{2-20}$$

S_1 采集到人体右大腿部位的初始四元数为 $\boldsymbol{Q}_{i1}$，有

$$\boldsymbol{Q}_{i1} = q_{i10} + q_{i11}\mathrm{i} + q_{i12}\mathrm{j} + q_{i13}\mathrm{k} \tag{2-21}$$

S_1 相对于 S_0 的初始偏差为 $\boldsymbol{Q}_{o1\_\mathrm{Bias}}$，有

$$\boldsymbol{Q}_{i1} = \boldsymbol{Q}_{i0} \times \boldsymbol{Q}_{o1\_\mathrm{Bias}} \tag{2-22}$$

则有

$$\boldsymbol{Q}_{o1\_\mathrm{Bias}} = \boldsymbol{Q}_{i0}^{-1} \times \boldsymbol{Q}_{i1} = \dot{\boldsymbol{Q}}_{o10} + \dot{\boldsymbol{Q}}_{o11}\mathrm{i} + \dot{\boldsymbol{Q}}_{o12}\mathrm{j} + \dot{\boldsymbol{Q}}_{o13}\mathrm{k} \tag{2-23}$$

根据四元数与欧拉角的转换关系，可得 S_0 与 S_1 间的初始位置角度偏差为

$$\theta_{1\_\mathrm{Bias}} = \arctan\left[\frac{2(\dot{q}_{o12}\dot{q}_{o13} - \dot{q}_{o10}\dot{q}_{o11})}{\dot{q}_{o10}^2 - \dot{q}_{o11}^2 - \dot{q}_{o12}^2 - \dot{q}_{o13}^2}\right] \tag{2-24}$$

$$\varphi_{1\_\mathrm{Bias}} = \arcsin[-2(\dot{q}_{o10}\dot{q}_{o12} - \dot{q}_{o11}\dot{q}_{o13})] \tag{2-25}$$

$$\psi_{1\_\mathrm{Bias}} = \arctan\left[\frac{2(\dot{q}_{o11}\dot{q}_{o12} - \dot{q}_{o10}\dot{q}_{o13})}{\dot{q}_{o10}^2 + \dot{q}_{o11}^2 + \dot{q}_{o12}^2 + \dot{q}_{o13}^2}\right] \tag{2-26}$$

设姿态采集节点 S_1 采集到人体右大腿初始四元数为 $\boldsymbol{Q}_{i1}$，有

$$\boldsymbol{Q}_{i1} = q_{i10} + q_{i11}\mathrm{i} + q_{i12}\mathrm{j} + q_{i13}\mathrm{k} \tag{2-27}$$

$$\boldsymbol{Q}_{i1}^{-1} = \frac{q_{i10} - q_{i11}\mathrm{i} - q_{i12}\mathrm{j} - q_{i13}\mathrm{k}}{q_{i00}^2 + q_{i01}^2 + q_{i02}^2 + q_{i03}^2} \tag{2-28}$$

S_2 采集到人体右小腿部位的初始四元数为 $\boldsymbol{Q}_{i2}$，有

$$\boldsymbol{Q}_{i2} = q_{i20} + q_{i21}\mathrm{i} + q_{i22}\mathrm{j} + q_{i23}\mathrm{k} \tag{2-29}$$

S_2 相对于 S_1 的初始偏差为 $\boldsymbol{Q}_{o2\_\mathrm{Bias}}$，有

$$\boldsymbol{Q}_{i2} = \boldsymbol{Q}_{i1} \times \boldsymbol{Q}_{o2\_\mathrm{Bias}} \tag{2-30}$$

则有

$$\boldsymbol{Q}_{o2\_\mathrm{Bias}} = \boldsymbol{Q}_{i1}^{-1} \times \boldsymbol{Q}_{i2} = \dot{\boldsymbol{Q}}_{o20} + \dot{\boldsymbol{Q}}_{o21}\mathrm{i} + \dot{\boldsymbol{Q}}_{o22}\mathrm{j} + \dot{\boldsymbol{Q}}_{o23}\mathrm{k} \tag{2-31}$$

根据四元数与欧拉角的转换关系，可得 S_2 与 S_1 间的初始位置角度偏差为

$$\theta_{2\_\mathrm{Bias}} = \arctan\left[\frac{2(q'_{o22}q'_{o23} - q'_{o20}q'_{o21})}{q'^2_{o20} - q'^2_{o21} - q'^2_{o22} - q'^2_{o23}}\right] \tag{2-32}$$

$$\varphi_{2\_Bias} = \arcsin\left[-2(q'_{o20}q'_{o22} - q'_{o21}q'_{o23})\right] \tag{2-33}$$

$$\psi_{2\_Bias} = \arctan\left[\frac{2(q'_{o21}q'_{o22} - q'_{o20}q'_{o23})}{q'^2_{o20} + q'^2_{o21} + q'^2_{o22} + q'^2_{o23}}\right] \tag{2-34}$$

同理，通过初始化对姿态采集节点的标定，可得到人体全身共 11 个父子姿态采集节点间的初始位置偏差角度。当不同体型的人或同一人每次佩戴姿态传感节点不能严格固定在同一位置时，通过初始化来确定各关节初始状态角度的偏差，可以实现无须固定位置佩戴，提高了人体动作捕获的便利性。

3. 人体姿态解算

基于四元数法的人体姿态解算算法首先通过初始化标定得到各关节的初始位置偏差四元数，通过四元数与欧拉角间的转换关系，得到各关节的初始位置偏差角度并保存。在进行人体动作捕获的过程中，将测得的旋转四元数转换为欧拉角后与初始位置偏差角度作差，得到准确角度变化信息。该方法相对于传统将所有姿态采集节点的载体坐标转换到统一的全局坐标系中后再进行旋转角度的提取减少了运算量，提高了转换效率和精确度。同样以图 2-28 中的腿部模型描述对人体姿态的解算。

令姿态采集节点 S_0 采集到四元数为 $\boldsymbol{Q}_0$，有

$$\boldsymbol{Q}_0 = q_{00} + q_{01}i + q_{02}j + q_{03}k \tag{2-35}$$

$$\boldsymbol{Q}_0^{-1} = \frac{q_{00} - q_{01}i - q_{02}j - q_{03}k}{q_{00}^2 + q_{01}^2 + q_{02}^2 + q_{03}^2} \tag{2-36}$$

S_1 采集到四元数为 $\boldsymbol{Q}_1$，有

$$\boldsymbol{Q}_1 = q_{10} + q_{11}i + q_{12}j + q_{13}k \tag{2-37}$$

测量到 S_1 相对于 S_0 的旋转量为 $\boldsymbol{Q}_{o1\_Measure}$，代表以 S_0 载体坐标系为参考坐标系时，S_1 载体坐标系相对于 S_0 坐标系的关系，有

$$\boldsymbol{Q}_1 = \boldsymbol{Q}_0 \times \boldsymbol{Q}_{o1\_Measure} \tag{2-38}$$

则有

$$\boldsymbol{Q}_{o\_Measure} = \boldsymbol{Q}_0^{-1} \times \boldsymbol{Q}_1 = \boldsymbol{Q}_{o10} + \boldsymbol{Q}_{o11}i + \boldsymbol{Q}_{o12}j + \boldsymbol{Q}_{o13}k \tag{2-39}$$

根据四元数与欧拉角的转换关系，可得 S_0 测量值与 S_1 测量值在三维空间中的旋转角度 $\theta_{1\_Measure}$、$\varphi_{1\_Measure}$、$\psi_{1\_Measure}$ 分别为

$$\theta_{1\_Measure} = \arctan\left[\frac{2(q_{o12}q_{o13} - q_{o10}q_{o11})}{q_{o10}^2 - q_{o11}^2 - q_{o12}^2 - q_{o13}^2}\right] \tag{2-40}$$

$$\varphi_{1\_Measure} = \arcsin\left[-2(q_{o10}q_{o12} - q_{o11}q_{o13})\right] \tag{2-41}$$

$$\psi_{1\_Measure} = \arctan\left[\frac{2(q_{o11}q_{o12} - q_{o10}q_{o13})}{q_{o10}^2 + q_{o11}^2 + q_{o12}^2 + q_{o13}^2}\right] \tag{2-42}$$

考虑初始位置偏差角度对测量角度的影响，通过计算得到真实关节旋转角度

θ_{1_Rotate}、　φ_{1_Rotate}、　ψ_{1_Rotate}：

$$\theta_{1\_Rotate} = \theta_{1\_Measure} - \theta_{2\_Bias} \tag{2-43}$$

$$\varphi_{1\_Rotate} = \varphi_{1\_Measure} - \varphi_{2\_Bias} \tag{2-44}$$

$$\psi_{1\_Rotate} = \psi_{1\_Measure} - \psi_{2\_Bias} \tag{2-45}$$

同理，通过上述的姿态解算方法，可以求得人体各关节运动时的旋转角度，从而实现人体姿态信息采集并对机器人进行控制。

4．人机姿态影像关系

对于传统的机器人进行控制，常用方法是对机器人固定姿态进行编程，通过自主运动和远程动作遥控的方式进行控制。但机器人的结构较为复杂，固定的姿态编程使机器人难以应对复杂的地面路况，从而导致稳定性下降。基于人体动作捕获的机器人姿态控制系统通过采集人体姿态实时控制机器人模仿人体姿态，可以实现机器人灵活面对运动中未知环境的不确定性。

仿人机器人的每个舵机只有一个旋转自由度，而人体的各关节大多都具有 2 或 3 个自由度。例如，人体肩关节为具有 3 个自由度的万向节，而机器人的肩部若要实现在三个方向上的旋转，则需要 3 个舵机合成此旋转运动。由于机器人样机结构的限制和人体结构的组成关系，无论是人体还是机器人的各关节角度变化都有一定的范围。表 2-1 为人体各关节与机器人样机各关节的旋转角度范围的对比。

表 2-1　人体各关节与机器人各关节旋转角度范围的对比

关节名称	父骨骼	自由度	旋转方向	极限角度	机器人
肩关节	躯干	3	φ	−135°～90°	−90°～90°
			θ	0°～180°	0°～180°
			ψ	−45°～135°	—
肘关节	肩关节	1	θ	0°～142°	0°～120°
髋关节	躯干	3	φ	−10°～30°	−90°～90°
			θ	−17°～117°	−30°～30°
			ψ	−50°～40°	—
膝关节	髋关节	1	θ	0°～100°	0°～120°
踝关节	膝关节	3	ψ	−55°～63°	—
			θ	−45°～30°	−30°～60°
			φ	−20°～30°	−20°～30°

自主搭建的机器人样机由于考虑机器人外表与人体的相似度和正常行走时的重心位置以及成本等因素，在最大化拟人的前提下对人类关节的旋转进行了简化，故在部分关节处减少了不常用且工程中较难实现的自由度。例如，本样机中考虑到由舵机数量多导致臂长过长的限制，机器人的腕关节未设自由度，机器人的手爪选用了一款与人体外形结构相似的舵机控制五指联动的机器人手爪。因此，在进行姿态采集的过程中不对双腕

关节的姿态变化进行采集。

图 2-29 建立了人体简化模型和机器人空间结构简化模型进行对照，求解影像关系。

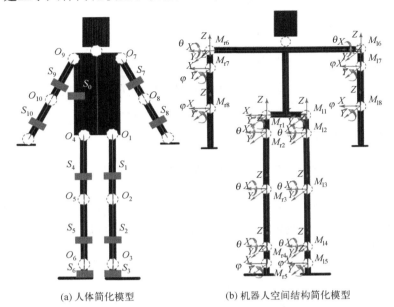

(a) 人体简化模型　　　　　　　　　(b) 机器人空间结构简化模型

图 2-29　人体简化模型和机器人空间结构简化模型

在人体简化模型中，肢体被姿态采集节点采集的关节用圆形记号标出，并用 $O_1 \sim O_{10}$ 表示；全身 11 个姿态采集节点佩戴的位置用长方形记号标出，并用 $S_0 \sim S_{10}$ 表示，如图 2-29(b) 所示。在机器人空间结构简化模型中，机器人参与映射的各舵机用圆形记号标出，并用 M 表示，舵机间的连接结构使用线段连杆标出，如图 2-29(a) 所示。以机器人身体躯干某点为坐标原点，正右方为 X 轴，正前方为 Y 轴，垂直于 XOY 平面且符合右手定则的方向为 Z 轴方向建立机器人全局坐标系。由于机器人的每个舵机只能表示一个方向上的变化，因此对机器人空间结构简化模型以每个舵机节点为原点都建立与机器人全局坐标系相同方向的坐标系，通过提取每个子节点在父节点坐标系中的相对运动方向，实现机器人舵机与人体关节点的映射。

整个人体模型中的根骨骼为躯干 L_0，模型中所有其他骨骼都与 L_0 具有父子关系，所以对姿态的影像关系的求解首先从佩戴在 L_0 上的姿态采集节点 S_0 开始。为简化表达，以右腿为例，论述人机姿态映射的过程。通过对姿态采集节点 S_0 与姿态采集节点 S_1 之间的位置关系的解算得到人体在运动中关节 O_1 在三维空间中的角度变化，在机器人空间结构简化模型中与关节点 O_1 对应的舵机为 M_{11} 舵机和 M_{12} 舵机，在姿态采集节点 S_0 的载体坐标系下，M_{11} 舵机的转动方向是绕 Y 轴转动，记为 $\varphi_{M_{11}}$，M_{12} 舵机的旋转方向是绕 X 轴转动，记为 $\theta_{M_{12}}$；对姿态采集节点 S_1 与姿态采集节点 S_2 之间的位置关系的解算得到人体在运动中关节 O_2 在三维空间中的角度变化，在机器人空间结构简化模型中与关节点 O_2 对应的舵机为 M_{13} 舵机，在姿态采集节点 S_2 的坐标系下，M_{13} 舵机的转动方向是绕 X 轴转动，记为 $\theta_{M_{13}}$；对姿态采集节点 S_2 与姿态采集节点 S_3 之间的位置关系的解算得到人体在运动中关节 O_3 在三维空间中的角度变化，在机器人空间结构简化模型中与关节点

O_3 对应的舵机为 M_{14} 舵机和 M_{15} 舵机，在姿态采集节点 S_2 的载体坐标系下，M_{14} 舵机的转动方向是绕 X 轴转动，记为 $\theta_{M_{14}}$，M_{15} 舵机的旋转方向是绕 Y 轴转动，记为 $\varphi_{M_{15}}$；肢体其他部分的姿态映射也可由相同方法推出，此处不再赘述，通过推导可得出表 2-2 中的机器人与人体的影像关系。

表 2-2　人体关节变化与机器人舵机旋转方向对照表

人体关节	机器人舵机	相对父关节的旋转方向	人体关节	机器人舵机	相对父关节的旋转方向
左髋关节 O_1	M_{11}	φ	右踝关节 O_6	M_{r4}	θ
	M_{12}	θ		M_{r5}	φ
左膝关节 O_2	M_{13}	θ	左肩关节 O_7	M_{16}	θ
左踝关节 O_3	M_{14}	θ		M_{17}	φ
	M_{15}	φ	左肘关节 O_8	M_{18}	φ
右髋关节 O_4	M_{r1}	φ	右肩关节 O_9	M_{r6}	θ
	M_{r2}	θ		M_{r7}	φ
右膝关节 O_5	M_{r3}	θ	右肘关节 O_{10}	M_{r8}	φ

根据已推导出的人机影像关系，可以得到机器人各关节舵机的相应旋转角度，控制器通过对相应角度转换为控制舵机角度的 PWM 脉冲信号，控制各关节舵机进行相应变化，实现机器人对人体动作的复现。

基于人体动作捕获的机器人姿态控制系统的姿态解算及人机姿态映射的算法框图如图 2-30 所示。

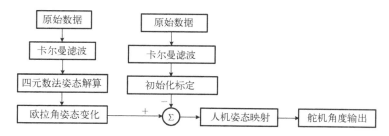

图 2-30　姿态解算及人机姿态映射的算法框图

在开机时刻，首先对经过卡尔曼滤波的关节数据进行初始位置标定，计算出初始偏差角度。初始标定结束后，采集经过卡尔曼滤波后的数据并进行四元数法姿态解算，在姿态解算完成后通过四元数与欧拉角的关系将四元数转化为用欧拉角表示的姿态变化信息得到角度测量值。通过对角度测量值与初始偏差角度进行运算，得到人体关节真实的旋转角度。根据人机影像关系，确定各舵机相应的旋转角度，并计算获得驱动舵机旋转响应角度的脉冲信号，驱动舵机同时转动，控制机器人对人体姿态的模仿。

2.4.2　模糊神经网络自主导航闭环算法

本节以六足机器人在未知环境下的自主导航问题为例，说明传感器数据融合技术。

示例以减少机器人的行进时间，提高行进平均速度为主要目标，设计六足机器人自主导航系统。以 BP 神经网络作为基本框架，将人工神经网络和模糊控制相融合，加入模糊逻辑层和反馈功能层构建一个闭环控制系统，将输出的行进速度与转向角信息反馈回输入端，并对输入信息进行修正判定，通过对样本的多次训练学习，调整神经网络的权值系数，保证整个系统的收敛速度和稳定性，并通过李雅普诺夫函数进行验证，实现六足机器人安全、快速的自主导航功能。

六足机器人自主导航系统将 BP 神经网络和模糊逻辑控制两种技术结合起来，设计了一个闭环模糊神经网络系统，通过 BP 神经网络的学习机制记忆存储模糊规则以及提供模糊隶属度函数等参数，其模型结构如图 2-31 所示。GPS 传感器、电子罗盘传感器和超声波传感器将感知的环境信息作为输入提供给导航控制系统，在模糊神经网络中进行训练学习，得到机器人的速度及转向角信息，进而驱动舵机转动控制机器人行走，同时速度 V 和转向角 M 反馈回控制系统，对系统的输入信息进行修正调整。

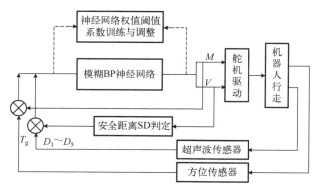

图 2-31　闭环模糊神经网络系统模型

1．神经网络的输入输出向量

定义 1　六足机器人的输入状态空间向量 $\boldsymbol{x}$：

$$\boldsymbol{x} = [D_1\ D_2\ D_3\ D_4\ D_5\ T_g]^T \tag{2-46}$$

式中，D_1、D_2、D_3、D_4、D_5 是超声波传感器扇形扫描的 5 个角度($-60°$、$-30°$、$0°$、$30°$、$60°$)所捕获的障碍物距离信息；T_g 是机器人目标航向角与当前航向角的夹角信息。这六个量代表输入状态空间向量的 6 个维度。

定义 2　六足机器人的输出动作空间向量 $\boldsymbol{S}$：

$$\boldsymbol{S} = [V\ M]^T \tag{2-47}$$

式中，V 代表系统输出的六足机器人的速度大小；M 代表六足机器人的转向角。这两个量代表输出状态空间向量的 2 个维度。

2．机器人安全性能分析

机器人行走的安全性在自主导航系统中是十分关键的，当出现机器人紧贴着障碍物边缘行走或转角的情况时，会导致"过近"问题的产生，因此机器人需与障碍物保持一定的安全距离执行转向绕行的行为，这个安全距离的判定取决于机器人的外形尺寸与行进速度这两个因素。安全距离定义为 SD，SD 代表超声波传感器探测 5 个角度的安全距离。安全距离 SD 与当前速度 V_t 的关系如下：

$$SD \geqslant (V_t + V_{\max}) \times \tau + R \tag{2-48}$$

式中，$V_{\max}$ 代表机器人最大行进速度；V_t 代表当前 t 时刻的行进速度；τ 取值为 λ 秒，$\lambda(\geqslant 1)$ 为安全阈值，根据实际需求取值 $(\lambda=1)$；R 为六足机器人机体最外围点与机体质心之间的距离值。安全距离随着机器人行进速度 V_t 的变化实时改变，避免了单一定义安全距离造成的路径冗余问题，提高了系统的实时性和灵活性。

3. 模糊 BP 神经网络系统

为降低控制系统的复杂性，设计一个 6 输入 2 输出的模糊神经网络系统，整个系统由 5 部分构成，如图 2-32 所示。

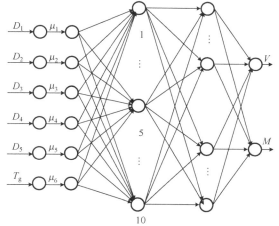

图 2-32　模糊神经网络

第一层为输入节点层，传感器感知到的周围环境信息构成输入状态空间向量 $\boldsymbol{x}$（式 (2-46)）。该层的各个节点直接与输入状态空间向量 $\boldsymbol{x}$ 的各分量 D_1、D_2、D_3、D_4、D_5、T_g 连接，并将其传递到下一层。对输入向量进行模糊化，其中每一个语言变量都用一个节点表示。通过与反馈回的安全距离 SD 进行比较判定，输入距离信息 D_1、D_2、D_3、D_4、D_5 被模糊分为 2 个等级：I（安全距离内）、O（安全距离外），图 2-33 为输入距离模糊隶属度函数。输入角度量 T_g 被模糊分为 5 个等级：LB、LM、ZO、RM、RB，论域为 $(-180°$，$180°]$，图 2-34 为输入角度模糊隶属度函数。

第二层为模糊输入层，输入经模糊化后的向量 $\boldsymbol{u} = [\mu_1\ \mu_2\ \cdots\ \mu_6]$。

第三层为隐含层，根据 BP 神经网络 0.618 分割选取法以及多次实验比较，最终确定隐含层节点数为 10。隐含层节点传递函数选用 Sigmoid 函数，定义为

$$S(x) = 1/(1 + e^{-x}) \tag{2-49}$$

则第 k 个隐含层的输出 y_k 表示为

$$y_k = S\left(\sum_{i=1}^{p} w_{ik}\mu_i\right) \tag{2-50}$$

式中，w_{ik} 为第 i 个模糊输入节点和第 k 个隐含层节点之间的连接权值。

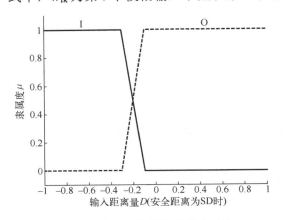

图 2-33　输入距离模糊隶属度函数　　　　图 2-34　输入角度模糊隶属度函数

第四层为模糊输出层，为了使输出量便于理解和运算，将输出变量变换到论域[−1，1]中，变换公式为

$$g = \frac{2}{d-c}\left(x - \frac{c+d}{2}\right) \tag{2-51}$$

式中，$[c, d]$ 为实际输出量的论域，将其中的变量 x 转变为在论域[−1，1]中的变量 g。这一层的每一个节点都对应输出量的一个语言变量，输出量在不同语言变量中的隶属度需要用隶属度函数计算，语言量化子集用量化空间上的隶属度函数 μ_v、μ_m 表示，隶属度函数选择高斯函数，表示为

$$\mu_{ij}(x_i) = \exp\left[\frac{(x_i - \beta_{ij})^2}{\delta_{ij}^2}\right], \qquad i = 1,2,\cdots,n; \ j = 1,2,\cdots,m \tag{2-52}$$

式中，β_{ij} 和 δ_{ij} 分别代表高斯函数的中心和宽度；n 为输入节点数；m 为输入量各自的语言节点个数。将输出变量 V、M 的论域[−1，1]分为 11 档进行输出，输出信号格式为 $y=[\mu_v(c_1)\ \mu_v(c_2)\ \cdots\ \mu_v(c_{11})\ \mu_m(c_1)\ \mu_m(c_2)\ \cdots\ \mu_m(c_{11})]^T$，式中，$c_1$，$c_2$，$\cdots$，$c_{11}$ 的值分别为−1，−0.8，$\cdots$，1。

第五层为输出节点层，实现输出量的去模糊化计算功能。采用加权平均法实现去模糊化操作，其计算公式为

$$Z_p = \frac{\sum_{i=1}^{n} z_i \mu_c(z_i)}{\sum_{i=1}^{n} \mu_c(z_i)} \tag{2-53}$$

则输出速度 V 和转向角 M 的去模糊化公式为

$$V = \frac{(-1) \times \mu_v(-1) + (-0.8) \times \mu_v(-0.8) + \cdots + \mu_v(1)}{\mu_v(-1) + \mu_v(-0.8) + \cdots + \mu_v(1)} \quad (2\text{-}54)$$

$$M = \frac{(-1) \times \mu_m(-1) + (-0.8) \times \mu_m(-0.8) + \cdots + \mu_m(1)}{\mu_m(-1) + \mu_m(-0.8) + \cdots + \mu_m(1)} \quad (2\text{-}55)$$

得到六足机器人速度与转向角的输出动作空间向量 S（式(2-47)），分为三个等级：Fa（快速，30cm/s）、Lo（慢速，15cm/s）和 Ze（零速，0cm/s），M 代表六足机器人行走输出转向角，分为 5 个等级：TLL（左转 $60°$）、TL（左转 $30°$）、TF（直行）、TR（右转 $30°$）、TRR（右转 $60°$）。式中，μ_v 为输出速度 V 语言量化子集中的隶属度；μ_m 为输出转向角 M 语言量化子集中的隶属度。

4. 模糊神经网络的训练及稳定性证明

选取典型环境下的 160 个样本完成对神经网络的训练工作，如表 2-3 所示，只列出样本数据库中 15 个样本。

表 2-3　模糊神经网络训练数据库（部分）

样本号	输入						输出	
	D_1	D_2	D_3	D_4	D_5	T_g	V	M
1	O	O	I	I	O	ZO	Lo	TL
2	I	O	O	O	I	ZO	Fa	TF
3	I	I	I	I	I	ZO	Ze	TRR
4	I	O	O	O	I	LM	Lo	TL
5	O	I	O	0	I	LM	Lo	TF
6	I	I	I	I	O	LM	Lo	TRR
7	O	I	I	I	I	RM	Lo	TLL
8	I	O	I	I	I	RM	Lo	TL
9	O	I	I	O	O	RM	Lo	TR
10	I	O	I	I	I	LB	Lo	TL
11	I	I	O	I	I	LB	Lo	TF
12	I	I	I	I	O	LB	Lo	TRR
13	O	I	I	I	I	RB	Lo	TLL
14	I	O	O	I	I	RB	Lo	TF
15	I	O	I	O	I	RB	Lo	TR

在进行学习训练时，选择一个合适的学习率 η 对于 BP 神经网络的稳定性是十分重要的。为了给神经网络选择一个合适的学习率 η，定义一个李雅普诺夫函数 $L(k)$，也代表了均方学习误差函数：

$$L(k) = J(k) = \frac{1}{2} \sum_S [e_s(k)]^2 = \frac{1}{2} \sum_S [y_d(k) - y(k)]^2 \quad (2\text{-}56)$$

式中，$y_d(k)$ 和 $y(k)$ 分别代表期望输出矢量和实际输出矢量；S 代表在整个采样集上。则在训练过程中李雅普诺夫函数为

$$\Delta L(k) = L(k+1) - L(k)$$

$$= \frac{1}{2}\sum_S [e_S(k+1)]^2 - \frac{1}{2}\sum_S [e_S(k)]^2$$

$$= \frac{1}{2}\sum_S \{[e_S(k+1)]^2 - [e_S(k)]^2\}$$

$$= \frac{1}{2}\sum_S \{[e_S(k+1) + e_S(k)][e_S(k+1) - e_S(k)]\} \qquad (2\text{-}57)$$

$$= \frac{1}{2}\sum_S \{[2e_S(k) + \Delta e_S(k)]\Delta e_S(k)\}$$

$$= \frac{1}{2}\sum_S \{[\Delta e_S(k)]^2 + 2e_S(k)\Delta e_S(k)\}$$

$$= \frac{1}{2}\sum_S [\Delta e_S(k)]^2 + \frac{1}{2}\sum_S [2e_S(k)\Delta e_S(k)]$$

训练过程中误差的变化为

$$\Delta e_S(k) = e_S(k+1) - e_S(k) \approx \frac{\partial e_S(k)}{\partial w(k)}\Delta w(k) \qquad (2\text{-}58)$$

训练学习过程中对参数的修正采用梯度下降法，则权值系数的修正方法为

$$w(k+1) = w(k) - \eta\frac{\partial J(k)}{\partial w(k)} \qquad (2\text{-}59)$$

$$\Delta w(k) = -\eta\frac{\partial J(k)}{\partial w(k)} = -\eta\sum_S \frac{\partial J(k)}{\partial e_S(k)}\frac{\partial e_S(k)}{\partial w(k)}$$
$$= -\eta e_S(k)\frac{\partial e_S(k)}{\partial w(k)} \qquad (2\text{-}60)$$

$$\Delta L(k) = \frac{1}{2}\sum_S \left\{\frac{\partial e_s(k)}{\partial w(k)} - \left[\eta\frac{\partial J(k)}{\partial w(k)}\right]\right\}^2 + \frac{1}{2}\sum_S \left\{2e_s(k)\frac{\partial e_s(k)}{\partial w(k)}\left[-\eta\frac{\partial J(k)}{\partial w(k)}\right]\right\}$$
$$= \frac{1}{2}\left[\eta\frac{\partial J(k)}{\partial w(k)}\right]^2 \sum_S \left[\frac{\partial e_s(k)}{\partial w(k)}\right]^2 - \eta\frac{\partial J(k)}{\partial w(k)}\sum_S \left[e_s(k)\frac{\partial e_s(k)}{\partial w(k)}\right]$$
$$= \frac{1}{2}\left[\eta\frac{\partial J(k)}{\partial w(k)}\right]^2 \sum_S \left[\frac{\partial e_s(k)}{\partial w(k)}\right]^2 - \eta\left[\frac{\partial J(k)}{\partial w(k)}\right]^2 \qquad (2\text{-}61)$$
$$= \frac{1}{2}\eta\left[\frac{\partial J(k)}{\partial w(k)}\right]^2 \left\{\eta\left[\frac{\partial e_s(k)}{\partial w(k)}\right]^2 - 2\right\}$$

可知，$L(k)$为正定，只有当李雅普诺夫函数的变化 $\Delta L(k)$ 为负定时，系统才是渐近稳定的，所以学习率必须满足 $0 < \eta < 2\Big/ \sum_S \left[\dfrac{\partial e_S(k)}{\partial w(k)}\right]^2$，使所设计的 BP 神经网络渐近稳定收敛。

较大的学习率 η 可以加快收敛速度，但是较小的学习率 η 可以保证良好的收敛性，在实际应用时应该选择合适的收敛速度。经多次实验，取值 $\eta=0.01$，图 2-35 为 BP 神经网络训练一次的学习曲线，迭代 24 次时达到目标收敛误差 0.002。

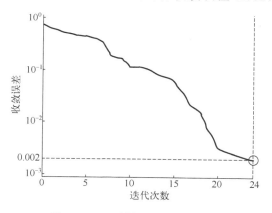

图 2-35　BP 神经网络学习曲线

第 **3** 章
机器人运动控制系统

机器人运动控制系统可以根据机器人的感知信息和任务要求，对机器人的运动进行规划和控制。它可以自动获取与处理运动学和动力学相关的信息，实现机器人的自主感知和决策能力。通过智能机器人运动控制系统，可以实现机器人的自主导航、避障、抓取和操作等复杂任务。

随着人工智能技术的发展和应用，机器人的功能场景不断扩充，机器人演化程度不断加深，从传统的机械臂机器人演化到具有导航功能的移动机器人，再到结合人工智能的服务机器人。现代智能机器人具备更强大的计算能力和学习能力，并能够进行更复杂的任务。但纵观各类机器人，其任务的流程基本分为三个步骤：感知、决策和执行。机器人的执行层运动控制是其最核心的能力，而感知可以通过集成多种传感器来丰富机器人的信息获取，决策则取决于上层软件和智能算法的能力。

机器人的执行层运动控制系统设计可采用系统级设计方法和芯片级设计方法。当前，采用系统级设计方法是比较普遍的，芯片级设计方法则应用较少。本章主要介绍机器人运动控制的系统级设计方法。

系统级设计方法在机器人的执行层运动控制系统设计中具有以下优势。

(1)综合考虑各个子系统和模块，更全面地满足系统的需求和性能要求，能够在整体上实现更好的性能。

(2)灵活性高，能够根据系统需求进行系统架构的设计和调整，以适应不同机器人的运动控制要求。

(3)便于软件的扩展和维护，能够将软件和硬件紧密集成，易于软件开发人员理解和维护。

(4)方便系统的集成和测试，能够从整体上进行系统集成和测试，缩短开发时间和提高开发效率。

机器人运动控制系统的设计需要考虑机器人的动力学、力学特性、环境约束以及运动要求等因素。合理的运动控制系统可以提高机器人的运动性能和精度，使机器人能够在复杂和不确定的环境中实现定位、轨迹规划、姿态控制等各种运动任务。

本章主要论述机器人运动控制系统的分类、机器人运动规划控制策略、机器人运动控制系统的设计以及应用实例。

3.1　机器人运动控制系统的分类

根据控制结构的不同,机器人运动控制系统分为 4 类:中心控制系统、分布式控制系统、层次式控制系统和自适应控制系统。

1. 中心控制系统

中心控制系统(Centralized Control System,CCS)是指在一个系统中,通过中心控制器的指令和管理对各个子系统进行集中控制和监测的系统,其结构如图 3-1 所示。集中控制计算机作为中心控制器协调机器人各部分的工作。中心控制系统是最常见的机器人运动控制系统,其中一个中心控制器负责对所有的机器人部件进行控制和调度。中心控制系统具有较简单的结构和较低的成本,但随着机器人规模和复杂性的增加,中心控制系统在实时性和处理能力上可能会受到限制。

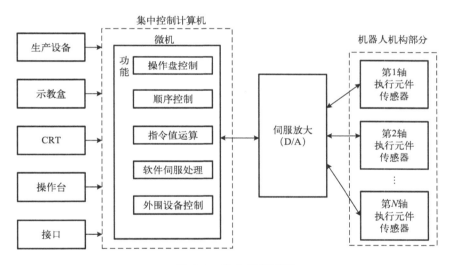

图 3-1　中心控制系统

2. 分布式控制系统

分布式控制系统(Distributed Control System,DCS)将机器人控制划分为多个子系统,每个子系统负责控制和调度机器人的一个或多个部件,如图 3-2 所示。在过程控制应用中,分布式控制系统不断地与环境进行交互,完成实时操作。分布式控制系统具有较强的实时性和处理能力,可以更好地应对复杂的机器人任务。然而,分布式控制系统的设计和调试较为复杂,需要考虑多个子系统之间的通信和同步问题。

3. 层次式控制系统

层次式控制系统(Hierar Chical Control System,HCCS)将机器人控制划分为多个层次,每个层次负责不同的控制任务。层次式控制系统的组织方式类似于划分决策责任,如图 3-3 所示。一般来说，层次式控制系统可以分为高层控制、中层控制和低层控制。高层控制负责机器人的任务规划和决策；中层控制负责机器人的轨迹规划和运动控制；低层控制负责机器人的底层动作执行和传感器数据处理。层次结构的每个元素都是链接节点。要实现的命令、任务和目标在不同层次间传递，一般是从上级节点流向下级节点，而感知和命令结果是从下级节点流向上级节点。节点之间也可以交换消息。

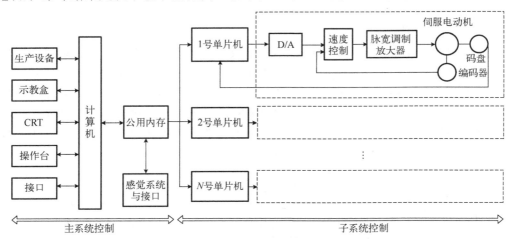

图 3-2　分布式控制系统

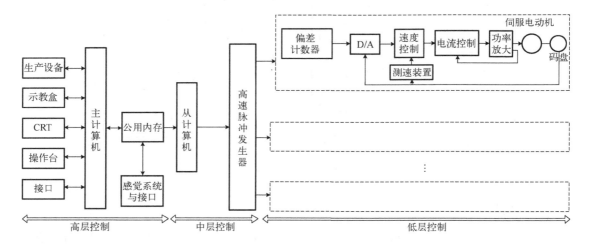

图 3-3　层次式控制系统

4．自适应控制系统

自适应控制系统（Adaptive Control System，ACS）可以根据机器人的运行状态和环境变化，实时调整控制参数和控制策略，如图 3-4 所示。该系统能在系统和环境的信息不完备的情况下改变机器人自身特性，使机器人与任何要求和环境保持良好的匹配。信息不完备表现为系统和环境的特性或其变化规律的不确定性。一般采用目的的搜索和试探等方法，通过对环境不断进行观测和对任务目标进行评价与分析，在采集和加工信息的基础上学习和改进关于环境特性的知识，减小不确定性，自动地调整系统的结构或参数。适应性是生物机体的基本特性之一。无论是生物个体还是整个物种，都是依靠适应性在长期进化过程中逐渐形成各种灵活、完善的控制能力。生物的适应性可成为建立适应控制系统的原理和各种方法的借鉴。自适应控制系统可以提高机器人的适应性和鲁棒性，使机器人能够应对不确定性和变化性的环境。

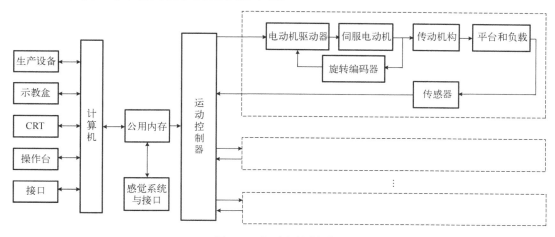

图 3-4 自适应控制系统

机器人运动控制系统的选择应根据具体的应用需求和机器人的特点来确定，合理的控制系统可以提高机器人的运动性能和灵活性，实现更多样化的任务和应用。

3.2 机器人运动规划控制策略

机器人运动规划控制策略是用于在给定环境下规划和控制机器人的运动的策略。常见的机器人运动规划控制策略包括基于模型的控制策略、基于学习的控制策略和基于传感器反馈的控制策略。

1. 基于模型的控制策略

基于模型的控制策略通过建立机器人的动力学模型，使用控制理论来规划和控制机器人的运动。这种策略的优点在于可以利用系统的数学模型，根据系统的物理特性和运动规律进行建模、分析以及控制，达到最佳控制效果。同时，这种方法可以有效避免传统控制方法中可能会出现的模型不准确或模型不全的问题。

关于基于模型的控制策略，其实从理论到实践已经存在很多研究和应用。例如，最简单的模型就是二阶系统，而 PID 控制器就可以用来对这种系统进行控制。常见的基于模型的控制策略包括最优控制、逆动力学控制和模型参考自适应控制等。在实际应用中，基于模型的控制策略也大有可为。例如，在机器人控制领域中，模型预测控制算法已经取得了显著的成果；另外，在飞行器控制领域中，也有利用基于模型的控制策略进行控制和导航的例子。

2．基于学习的控制策略

基于学习的控制策略是一种利用机器学习算法从数据中学习控制策略的方法。通过从大量的数据中学习和优化控制策略，提高了机器人运动控制系统的性能和鲁棒性。常见的基于学习的控制策略包括强化学习、深度学习和监督学习等。

基于学习的控制策略可用于机器人行为控制领域、自动驾驶领域等。该方法通过数据驱动的方式进行模型建立和控制策略的学习，可降低手动调整参数的人工成本，并实现一定程度的自动化。同时通过数据共享和模型迁移，实现不同机器人之间的协同学习和知识共享，提高多机器人系统的性能。

3．基于传感器反馈的控制策略

基于传感器反馈的控制策略通过机器人的传感器获取环境信息，并根据反馈信息实时调整机器人的运动。简单来说，基于传感器反馈的控制策略就是通过传感器对机器人系统监测获取反馈数据之后，通过计算和判断，实现对系统的控制。常见的基于传感器反馈的控制策略包括视觉反馈控制、力反馈控制和位置反馈控制等。

基于传感器反馈的控制常用于协作机器人。通过异构传感器来估计环境的状态，可采用扩展卡尔曼滤波器(Extended Kalman Filter，EKF)预处理传感器的原始数据，完成交换、共享和混合控制。例如，在机器人抓取物体的实验中，可以融合视觉传感器和触觉传感器，设计视觉触觉控制器。将该控制器安装在机器人手臂末端，通过视觉反馈驱动主动相机来观察物体并检测到要避免的人，从而触摸反馈移动手指以抓住物体。

上述策略可以根据机器人的任务需求、环境条件和硬件设备来选择与应用。同时，综合考虑运动规划的准确性、实时性和稳定性等因素也是选择合适控制策略的关键。

3.3　机器人运动控制系统的设计

机器人运动控制系统的设计是指从机器人整个系统的角度出发，综合考虑各个子系统的需求和性能要求，进行全面的系统架构设计、接口设计和控制算法设计。在机器人的执行层运动控制系统的设计中，系统级设计方法可以包括以下几个方面。

(1)系统架构设计：根据机器人的运动要求和控制需求，确定需要的传感器和执行器类型、数量和布局，并设计合适的硬件和软件架构，包括控制算法、通信接口和数据流的处理方式等。

(2)接口设计：确定各个子系统之间的通信接口和协议，确保数据传输的可靠性和实时性。

(3)控制算法设计：根据机器人的动力学模型和运动规划要求，设计合适的控制算法，满足运动控制精度和稳定性的要求。

(4)硬件选型：根据系统的性能要求和成本限制，选择合适的处理器、传感器和执行器型号，以及确定电源和通信设备型号等。

(5)软件开发：基于系统的设计要求，开发相应的控制算法和驱动程序，并进行整合和调试，确保系统的功能和性能满足要求。

系统架构设计是机器人执行层运动控制系统设计中的关键步骤，它涉及整个系统的组成和结构，需要充分考虑机器人的运动特性、控制要求以及硬件和软件的限制，以实现一个优化的系统架构。另外，系统架构设计应该是一个迭代的过程，设计人员需要不断地修改和优化设计方案，以满足新的需求和改进系统性能。

3.3.1　机器人运动控制系统的硬件设计

在机器人的执行层运动控制系统设计中，硬件设计是一个重要的部分，它涉及选择和设计合适的硬件设备，以及将它们组织起来组成一个完整的系统。

在硬件设计阶段，需要考虑以下几个方面。

(1)选择合适的处理器。处理器是机器人运动控制系统的核心部分，用于发送控制信号给机器人的执行部件(如电机、气缸等)。常见的处理器包括单片机控制器、PLC(可编程逻辑控制器)等。处理器的选择应考虑其处理能力、功能集、功耗以及成本等因素。

(2)选择合适的传感器。传感器用于获取机器人环境信息和机器人状态信息，以便控制系统做出相应的调整。常见的传感器包括编码器(用于测量电机转速和位置)、光电开关(用于检测机器人的位置和物体的存在)和力传感器(用于测量机器人对物体的力)等。根据机器人的应用需求，选择合适的传感器，可以包括编码器、惯性传感器和力传感器等。传感器的选择应考虑其精度、测量范围、响应速度以及与处理器的接口兼容性等因素。

(3)选择合适的执行器。执行器是机器人运动控制系统的输出接口，用于将控制信号转化为机器人的运动或动作。常见的执行器包括电机(用于驱动机器人的关节或轮子)和气缸(用于控制机器人的抓取动作)等。执行器的选择应考虑其输出力矩、输出速度、控制精度以及与处理器和传感器的接口兼容性等因素。

(4)设计合适的电路板。根据硬件设备的数量和复杂度，设计合适的电路板。电路板的设计应考虑其布线、尺寸、散热、层次和接口等因素。

(5)硬件连接和通信。设计硬件设备之间的连接方式，选择合适的通信协议，确保数据传输的可靠性和实时性。

(6)供电和电源管理。电源为机器人运动控制系统提供必要的电力，以供控制器和执行器正常工作。设计合适的供电系统，包括电源电压、电流容量、电源线路布线以及电源管理等。

在机器人的执行层运动控制系统中，硬件设计需要综合考虑机器人的运动需求、系统的性能要求和可靠性要求，以选择和设计合适的硬件设备以及组织它们的连接方式，从而实现机器人的高效运动控制。

3.3.2　机器人运动控制系统的软件设计

在机器人的执行层运动控制系统设计中，软件设计也是一个重要的部分，它涉及编写和设计运动控制算法、实时控制程序以及与硬件设备的交互接口等。

机器人运动控制系统的软件设计主要包括以下几个方面。

(1)控制算法。控制算法是机器人运动控制系统的核心部分，它用于根据传感器的反馈信息实时调整控制信号，控制机器人的运动。常见的控制算法包括 PID 控制、模糊控制和自适应控制等。

(2)运动规划算法。运动规划算法用于根据机器人的任务要求和环境约束，生成机器人的运动轨迹。常见的运动规划算法包括逆运动学算法、A*算法和遗传算法等。

(3)数据处理与分析。机器人运动控制系统需要对传感器获取的数据进行处理和分析，以便对机器人的状态和环境进行判断与决策。常见的数据处理与分析方法包括滤波、特征提取和机器学习等。

(4)编程工具和开发环境。机器人运动控制系统的软件开发需要使用相应的编程工具和开发环境，以便实现控制算法和运动规划算法的编写与调试。常见的编程工具和开发环境包括 MATLAB、ROS(机器人操作系统)和 LabVIEW 等。

(5)硬件驱动和接口。机器人运动控制系统的软件需要与硬件进行通信，以控制机器人的执行部件(如电机、气缸等)。因此，软件需要具备与硬件通信的驱动和接口功能。

机器人运动控制系统的软件开发需要根据具体的应用需求和机器人特点进行设计与实现。随着科技的不断进步，机器人运动控制系统的软件也在不断更新和优化，以提高机器人的运动性能和智能性。

3.4　机器人运动控制系统设计举例

3.4.1　灵巧手接触力反馈控制

在灵巧手对目标物体的抓取控制策略中需要实现力控制。本节利用接触力反馈控制算法(Contact Force Feedback Control Algorithm，CFFCA)控制灵巧手对目标物体的抓取。CFFCA 控制框图如图 3-5 所示。

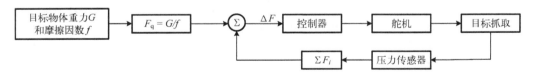

图 3-5　CFFCA 控制框图

首先对目标物体进行受力分析，由于示例中设计的五根灵巧手手指的结构完全一样，为简化分析，以单根手指的抓取进行受力分析，如图 3-6 所示。

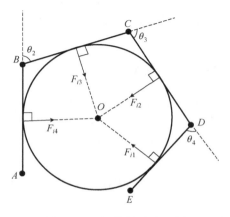

图 3-6　目标物体受力分析

设灵巧手与目标物体之间的接触力为 $\boldsymbol{F}$，则

$$\boldsymbol{F} = [\boldsymbol{F}_1 \quad \boldsymbol{F}_2 \quad \boldsymbol{F}_3 \quad \boldsymbol{F}_4 \quad \boldsymbol{F}_5]^{\mathrm{T}} \tag{3-1}$$

式中，$\boldsymbol{F}_1$、$\boldsymbol{F}_2$、$\boldsymbol{F}_3$、$\boldsymbol{F}_4$、$\boldsymbol{F}_5$ 分别为拇指、食指、中指、无名指、小指与目标物体之间的接触力，且有

$$\boldsymbol{F}_1 = [F_{11} \quad F_{12} \quad F_{13} \quad F_{14}] \tag{3-2}$$

$$\boldsymbol{F}_2 = [F_{21} \quad F_{22} \quad F_{23} \quad F_{24}] \tag{3-3}$$

$$\boldsymbol{F}_3 = [F_{31} \quad F_{32} \quad F_{33} \quad F_{34}] \tag{3-4}$$

$$\boldsymbol{F}_4 = [F_{41} \quad F_{42} \quad F_{43} \quad F_{44}] \tag{3-5}$$

$$\boldsymbol{F}_5 = [F_{51} \quad F_{52} \quad F_{53} \quad F_{54}] \tag{3-6}$$

其中，F_{i1}、F_{i2}、F_{i3}、F_{i4} 为第 i 根手指的远节指骨、中节指骨、近节指骨和掌骨与目标物体之间的接触力。由式(3-1)～式(3-6)，可以得到：

$$\boldsymbol{F} = \begin{bmatrix} F_{11} & F_{12} & F_{13} & F_{14} \\ F_{21} & F_{22} & F_{23} & F_{24} \\ F_{31} & F_{32} & F_{33} & F_{34} \\ F_{41} & F_{42} & F_{43} & F_{44} \\ F_{51} & F_{52} & F_{53} & F_{54} \end{bmatrix} \tag{3-7}$$

1956 年，Napier 首先将人手对物体的抓取分为精确抓取和强力抓取两类。精确抓取又称为指尖抓取，在精确抓取中，只有指尖接触到目标物体，抓取的灵巧性较好，适合用来抓取较小的物体。强力抓取又称为包络抓取，指骨和掌骨都与目标物体有接触，抓取稳定性较好，适合用来抓取体积较大的物体。

本节采用包络抓取和指尖抓取两种模式对目标物体进行抓取。对于包络抓取，手指的远节指骨、中节指骨、近节指骨和掌骨都接触到了目标物体；对于指尖抓取，在单指指尖抓取中，只有远节指骨和掌骨接触到了目标物体，此时 $F_{i2} = F_{i3} = 0$，$i = 1, 2, 3, 4, 5$。在多指指尖抓取中，只有远节指骨接触到了目标物体，此时 $F_{i2} = F_{i3} = F_{i4} = 0$，$i = 1, 2, 3, 4, 5$。设 f 为手指与目标物体之间的摩擦因数，G 为目标物体受到的重力，当目标物体受到的静摩擦力等于目标物体受到的重力时，有

$$\sum f \cdot F_{ij} = G \tag{3-8}$$

此时，灵巧手刚好能将目标物体抓起。

记 $F_{\mathrm{q}} = G / f$，当目标物体确定之后，重力 G 不变，摩擦因数 f 也是一个确定的值，因此 F_{q} 是一个恒定的值。通过控制器控制舵机转动，驱动灵巧手对目标物体进行抓取。通过压力传感器实时测出灵巧手的接触力 F_{ij}，控制器根据 $\Delta F = \sum F_{ij} - F_{\mathrm{q}}$ 控制舵机正转或反转。当 $\Delta F < 0$ 时，此时无法将目标物体抓起，为了增加接触力 F_{ij}，控制舵机正转。当 $0.1F_{\mathrm{q}} \leqslant \Delta F \leqslant 0.5F_{\mathrm{q}}$ 时，表示可以抓取物体，但力过大，为了防止物体损坏，所以控制舵机反转，减小接触力。当 $0 < \Delta F < 0.1F_{\mathrm{q}}$ 时，舵机停止旋转，目标物体抓取过程完成。

指尖抓取适合用来抓取体积较小的物体。在单指指尖抓取中，只有远节指骨和掌骨接触到目标物体，如图 3-7 所示。在多指指尖抓取中，只有远节指骨接触到目标物体，因此需要两根及以上的手指参与抓取。在抓取中，控制参与抓取的手指同时运动，使手指共同接触到目标物体进行抓取。参与指尖抓取的多指指尖抓取运动过程一致。以单根手指为例，多指指尖抓取如图 3-8 所示。

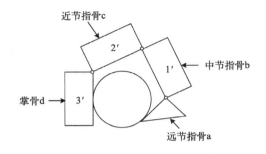

图 3-7　单指指尖抓取示意图

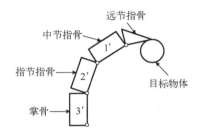

图 3-8　多指指尖抓取示意图

在指尖抓取中，根据目标点的位置坐标 (x, y, z)，通过 1.1.5 节中的逆运动学分析求解出参与抓取的手指各关节的关节角度 θ_1、θ_2、θ_3、θ_4，控制舵机旋转，使掌指关节（MP）、近侧指间关节（PIP）和远侧指间关节（DIP）旋转相应的角度，远节指骨接触到目标物体。

当远节指骨接触到目标物体之后，继续转动 1′ 号舵机，增加远节指骨与目标物体之间的接触力 F_{i1}。在指尖抓取中，由于只有远节指骨接触到了目标物体，因此有

$$F_{ij} = 0 ， \quad j = 2,3,4 \tag{3-9}$$

根据 CFFCA，在指尖抓取中，灵巧手上安放的压力传感器实时反馈远节指骨与目标物体之间的接触力 F_{i1}，当 $|\Delta F| \leqslant 0.5F_q$ 时，舵机的转速减小，当 $0.1F_q \leqslant F \leqslant 0.5F_q$ 时，舵机停止转动，抓取过程完成。

包络抓取适合用来抓取体积较大的物体。由于 DH-MN-I 五根手指的结构完全一样，因此只分析单根手指的抓取过程，其他手指的抓取过程相同。以截面为圆形的目标物体为例，单根手指对目标物体包络抓取的过程如图 3-9 所示。

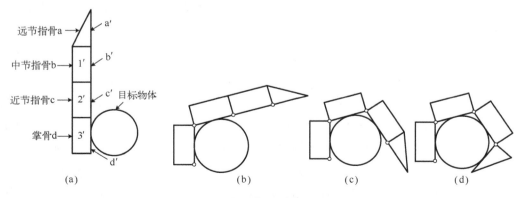

图 3-9　包络抓取过程示意图

在包络抓取中，首先转动舵机 3′，近节指骨开始接近目标物体，当近节指骨上安放的压力传感器 c′ 的反馈值大于零时，说明近节指骨已经接触到目标物体，舵机 3′ 停止转动；然后转动舵机 2′，使中节指骨接触目标物体，当中节指骨上安放的压力传感器 b′ 的反馈值大于零时，舵机 2′ 停止转动；最后转动舵机 1′，使远节指骨接触到目标物体，当远节指骨上安放的压力传感器 a′ 的反馈值大于零时，舵机 1′ 停止转动，包络过程完成。在各指骨都接触到目标物体之后，为了使手指能够抓取物体，继续控制舵机 1′ 转动，收紧远节指骨，压力传感器 a′、b′、c′、d′ 实时反馈各指骨与目标物体之间的接触力 F_{ij}，$\Delta F = \sum F_{ij} - F_q$，当 $0.1F_q \leqslant F \leqslant 0.5F_q$ 时，舵机的转速减小，当 $0 < \Delta F < 0.1F_q$ 时，舵机停止转动，抓取过程完成。

3.4.2　灵巧手控制系统

本章设计了仿人灵巧手的控制系统，控制系统框图如图 3-10 所示。灵巧手样机的控制系统主要包括 3 个模块，分别为基于 STM32H750VBT6 的中控系统模块、基于 STM32F103R8T6 的舵机控制模块以及电源模块。中控系统模块或 PC 端通过向舵机控制模块发送指令完成对舵机的控制，从而实现灵巧手手指关节空间的轨迹规划，完成手指从起始点到终止点的运动控制。

1.　灵巧手试验样机

本节首先根据灵巧手的尺寸，运用 SolidWorks 软件建立了三维灵巧手模型。设计过程如下：首先完成灵巧手各部分零件的三维图纸绘制，然后在此基础上设置各零件图纸间的约束关系，最后完成灵巧手的总体装配。该灵巧手由五根手指和一个手掌组成，五根手指的结构相同，如图 3-11 所示。每根手指由四个关节组成，分别是远侧指间关节、近侧指间关节、掌指关节以及腕掌关节，每个关节都由舵机驱动，一根手指可以实现 4 个自由度。

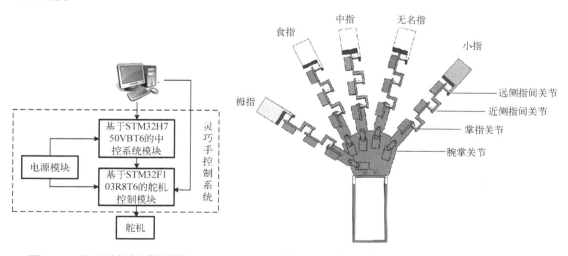

图 3-10　灵巧手控制系统框图　　　　图 3-11　灵巧手 SolidWorks 建模

将 SolidWorks 建模的零件 3D 打印并进行组装，实物如图 3-12 所示。

图 3-12　灵巧手舵机装配图

在图 3-12 所示结构的基础上进行电路连接，即可完成灵巧手样机的整体组装。设计的灵巧手满足了所提出的设计要求，并具有以下优点。

(1)灵巧手试验样机的一根手指有 4 个自由度，整个灵巧手一共有五根手指，共 20 个自由度，每个自由度可以用舵机独立控制，具有极高的灵活度。

(2)灵巧手试验样机符合灵巧手关于紧密性的要求，也可以与任何机械臂相连接。

(3)灵巧手试验样机结构简单，满足正逆运动学的研究需求，可以将 GWGO 算法和轨迹规划算法移植到样机上。

(4)灵巧手的手指结构相同，便于后续维护。

2．灵巧手的控制系统设计

为了控制灵巧手完成抓取运动，需要设计控制系统。以下介绍采用传统设计方式设计运动控制系统的过程。

1)中控系统模块

为了能够提高算法移植后计算的速度和精度，系统选择了 STM32H750VBT6 作为主控芯片。STM32H750VBT6 芯片内部集成了 2 个 12 位的数/模转换模块，3 个 16 位的模/数转换模块，多个 I/O 接口。此外，STM32H750VBT6 芯片内置 Arm Cortex-M7 内核，工作频率最高可至 400MHz，并集成了双精度浮点单元，能够对本系统设计的 GWGO 算法以及轨迹规划算法进行快速解算。

基于 STM32H750VBT6 的配置需求，本节设计了其最小系统电路，如图 3-13 所示。该部分电路结构较为简单，主要包括晶振电路与复位电路。晶振电路为系统提供精准时序，而复位电路通过阻容串联，可以实现系统的上电复位与按键复位功能。

2)灵巧手驱动方式的选择

机器人的驱动方式一般分为液压驱动、气压驱动和电机驱动三种方式。其中，液压驱动的优点是有良好的润滑条件，可以无级调速实现无间隙传动，便于设计、制造和推广应用。其缺点是传动效率通常较低，系统的工作性能受温度的影响较大，有泄漏存在，无法保证严格的传动比，易污染，成本较高。因此液压驱动一般用于大型的工业机械手中，较少应用于灵巧手系统中。

气压驱动的优点是容易达到高速，没有污染，使用十分安全，工作压力低，因此制造的要求也就偏低。其缺点是结构相对较大，精度较低，压缩空间内部的水分易使金属零件生锈导致机器人失灵，排气过程会产生噪声。因此气压驱动一般用于对精度要求不高的点位控制系统。

电机驱动的优点是电机驱动精确度高，调速方便，成本较低，效率高，转速范围大。其缺点是推力较小，提高推力相较于其他驱动方式成本较高。因此电机驱动适用于中度负载，特别适用于动作复杂、精度要求高的机器人。电机驱动的综合性能较高，在灵巧手领域应用广泛。

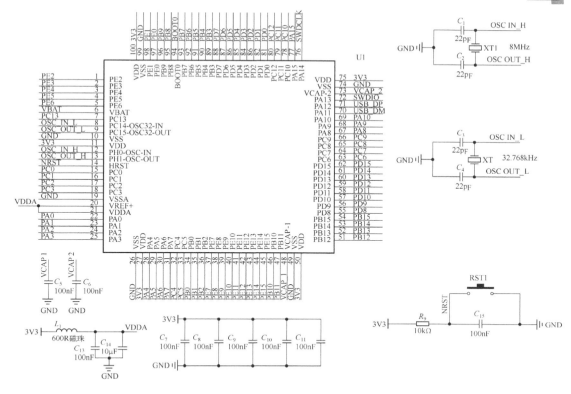

图 3-13　最小系统电路图

综合灵巧手试验样机的设计需求，本系统选择用电机驱动的方式。对于直流部分应用的电机，其可以简单地分为直流电机、步进电机和舵机三类。其中，直流电机无法控制转动角度，而步进电机和舵机可以根据控制信号转动到目标角度。但相较于步进电机，舵机可以在小尺寸下获得较大的扭矩，能够更好地满足灵巧手对抓取力度的设计需求。因此选择 MG90S 数字舵机作为灵巧手试验样机的驱动电机，如图 3-14 所示。MG90S 数字舵机的具体参数如表 3-1 所示。

图 3-14　MG90S 数字舵机

表 3-1　MG90S 数字舵机的参数

尺寸	质量	工作扭矩	速度	工作电压	死区设定
22.8mm×12.2mm×28.5mm	13.4g	2.8kg/cm	0.11s/60°	4.8～6V	5μs

舵机内部的工作流程图如图 3-15 所示。

3）电源模块选择

如表 3-1 所示，舵机的工作电压为 4.8～6V，中控系统及其外围电路要求 5V 的工作电压，综合系统的需求，电源模块选取了集成的开关电源模组，型号为鸿海 MD100-05，如图 3-16 所示。

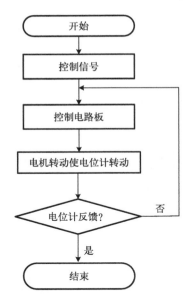

图 3-15　舵机内部的工作流程图　　　　图 3-16　鸿海 MD100-05 开关电源

鸿海 MD100-05 开关电源是单路电源，输出电压为 5V，可以满足舵机的电压要求。该开关电源的相关参数如表 3-2 所示。由表 3-2 可以得出，该单组电源支持 20A 输出，可以提供较大的输出功率，适合功率较大的硬件。灵巧手试验样机共有 20 个 MG90S 数字舵机，MG90S 数字舵机的极限失速扭矩电流为 700mA，总电流为 14A，该开关电源可以满足灵巧手试验样机的运行需求。

表 3-2　开关电源相关参数

电源指标	属性	电源指标	属性
输入电压	AC200（1±20%）V	纹波	50mV
输出电压	5V	线性调整率	＜1%
输出电流	20A	保持时间	20ms
输入频率	47～60Hz	—	—

4）舵机控制模块

灵巧手试验样机采用舵机控制板实现对舵机的控制。舵机控制板如图 3-17 所示，该模块能够实现对 32 路舵机的控制，符合本灵巧手 20 路舵机的控制需求。

舵机控制板由 ARM 单片机 STM32F103R8T6 实现控制操作，舵机控制板集成单片机最小系统、复位电路、蜂鸣器报警电路和串口通信电路。舵机控制板采用四个 74HC595 芯片对 STM32F103R8T6 进行引脚外扩，实现对 32 路电机的分时控制。

对于 MG90S 数字舵机，其控制信号为 20ms 宽度的连续 PWM 波信号，当高电平占比为 0.5～2.5ms 时，舵机对应的转动角度为 0°～180° 轴位输出。对于本系统的 20 路舵机，单片机显然没有过多端口进行 PWM 波形输出，因此需要对单片机端口进行外扩。

74HC595 为 8 位串行输入、并行输出的移位寄存器，移位频率可达 100MHz，该移位寄存器引脚图如图 3-18 所示，其引脚功能如表 3-3 所示。

图 3-17 舵机控制板

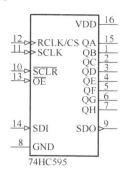

图 3-18 移位寄存器引脚图

表 3-3 74HC595 引脚功能表

引脚编号	引脚名称	引脚功能
1~7、15	QB~QH、QA	三态输出引脚
8	GND	电源地
9	SDO	串行数据输出端
10	SCLR	移位寄存器清零端(低电平有效)
11	SCLK	数据输入时钟
12	RCLK/CS	输出锁存时钟
13	OE	输出使能(低电平有效)
14	SDI	串行数据输入端
16	VDD	电源端

通过 74HC595 芯片的串转并功能，单片机可以实现 1 个 I/O 口控制 8 路舵机。将 4 片 74HC595 串行输入端 SDI、串行输入时钟 SCLK 并联，使能端 OE 始终接地，复位端始终接高电平，RCLK 则相互独立。这样单片机 STM32F103R8T6 仅需 6 个 I/O 口即可实现对各组 74HC595 进行控制，依靠单片机内部定时器的精准计时功能，即可实现在 20ms 内对每个舵机输出其需要的脉冲信号，其原理如图 3-19 所示。

如图 3-19 所示，根据控制舵机信号需求，STM32F103R8T6 内部定时器中断，定义每个舵机高电平持续时间。在对某组舵机赋值时，将该组 74HC595 的 RCLK 端使能，其余组禁用。由此可在 2.5ms 内对选定组的 8 个舵机完成脉冲输出，2.5ms 后，将其输出全部归零。在接下来的时间内，依次对其余组进行信号分时输出，完成对 4×8 = 32 路的舵机控制。

舵机控制板与中控系统模块采用串行通信方式通信。中控系统模块通过串口发送控制指令给舵机控制板，控制指令以固定模式编写。控制单个舵机时，指令格式为 #iPaTt\r\n；控制多个舵机时，指令的格式为 #iPa#jPb#kPcTt\r\n。该指令包含了舵机编号、转动角度以及转动时间，STM32F103R8T6 单片机对中控系统模块发送的指令进行解算，通过 74HC595 生成各组舵机控制所需的 PWM 波形，完成舵机控制操作。

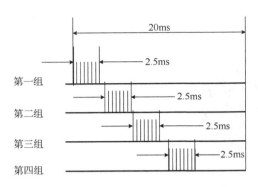

图 3-19   分时控制原理示意图

舵机控制板的串行通信接口选用 CH340 芯片完成串口与 USB 的转换功能。舵机控制板可以直接与 PC 通信。在上位机发送有效通信格式的数据后，芯片内部对各舵机控制量进行解算，如在规定时间 t 内转动 $n°$，则舵机控制板将在该规定时间内以 $n°/t$ 的步进量通过分时控制原理输出。

该舵机控制板也可直接通过 UART 端口连接中控系统模块，接收控制指令。通信过程与上位机通信过程一致，此处不再赘述。

3．灵巧手试验样机算法移植

在 1.6 节中通过 MATLAB 软件实现了 GWGO 算法对逆运动学的仿真求解。本小节将基于 MATLAB 的脚本语言完成 C 语言的程序设计，实现 GWGO 算法和轨迹规划算法在灵巧手试验样机上的移植，完成中控系统模块算法的解算，控制舵机实现灵巧手的轨迹规划。GWGO 算法的 MATLAB 代码转换为 C 代码的步骤如下。

（1）将 GWGO 算法的代码封装成函数 GWGO.m，将输入语句全部换成函数的输入参数，输出作为返回值。

（2）创建 test.m 文件，用于说明函数入口参数的类型。

（3）使用 MATLAB CODER 开始转换。

（4）得到 GWGO.prj 项目。将 GWGO.prj 项目通过 Visual C++软件打开编辑，可以得到完整的 C 语言函数封装。将对应函数文件封装为.h 文件，即可完成 C 语言的移植工作。

（5）通过 Keil 建立相应工程文件，下载到芯片 STM32H750VBT6 中。在中控系统模块中运行 GWGO 算法，将计算结果通过串口传送到上位机，检验结果的正确性，经过调试，最终得到的计算结果与 MATLAB 一致，上位机接收的计算结果如图 3-20 所示。

在执行 GWGO 算法后，样机需要执行解算出的角度结果，在此需要进行轨迹规划。根据 3.4.1 节中的轨迹规划方法，编写了五次多项式插值程序：

图 3-20　上位机的串口调试助手显示中控系统模块的计算结果

```
void  Trajectory_planning(float tf, int step, float angle_bg, float angle_ed,
float *angle_plan, float *angle_t)
    {
    int i;
    float temp = tf/step;
    float step_t = 0;
    float a0 = angle_bg;
    float a1 = 0;
    float a2 = 0;
    float a3 = 10*(angle_ed-angle_bg)/(powf(tf, 3));
    float a4 = -15*(angle_ed-angle_bg)/(powf(tf, 4));
    float a5 = 6*(angle_ed-angle_bg)/(powf(tf, 5));
    *angle_t = temp;
    for(i = 0;i<step+1;i++)
    {
    angle_plan[i] = a0+a1*step_t+a2*powf(step_t, 2)+a3*powf(step_t, 3)+
a4*powf
    (step_t, 4)+a5*powf(step_t, 5);
    step_t+ = temp;
    }
    }
```

其中的函数参数包括样机运动时间 tf、步进次数 step、初始运动角度 angle_bg、终
止运动角度 angle_ed、输出的步进角度数组 angle_plan、步进时间 angle_t。将相关参数
传入后，该函数能够通过五次多项式插值方法完成关节轨迹规划，输出每一步的步进角
度以及运动时间。之后中控系统将 angle_plan 数组中的数据与 angle_t 按照通信格式传输
给舵机控制板，即可完成对灵巧手试验样机的平稳控制。

第**4**章
微体系结构集成电路设计

微体系结构又称为微架构，是一种将给定的指令集架构在处理器中执行的方法或者物理通路，是控制单元和运算单元的物理设计模式，广泛应用于计算机、通信、控制等领域。在计算机领域，微体系结构可以实现高性能的控制器和存储器，从而提高计算机的运行速度和效率。在通信领域，微体系结构可以实现高速的通信芯片和协议，从而提高通信系统的传输速度和可靠性。在控制领域，微体系结构可以实现高精度的控制器和传感器，从而提高控制系统的精度和稳定性。

机器人已经发展到第四代智能机器人阶段，对系统稳定性、实时性要求越来越高，需要有新的技术推进其演化。将微体系结构的设计理念注入智能机器人的运动控制器设计过程中是一个有效的方法。根据机器人运动控制器的控制特点和控制算法设计具有自主知识产权的控制核是我国机器人技术发展和应用的一个可靠保障。

微体系结构是指由微观组件构成的系统结构，这些组件可以是逻辑门电路、微小的模块、总线等。微体系结构的优点在于能够大幅度减小电子系统的体积和功耗，提高系统的可靠性和性能。微体系结构是一种非常重要的技术，它可以实现高度集成化和高性能的控制系统，其应用将会越来越广泛。

本章将主要介绍微体系结构集成电路设计的方法、工具，以及关键技术，包括流水线技术、浮点运算部件、高速缓冲存储器、总线技术和中断处理，设计实例将在第6章中描述。

4.1 微体系结构集成电路设计的方法

机器人的运动控制是机器人最核心的内容，但目前普遍采用的系统级设计方法在一定程度上存在以下问题。

(1)系统复杂性：机器人的运动控制系统通常涉及多个硬件设备、传感器和执行器，以及复杂的算法和控制程序。系统级设计方法难以统一考虑到硬件和软件之间的相互依赖和交互作用，导致系统设计的复杂性增加。

(2)实时性和稳定性：机器人的运动控制需要对运动指令进行实时计算和更新，以保证机器人运动的实时性和稳定性。系统级设计方法在处理大量实时数据和实时计算时，存在一定的延迟和不确定性，影响系统的实时性和稳定性。

(3)灵活性和扩展性：机器人的运动控制系统需要具备一定的灵活性和扩展性，以适应不同应用需求和不断变化的环境。系统级设计方法往往在硬件和软件之间存在较高的耦合性，难以满足不同的应用需求和快速的系统扩展。

为了解决以上问题，可以考虑采用芯片级设计方法来进行机器人的运动控制系统设计。机器人运动控制的芯片级设计是指将机器人的运动控制算法和实时控制程序在芯片级的硬件上实现。芯片级设计方法将硬件和软件的设计相结合，以定制化的方式实现机器人的运动控制。

芯片级设计方法可以有以下优势。

(1)更高的实时性和稳定性：芯片级设计可以将控制算法和实时控制程序直接实现在硬件上，提高了系统的实时性和稳定性。

(2)更高的灵活性和扩展性：芯片级设计可以根据具体需求定制化设计，提高了系统的灵活性和扩展性。可以根据需要选择合适的芯片、模块和接口，以满足不同的应用需求和快速的系统扩展。

(3)更高的性能和效率：芯片级设计可以充分利用硬件资源，优化算法和实时控制程序，提高系统的性能和效率。可以针对特定的运动控制任务进行优化设计，提高机器人的运动精度和效率。

该技术实现的关键是内部微体系结构集成电路的设计。微体系结构集成电路设计是指在芯片级上设计和优化电子系统的硬件结构，包括芯片的结构、电路的设计和布局等。微体系结构集成电路设计提供专用的硬件支持，可以根据机器人的运动控制算法和实时控制程序的需求，定制专用的控制逻辑和运算单元。这些硬件可以在芯片级上实现特定的运动控制算法和实时控制程序，提高系统的运算速度和实时性；通过优化硬件的运算和通信结构，提高运动控制算法和实时控制程序的性能和效率；将运动控制算法和实时控制程序直接实现在芯片上，并提供和其他外设、传感器以及执行器的接口，实现硬件和软件的集成。这样可以减少软件和硬件之间的交互开销，提高系统的实时性和稳定性。

微体系结构集成电路设计隶属于数字集成电路设计的一个分支，它由多个数字逻辑电路元件组成，包括逻辑门寄存器、计数器、加法器和乘法器等。数字逻辑电路的设计方法主要包括逻辑设计、电路仿真和物理设计等多个方面。逻辑设计将数字系统的功能描述转化为逻辑电路的过程。在逻辑设计中，设计人员需要选择适当的逻辑门和时序元件，以实现所需的功能，并对电路进行优化，以达到尽可能高的性能和可靠性。电路仿真是通过计算机模拟电路运行过程，验证电路设计的正确性和性能。在数字集成电路设计中，电路仿真通常使用硬件描述语言(Hardware Description Language，HDL)编写电路模型，并使用仿真工具对电路进行仿真分析，以确定电路的性能和稳定性。物理设计是数字集成电路设计的最后一步，它将逻辑设计转化为实际的物理电路，包括电路布局、布线和器件布局等。在物理设计中，设计人员需要考虑电路的布局密度、功率分布、信号完整性等因素，以保证电路的性能和可靠性。

微体系结构集成电路设计不仅局限于加法器、乘法器等基础的设计内容，而且具有全局性，更强调总体的性能。微体系结构集成电路的设计方法主要包括以下几种。

(1)Top-down 设计方法：从系统级别出发，逐步细化和优化设计。首先确定微体系统的应用需求和性能指标，然后进行系统层面的设计，包括电路结构和功能模块的划分。接下来，将系统层面的设计转化为器件级别的设计，包括电路元件的选型和连线方式的确定。最后，进行电路的物理设计和验证。

(2) Bottom-up 设计方法：从器件级别开始设计，逐步组装集成系统。首先设计和优化单个微电子元件，然后逐步组装集成这些单元件，形成完整的微体系。这种方法强调每个元件的优化和集成的可行性，但可能需要更多的时间和资源。

(3) 模块化设计方法：通过将微体系统划分为多个功能模块，然后逐个设计和测试，最后再将它们集成起来。这种方法有利于设计的可重用性和模块的调试与测试，同时也有利于合作开发和设计的复杂性控制。

在微体系结构集成电路的设计过程中，还需要运用一些工具和软件技术，如电路仿真软件、自动布局布线工具、封装设计软件等。这些工具和技术可以提高设计的效率和准确性。

综上所述，微体系结构集成电路的设计方法需要根据具体的应用需求和设计要求来选择与应用，同时结合设计工具和技术来实现设计的目标。

4.2　微体系结构集成电路设计的工具

在微体系结构集成电路设计的过程中，常用的工具有以下几种。

(1) 电路仿真软件：用于对电路进行数学模型的建立和仿真计算，以验证电路的性能和功能。常见的电路仿真软件包括 Spice（如 HSpice、LTSpice）、Cadence 等。

(2) 自动布局布线工具：用于自动化地对电路的布局和布线进行规划和优化。它可以根据设计规则、性能要求和制造限制等对完成自动布局布线。常见的自动布局布线工具包括 Cadence Virtuoso、Mentor Graphics 等。

(3) 封装设计软件：用于设计封装结构，确定器件引脚的位置和连接方式，以及完成封装的物理设计和验证。常见的封装设计软件有 Cadence Allegro 等。

(4) 物理设计工具：用于完成电路的物理设计，包括布局设计、布线设计和时钟树设计等。常见的物理设计工具有 Cadence Encounter、Synopsys 等。

(5) 三维建模软件：用于建立和模拟微体系统的物理结构和形状。它可以提供对微体系统的三维模型进行可视化和仿真分析的功能。常见的三维建模软件有 SolidWorks、ANSYS 等。

除了以上工具，还有一些常用的电子设计自动化（Electronic Design Automation，EDA）工具用于支持微体系结构集成电路设计，如电路编辑器、模型库管理工具、电路和布局规则的验证工具等。这些工具可以辅助设计人员完成电路设计的各个环节，提高设计的效率和质量。在实际工作中需要根据设计需求和具体情况选择合适的工具，并结合设计经验和专业知识进行综合应用。

4.3　微体系结构集成电路设计的关键技术

为了进一步提高机器人运动控制器的执行速度、智能算法运算速度和精度，需要深入研究微体系结构集成电路设计方法，其设计的关键技术主要包括流水线技术、浮点运算部件、高速缓冲存储器、总线技术和中断处理。通过以上技术，可以设计任意总线宽度的机器人运动控制器，协调控制器内部数据的流动，提高机器人运动控制器的执行速度、算法的计算精度。本节重点描述这几项技术的工作原理，设计实例将在第 6 章说明。

4.3.1　机器人运动控制系统集成——流水线技术

机器人运动控制系统中指令执行的速度是影响任务执行的重要因素之一。反映指令执行速度的参数包括实时性、控制周期和响应时间。实时性要求控制系统能够在规定的时间范围内对输入信号做出及时响应和处理。控制周期是指控制系统处理控制指令的时间间隔。响应时间是指控制系统从接收到指令至机器人实际执行动作的时间。实时性好、控制周期短和响应时间短可以使机器人更加灵敏，但这需要控制系统具有更强大的指令处理能力。

简单的微体系结构功耗和成本低，其性能也低。虽然复杂的微体系结构能进一步提高系统性能，但其功耗和成本也高。针对机器人控制器指令系统的特点，合理设计微体系结构能够提升机器人控制器的性能，提高指令处理能力。

指令流水线是微体系结构的核心内容。指令流水线通过把一条指令的执行划分为若干阶段来减少每个时钟周期的工作量，从而提高主频，并通过允许多条指令的不同阶段重叠执行实现并行处理。单发射流水线的每个流水阶段的每个时钟周期执行一条指令，超标量流水线的每个流水阶段的每个时钟周期执行多条指令。为了提高控制器执行指令的效率，人们提出了各种提高指令执行效率和减少程序执行时间的技术，包括超标量、乱序执行、寄存器重命名、转移猜测、高速缓存和多核技术等。静态流水线不允许后面的指令越过前面的指令执行，而动态流水线允许。

1. 流水线

流水线（Pipelines）是一种使多条指令重叠操作的技术，是目前广泛应用于控制芯片中的一项关键技术。它借鉴了工业生产上的装配流水线的执行方式。1989 年，Intel 公司首次将这项技术应用于 80486 微处理器中，使得 80486 的执行速度相较于同频的 80386 提高了不止一倍。在 486 芯片中集成了一条深度为 5 级的流水线，一条指令的执行分为 5 个步骤：预取（PF）、译码阶段 1（D1）、译码阶段 2（D2）、累加器中执行（EX）以及高速缓冲存储器 Cache 访问或者寄存器写回（WB）。5 级流水线需要 5 个不同功能的电路单元组成一条指令处理流水线，这样就能实现在 1 个时钟周期并行执行 5 条指令的方式，提高微处理器的运算速度。

一般情况下，流水线的深度根据设计需求可以设置为 2~8 级。当然，流水线的深度可以更深，例如，Intel 最新的 Prescott 核心的微处理器流水线长达 31 级。增加流水线级数，可以使设计更容易、电路更简单，每级执行的操作也变得更简便，同时有利于提升的频率。但超长流水线也存在缺点，它会导致分支预测性能的下降。

流水线把一条指令分解成多个可单独处理的操作，使每个操作在一个专门的硬件站上执行，这样一条指令需要顺序地经过流水线中多个站的处理才能完成。前后相连的几条指令可以依次流入流水线中，在多个站间重叠执行，实现指令的并行处理。这样，每个时钟周期都可以启动一条指令，M 级的流水线上就有 M 条指令在同时执行。最后一级在每个时钟内都会送出一条指令的执行结果。可以想象，如果进行合理分级，除了启动流水线和终止流水线这 2 个短暂时期之外，只要使得流水线上的各级在其他任何时候都不会闲置而满载操作，流水线的性能就比非流水作业几乎提高了 M 倍。

目前，机械臂控制器通常采用 ARM 控制核，例如，ARM7-LPC2148微控制器构建一个简单的机械臂来拾取和放置物体，ARM7 核内置 3 级流水线，将指令的执行可以分为取指、译码和执行，以便更好地利用硬件资源。这种流水线结构被广泛应用在各种嵌入式系统、移动设备以及网络设备中，如智能手机、路由器、监控设备等。但是 3 级流水线的每阶段执行单元组成相对复杂，限制了控制的最高时钟频率。为了降低执行单元复杂度，减少每个时钟周期内执行单元的任务，将 3 级流水线的指令执行做了进一步拆分，获得了 5 级流水线。下面将以 5 级流水线为例，详细说明该流水线的工作原理和工作过程。

5 级流水线将指令执行分为 5 个步骤：预取（PF）、译码阶段 1（D1）、译码阶段 2（D2）、执行（EX）以及写回（WB），流水线执行过程的时空图如图 4-1 所示。第 1 级为预取阶段，将指令从指令预取缓冲存储器中取出；第 2 级为译码阶段 1，对第 1 级输出的指令进行译码，将该指令翻译为具体的功能操作；第 3 级为译码阶段 2，用来将主存储器（简称主存）地址和偏移进行转换，生成存储器操作数的存储器地址；第 4 级为执行阶段，指令在该阶段真正执行运算，以各自的累加器为中心来完成指令确定的算术逻辑运算；第 5 级为写回阶段，运算的结果被写回寄存器或者主存。

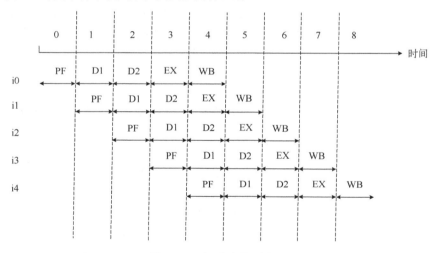

图 4-1　5 级流水线时空图

让一条指令从译码段流动到执行段的操作通常称为发射指令。单发射是指处理机在一个时钟周期内从存储器取出 1 条指令进入指令流水线处理。5 级流水线是单发射流水线，属于标量流水线，它的设计目标是每个时钟周期平均执行 1 条指令。但是实际上，由于数据相关、控制相关以及资源冲突等原因，5 级流水线每个时钟周期平均执行指令数小于 1。

流水线技术的优点体现在以下几个方面：首先，它将控制器的运算任务拆分到多个工作阶段，使控制器可以同时处理不同的任务；其次，它充分利用控制器内部的硬件资源，增加其性能和并行度；最后，它有效避免控制器运行时的冲突和延迟，提高控制器的运行效率。但是流水线在执行条件分支指令时可能会出现指令相关问题，导致控制器性能下降；当需要进行大量的控制时，其设计和调试难度较大。

　　总体来说，5 级流水线是一种高效的微处理器运算方式，能够提高微处理器的性能和并行度。例如，在同样主频下，采用 5 级流水线的 ARM9 的性能要比采用 3 级流水线的 ARM7 高 20%～30%，但在某些特殊情况下会出现性能瓶颈。因此，在设计微处理器时需要根据不同的场景来选择合适的运算方式，以实现最优的性能和效率。

2．超标量流水线

　　在单发射流水线中，指令虽然重叠进行，但实际上还是按照顺序执行的，每个周期只能接收或者完成一条指令。这种流水线在每个时钟周期平均执行的指令的条数小于等于 1，即它的指令级并行度小于等于 1。

　　超标量技术通过重复设置多个功能部件，并让这些功能部件同时工作来提高指令的执行速度，实际上是以增加硬件资源为代价来换取性能的。使用超标量技术的关键是在一个时钟周期内发射多条指令。为了能够支持同时发射多条指令，超标量必须具有至少两条能够同时工作的指令流水线。标量流水线结构是时间并行性的优化，主要是对现有硬件的划分。超标量流水线是空间并行性的优化，需要成倍增加硬件资源。

　　超标量通过内置多条流水线来同时执行多条指令，其实质是以空间换取时间，其工作原理如图 4-2 所示。由 2 条 5 级流水线构成超标量结构，能够同时执行两条整型指令。通常这两条流水线称为 U 流水线、V 流水线。每条流水线都拥有自己的算术逻辑部件（ALU）、地址生成电路和数据 Cache 接口。这种流水线结构允许微处理器在单个时钟周期内执行两条整型指令，比相同频率的微处理器性能提高了一倍。与单发射流水线相类似，微处理器的每一条流水线也分为 5 个步骤：预取（PF）、译码阶段 1（D1）、译码阶段 2

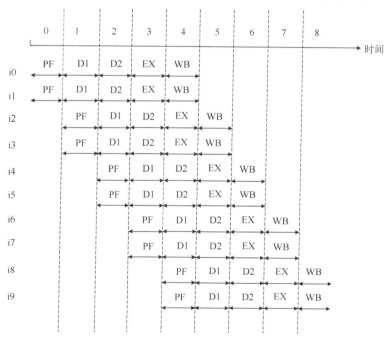

图 4-2　超标量流水线时空图

（D2）、累加器中执行（EX）以及 Cache 访问或者寄存器写回（WB）。当一条指令完成预取步骤时，流水线就可以开始对另一条指令的操作。主流水线 U 可以执行全部指令，包括微代码形式的复杂指令，而 V 流水线只能执行简单的整型指令，这个过程称为"指令并行"。在这种情况下，为了使两条流水线中同时执行的两条指令能够同步协调操作，这两条指令必须配对，也就是说，两条流水线同时操作是有条件的，指令的配对必须符合一定的规则。要求指令必须是简单指令，且 V 流水线总是接受 U 流水线的下一条指令。但如果两条指令同时操作产生的结果发生冲突，则要求微处理器还必须借助于适用的编译工具，产生尽量不冲突的指令序列，以保证其有效使用。

　　超标量流水线结构如图 4-3 所示，微处理器的 U 与 V 两条指令流水线的第 1 级 PF 共用一个取指通道，实际上，U 与 V 各有一个指令预取缓冲存储器，但两者不能同时操作，只能轮流切换。它们按照原定的指令地址或者由跳转目标缓冲器（Branch Target Buffer，BTB）提供的预测转移地址，从 L1 指令 Cache 中顺序地读取一个 32 字节的 Cache 行，从而在缓冲器中形成预取队列。

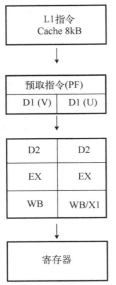

图 4-3　超标量流水线结构框图

　　流水线的第 2 级 D1 的 U 与 V 流水线各有一个译码器，两者都对第 1 级输出的指令进行译码，在这里必须检查它们是否为转移指令，若是，则将该指令的地址送往 BTB 进行记录与预测处理。在此级还要确定指令 k 与 $k+1$ 是否配对，若两条指令配对，则第 1 条指令 k 装入 U 流水线，第 2 条指令 $k+1$ 装入 V 流水线；若两条指令不配对，则只有 k 指令装入 U 流水线，V 流水线暂时空闲。待下一个时钟周期内指令预取缓冲存储器提供 $k+2$ 指令，然后再判断 $k+1$ 指令是否与 $k+2$ 指令配对。

　　流水线的第 3 级 D2 的译码器主要用于生成存储器操作数的存储器地址，提供给 L1 数据 Cache，以便下一流水级能够访问它。不使用存储器操作数的指令也必须经过这一级。

　　流水线的第 4 级 EX 为执行级，以各自的累加器为中心来完成指令确定的算术逻辑运算。如果有存储器操作数，则于本级的前期从 L1 数据 Cache 或者 L2 数据 Cache（L1 数据 Cache 未命中）甚至主存储器（L2 Cache 未命中）中读取数据。值得特别指出的是，直到这一级才能确定分支转移预测是否正确。若预测正确，表示一切正常；若预测出错，则流水线上的指令及预取缓冲器的队列必须全部作废而需从另一地址处重新装载，并且还要通知 BTB 做相应的记录及修正。

　　流水线的第 5 级 WB 是要将执行的结果写回到寄存器或者 L1 数据 Cache，如指令中的目标寄存器或者 L1 数据 Cache，包括对标志寄存器（EFlag）相关标志位的修改等。至此，一条指令才算完整地被执行。

　　当所有被执行的指令序列都符合指令配对规则时，两条流水线的理想（满载）操作流程如图 4-4 所示。在此，假设程序设计优化到奇数条指令与偶数条指令的每前后两条都是配对的，因而在每一个时钟内都能输出两条指令的执行结果。

图 4-4　指令序列符合指令配对规则时两条流水线的满载操作

U 流水线结构复杂，具有桶状移位器等 V 流水线中没有的功能部件。因此，U 比 V 有更多的"特权"，有些指令只能在 U 中执行而不能在 V 只执行，这些指令只有排在第一条位置时才能配对。例如，两条指令之一有前缀，带有前缀的指令只能在 U 中执行。也就是说，在对两条流水线分配指令过程中，只有当带有前缀的指令排在第一条时才会分配给 U，才能和第二条指令配对。对于那些不能配对的指令，全部顺序在 U 中执行。对于配对成功的两条指令，执行时间上也会有差异，原则上 U 发生延迟，V 必须等待 U，而 V 延迟，U 可以继续做某些如写回结果等操作，也体现了 U 的特殊地位。如果不符合配对规则，这两条指令便都在 U 中执行。U、V 两条流水线并行执行需要满足一些前提条件，微处理器数据手册定义了如下配对规则。

（1）配对的两条指令必须是简单指令。微处理器的简单指令是全硬件化的，ROM 形式的微代码指令则不然。也就是说，配对指令通常都是能够在单个时钟周内执行完的指令。简单指令是完全由硬件执行而无须任何微码控制，在一个时钟周期内执行的指令。

（2）两条指令之间不得存在"写后读"或"写后写"这样的寄存器相关性。

（3）一条指令不能同时包含位移量和立即数。

（4）带前缀（JCC 指令的 OF 除外）的指令只能出现在 U 流水线中。

此外，对于条件分支转移指令和非条件分支转移指令，只有当它们作为配对中的第二条指令出现时才可以配对。

然而，在一个程序中要保障指令总是能够前后配对几乎是不可能的。在很多情况下都是主流水线 U 满载操作，而 V 流水线空闲（Empty），如图 4-5 所示。

		PF级	D1级	D2级	EX级	WB级	
n+0周期	U线	指令k	指令k-1	指令k-2	指令k-4	指令k-5	→ 结果
	V线	指令k+1	空	空	指令k-3	空	→ 结果
n+1周期	U线	指令k+2	指令k	指令k-1	指令k-2	指令k-4	→ 结果
	V线	指令k+3	指令k+1	空	空	指令k-3	→ 结果
n+2周期	U线	指令k+4	指令k+2	指令k	指令k-1	指令k-2	→ 结果
	V线	指令k+5	指令k+3	指令k+1	空	空	→ 结果
n+3周期	U线	指令k+6	指令k+4	指令k+2	指令k	指令k-1	→ 结果
	V线	指令k+7	空	指令k+3	指令k+1	空	→ 结果
n+4周期	U线	指令k+8	指令k+5	指令k+4	指令k+4	指令k	→ 结果
	V线	指令k+9	指令k+6	空	指令k+3	指令k+1	→ 结果

图 4-5　流水线出现空闲级

3．乱序执行

在流水线技术中，无论是 2 级流水线还是 5 级流水线，当出现周期指令、跳转指令或者发生中断时，都会引起流水线阻塞，相邻指令之间也可能因为寄存器冲突导致流水线阻塞，降低流水线效率。尽管超标量流水线具有每个时钟同时执行两条指令的能力，但它是顺序执行的，而且两条流水线不可能总是满载操作。为了进一步提高整体性能，常采用动态执行技术。动态分支预测机制能够使分支的流水线阻塞达到最小化。

动态执行技术也称为推测执行（Speculative Execution，SE），是指通过预测程序流来调整指令的执行，并分析程序的数据流来选择指令执行的最佳顺序。它的基本思想是：在取指阶段，于局部范围内预先判断下一条待取指令最有可能的位置，即在取指部件就具有部分执行功能，以便取指的分支预测，保证取指部件所取的指令是按照指令代码的执行顺序取入，而不是完全按照程序指令在存储器中的存放顺序取入。相对于顺序执行指令，动态执行就是无序执行指令，或称为乱序执行指令。

采用分支预测和动态执行的主要目的是提高微处理器的运算速度。实现动态执行的关键是取消传统的"取指"和"执行"两阶段之间指令需要线性排列的限制，而使用一个指令缓冲池以开辟一个较长的指令窗口，以便允许执行单元能在一个较大的范围内调遣和执行已译码过的程序指令流。

动态执行流水线细分为 12 级，如图 4-6 所示，其流水线操作的逻辑框图如图 4-7 所示。

IFU1	IFU2	IFU3	DEC1	DEC2	RAT	ROB	DIS	EX	RET1	RET2
IFU1	IFU2	IFU3	DEC1	DEC2	RAT	ROB	DIS	EX	WB	RR	RET

图 4-6　动态执行的典型流程

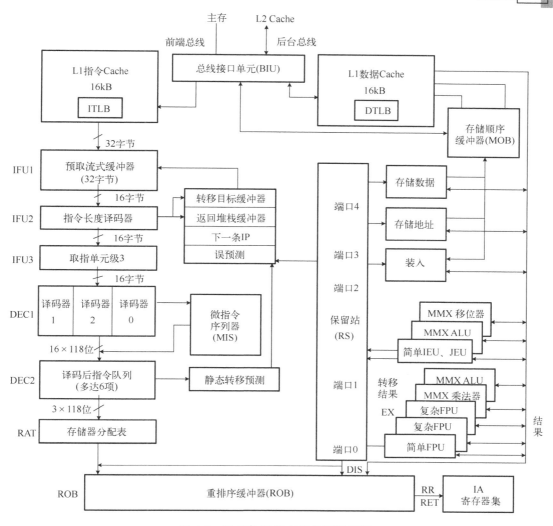

图 4-7　动态执行流水线的逻辑框图

流水级的各级操作功能如下。

IFU1（Instruction Fetch Unit Stage 1）为取指单元级 1：从一级指令缓存中载入一行指令，共 32 字节、256 位，把它保存到指令流缓冲存储器中。

IFU2（Instruction Fetch Unit Stage 2）为取指单元级 2：因为载入的 32 字节指令并没有指示从哪里开始到哪里结束的固定长度，这一步是在 32 字节之内划清指令界限。如果在这 32 字节内有分支指令，则它的地址会保存到分支目标缓冲（BTB）中去，用来做分支指令预测。

IFU3（Instruction Fetch Unit Stage 3）为取指单元级 3：标记每个指令应该发送到哪个指令解码单元中去，总共有三种不同的指令解码单元。

DEC1（Decode Stage1）为译码级 1：因为有三种不同的指令译码单元，所以可以同时最高译码 3 条指令。译码器 0 是复杂译码器，用于将一条复杂指令翻译成 4 个微操作；译码器 1 和译码器 2 都是简单译码器，用于将简单指令生成 1 个微操作。这样，如果 3 个译码器都在运行，每个时钟就可以生成 6 个微操作，每个微操作的固定长度为 118 位。

如果某些更复杂的 IA 指令(通常是超过 7 字节长的指令)翻译后将生成 4 个以上的微操作,则要将该指令送入微指令序列器(Micro Instruction Sequencer,MIS)进行特殊的翻译处理。

DEC2(Decode Stage2)为译码级 2:把上一步译码成的微操作码发送到已译码指令序列(Decoded Instruction Queue)中,同时若在队列中发现分支跳转型微操作,则将其送入静态转移预测器进行处理,形成了第 2 级分支转移预测。这个序列最高可以存储 6 个微操作码,如果有多于 6 个微操作码,那么这一步必须重复操作。

RAT(Register Alias Table and Allocator Stage)为寄存器别名表和分配器级:因为允许乱序执行,所以给出的一个寄存器值可能会被程序序列中一个执行过了的指令改变位置,从而破坏其他指令需要的数据。为了解决这一冲突,在这一道工序中,指令使用的原始寄存器被改变成寄存器别名。

ROB(Re-Order Buffer Stage)为重新排序缓冲级:这一步载入 3 个微操作码到重排序缓冲(Reorder Buffer),这里是一个多达 40 个寄存器的环形队列缓冲器,又称为指令池(Pool)。它含有缓冲器首指针(Start of Buffer Pointer,SBP)与缓冲器尾指针(End of Buffer Pointer,EBP),后者是存放指针,前者是回收指针。初始化时缓冲器为空,首、尾指针的值相同,每存放一个微操作,尾指针即加 1,而首指针则指向最早存入的微操作,等待执行完毕后回收。ROB 中的每个微操作都有状态位,记录了该操作码的当前位置、被执行的进度、执行结果是否有错以及结果如何处理等。

前面的 7 个阶段基本上是按 IA 指令的原始顺序操作的。与此相反,以下将进入无序的流水级操作。

DIS(Dispatch Stage)为派遣级:它的保留站(Reserve Station,RS)可以乱序地派送指令池中的多个微操作。如果微操作码没有成功送到队列预留位,那么这一步就把它送到正确的执行单元。

EX 级(Execution Stage)为执行级:在正确的执行单元执行微操作码,基本上每个微操作码需要一个时钟周期来执行。这里由 5 个端口分别进入不同的执行单元:端口 0 有浮点单元(FPU)、整数执行单元(IEU)与多媒体扩展(Multimedia Extension,MMX)等 5 个执行单元;端口 1 有 3 个执行单元,其中转移执行单元(JEU)专门处理分支跳转微操作,判断是否真正发生了转移,其结果除了返回 ROB 之外,还要返回到 BTB 并记录下来;端口 2 的装入执行单元生成存储器读数据的存储器地址;端口 3 的执行单元生成存储器写数据的存储器地址;端口 4 的执行单元则生成存储器写数据。这些操作所产生的地址与数据都要同时送往存储顺序缓冲器,然后再按 IA 指令顺序读写 L1 数据 Cache 或 L2 数据 Cache(L1 数据 Cache 未命中)乃至主存储器(L2 数据 Cache 未命中)。

WB 级(Writeback Stage)为写回级:它将以上执行单元的结果回收到指令池中,并对读入的数据进行 ECC 错误检测与修正。

以上 3 个流水级的操作都是乱序进行的,后面的 2 个阶段则又应该重新回到 IA 指令原有的顺序进行操作。

RR 级(Retirement Ready Stage)为回收就绪级:判断回收的结果中较早的(上游)跳转指令是否都已执行,且后来的(下游)应该执行的指令是否执行完。如果再也没有什么问题与该指令有关,就以 IA 指令为单位并按原指令顺序标记一个回收就绪的微操作。

RET（Retirement Stage）为回收级，每个时钟将 3 个微操作结果顺序发送给传统的 IA 寄存器组，恢复了按传统执行 IA 指令的操作结果。指令池中应该删除相应的微操作码，将缓冲器的首指针增量，让出空间以备后用。

　　这就是动态执行技术的简单机理。简而言之，内核的流水线是开始有序、中间无序、结束有序的。这种动态执行技术使微处理器每个时钟可执行 3 条指令，相当于有 3 条完整的流水线并行操作，从而达到了超标量为 3 的高性能。

　　下面就通过一个简单的实例来进一步理解动态并行执行的机理。

【例 4-1】　现有以下简单的加法程序段。

```
MOV EAX, 17;           17 送 EAX
ADD MEM, EAX;          将 EAX 与当前存储器中的内容相加
MOV EAX, 3;            3 送 EAX
ADD EAX, EBX;          将 EAX 与 EBX 中的内容相加
```

　　在单发射流水线中，这些指令必须一条条地按顺序执行，如果不执行完第 1 条和第 2 条指令，就没办法执行第 3 条指令。

　　在动态执行中，EAX 中不必载入 17，只要将 17 加到当前缓冲器单元即可；同样，3 也不必载入 EAX，直接加到 EBX 再将结果存放到 EAX 即可。这样，指令 1 和指令 3 就可以同时执行，将数值 17 和 3 存放在指令池的缓冲器中。同样的道理，从指令池中获取 17 与 3，指令 2 与指令 4 也能进行并行处理。

　　分支预测（Branch Prediction，BP）是动态执行技术中的主要内容。分支预测是指当遇到 JMP 转移指令、CALL 调用指令、RET 返回指令及 INTn 中断等跳转指令时，指令预取单元能够较准确地判定是否转移取指。在程序中一般都包含有分支转移指令。据统计，平均每 7 条指令中就有 1 条是分支转移指令，在指令流水线结构中，分支预测对于分支转移指令相当敏感。

　　条件分支指令是流水线的最大敌人，因为使用条件分支指令，只有当硬件对条件进行判断后，才能知道分支输出，即确定下一个指令的位置，从而使单发射流水线在下一个周期开始执行新指令，或者使超标量体系结构在下一个周期开始执行多个指令。因此，这个问题就变成：紧随条件指令之后，应该执行哪一条指令？猜测不会发生指令分支跳转，就要选择执行指令流中跟着分支指令后面的指令；抑或猜测分支指令会被执行，就要执行分支指令中跳转地址所指向的指令。

　　分支预测有静态预测与动态预测之分。静态预测只依据跳转指令的类型来预测出处。分支一开始执行，微处理器不知道分支是否能够执行。在这种情况下，它使用静态预测，表示向前的跳转不被执行，向后的跳转分支被执行。例如，对某一类条件转移指令总是做转移发生的预测处理，因而转到转移地址处去预取代码；对另一类条件转移指令总是做转移不发生的预测处理，从而继续往下预取代码；对前向转移的条件转移指令总是做转移发生的预测处理，对后向转移的条件转移指令总是做转移不发生的预测处理等。这种方法简单易行，但准确率不高，只能作为其他分支预测方法的一种辅助手段。一个无条件跳转不需要预测，它总是被执行。一个向后的跳转常常是循环中的一部分，大部分循环都将运行多次，这种方式对于静态预测向后跳转比较有意义。

动态预测则是依据一条转移指令过去的行为来预测此指令将来的去向。如果算法得当，就可以获得很高的准确率。动态分支预测累计某种跳转分支的执行情况，然后尽可能地正确预测它。显然，动态预测的实现远比静态预测要复杂。除了传统的地址比较判断之外，还必须记载先前发生的历史状态，配合行之有效的硬件算法。

对于分支跳转的猜测可能判断正确，可能判断错误。当判断正确时，流水线满载工作，不再有时间损失。然而，当判断错误时，流水线必须清空指令，即执行刷新流水线，重新从正确的分支路径取出指令，然后使用新指令再重新启动流水线。刷新和重启将花费一段较长的时间。因为分支指令在大多数程序中非常常见，这些操作将大大降低流水线的整体性能。这种因判断错误而产生的性能损失称为分支预测错误损失，它的时间定义为从分配一个分支指令开始，到分配分支指令获得正确的目标为止。

为了帮助更正确地判断是否执行了分支指令，大部分微处理器都使用某种形式的硬件分支预测。微处理器通过一个较为简单的机制来实现动态跳转预测，它的核心部件是跳转目标缓冲器(Branch Target Buffer，BTB)。BTB 实际是一个能存若干(通常为 256B 或 512B)地址的存储部件。当一条分支指令导致程序分支时，BTB 就记下这条指令的目标地址，并用这条信息预测这一指令再次引起分支时的路径，从该处预取。在微处理器中，它的作用类似于高速的旁视缓冲存储器作用，以跳转的 32 位目标地址、2 位历史状态及 1 位有效状态等作为一个 Cache 存储的内容，而将转移指令地址分割为 2 段，低 6 位为组索引，高 26 位为目标段。

分支目标缓冲器是在芯片上实现的一张专用表格，主要用于跟踪在指令流中刚刚遇到的分支指令。另外，表格页跟踪记录了最新遇到的分支指令所跳转的目标地址。被预期的指令送入 U 与 V 两条流水线，同时将指令所在的 EIP 地址送入 BTB 进行查找比较。如果在 BTB 中没有这个地址，就不做预测；倘若在 BTB 中找到该地址(命中)，那么就将根据 BTB 中对应记录的历史位状态来确定是否发生跳转。当跳转执行时，其跳转目标地址将用于更新 BTB 中相应的地址记录。倘若发现预测不正确，将为分支预测的错误付出代价，则预取队列中的当前指令与流水线的内容自然也要作废，流水线必须刷新重启。在这种情况下，表格中的分支目标跳转地址必须改变，以反映新的分支目标跳转地址。当然，当第一次遇到分支指令时，在分支目标缓冲器中必须创建新的入口点。

下面看一下 BTB 在循环程序中的应用。循环程序在程序设计中使用得十分普遍。在指令级目标程序中构成循环程序需要用到转移指令(条件转移指令或无条件转移指令)。

【例 4-2】　循环程序示例如下。

```
        MOV  CX, 100
LOOP:
        ……
        DEC CX
        JNZ LOOP
        ……
```

在第一次执行到 JNZ 指令时，预测的转移地址是存在 BTB 中的前面一条 JNZ 指令的目标地址，不是 LOOP，则这一次预测是错误的，但执行后目标地址 LOOP 便存入到 BTB 中。等到下一次执行到 JNZ 指令，就按 BTB 中的内容来预测，转移到 LOOP，这是正确的。如此，一直到 CX 的值变为 0 之前，预测也都是对的。当再循环一次，CX 的值变为 0 时，JNZ 指令因条件不成立而不实行转移，而预测仍是 LOOP，预取仍按该预测进行，这是第二次预取错误。可见，该例中 100 次循环，有 98 次预测正确，确切地说，有 98 次预测指导下的预取是正确的。同理，对于 1000 次循环，就会有 998 次的预取是正确的。即循环次数越多，BTB 带来的效益就越高。

图 4-8 所示为微处理器的分支预测机制示意图。指令预取器从位于微处理器内部的 L1 指令 Cache 中预取指令，指令预取队列中的指令按照流水线方式(即先进先出)依次进入指令译码器，若当译码时发现是一条分支指令，则检查 BTB 中有无该种分支指令的记录，若有，则立即按照所记录的目标地址进行预取(目标地址对应的指令及其后面的指令)，替代原先已进入指令预取队列中的指令。在这条指令执行完毕之前，将该指令的实际目标地址再添入 BTB 中(当然，当预测正确时，目标地址不会变)，以使 BTB 中总保持最近遇到的分支指令及其目标地址。

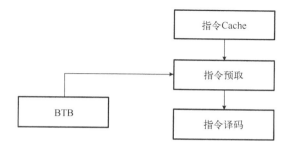

图 4-8　分支预测机制示意图

在以上推测执行时，分支预测准确性至关重要。现在，微处理器内部采用了更加复杂的 BTB 与先进的自适应算法，分支预测正确率可以达到 90%，这样虽然会有 10% 的分支预测错误，但仍然可以提高微处理器正确执行的速度。

4．流水线参数

衡量流水线性能的参数如下。

(1)建立时间 T_s 是第一条指令流入流水线到流出流水线的时间。

(2)排空时间是最后一条指令流入流水线到流出流水线的时间。

(3)流水线周期 T 是这些被执行的指令中最长的指令所耗费的时间。

(4)吞吐率 TP 是衡量流水线性能的一个最重要的指标，吞吐率计算公式为 $TP = N/T_L$。其中，N 为执行的指令条数；T_L 是执行 N 条指令所需的流水线执行时间。吞吐率越大，流水线执行的效率越高。将执行时间和建立时间带入到吞吐率的计算公式中，可得到吞吐率的表达式。最大吞吐率计算公式如下：

$$TP_{MAX} = \lim_{N\to\infty}\left[\frac{N}{T_s + (N-1)T}\right] = \frac{1}{T} \tag{4-1}$$

吞吐率只与流水线周期 T 相关。为了获得最大的吞吐率，就要尽量减少 T。

【例 4-3】5 级流水线分为预取(PF)、译码阶段 1(D1)、译码阶段 2(D2)、执行(EX)

和写回(WB)5 个阶段,共 1000 条指令序列连续流入此流水线,平均每个机械周期为 1μs,每个阶段损耗 1 个机械周期。要求:

(1)画出非流水线和流水线时空图;

(2)求流水线的实际吞吐率;

(3)求该流水线的加速比。

非流水线就是指令一条条地执行,那么时空图如图 4-9 所示。流水线方式就是指令并行执行,其流水线的时空图如图 4-10 所示。

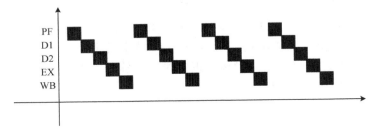

图 4-9　非流水线时空图

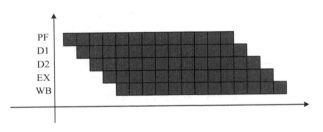

图 4-10　流水线时空图

根据上述条件,我们得到流水线周期 $T=1μs$,那么流水线执行时间 $T_L=$ 1.004ms;吞吐率 $TP=1000/T_L \approx 0.996 \times 10^6$;最大吞吐率 $TP_{MAX}=1/T=1.0 \times 10^6$。

采用流水线方式的执行时间 $T_L=1004 \times T$,采用非流水线方式的执行时间 $T_{L非}=5000T$,加速比 $S=T_L/T_{L非}=5000/1004 \approx 4.98$。根据以上参数的计算结果,我们确实能体会到流水线技术加速了指令执行。

5. 流水线设计

流水线通过将一个任务分解为多个任务,然后让每个任务由专门部件完成,靠多个部件并行工作来缩短指令的执行时间。那么对于这个专门的部件,我们应该怎么实现呢?

一个简单的时序逻辑电路如图 4-11 所示,如果想用流水线的方式来实现它,应该如何设计呢?这个逻辑电路包含 3 条路径,第 1 条路径是 A 和 C 组件的路径,包含 2 个组件、2 个寄存器;第 2 条是 B 和 C 组件的路径,包含 2 个组件、2 个寄存器;第 3 条是中间路径,即 A、B 和 C 组件的路径,包含 3 个组件、1 个寄存器。第 3 条路径与第 1、2 条路径包含的寄存器数量不同。如果按照这 3 条红色路径来设计 3 级流水线,那么我们分析该模式的工作过程,在指令周期 $i+1$ 期间,B 模块的 2 个输入值:X 输入是 $i+1$ 时刻的值;Y 输入是 i 时刻的值。显然,$i+1$ 时刻和 i 时刻数据不同步。这种设计会导致流水线电路计算输出与非流水线电路不相同。其根本原因就在于计算过程中,连续几次迭代的输入数据混在了一起。

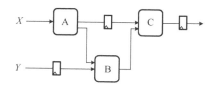

图 4-11 简单时序逻辑电路图

那么如何来设计流水线电路才是正确的呢?我们的策略是确保流水线每级处理的数据在时间上同步,具体实现方式就是在每一级中设置流水线寄存器。

以图 4-12 所示的时序逻辑电路为例说明具体设计过程。从系统输出到输入,我们将沿着每条路径添加流水线寄存器。

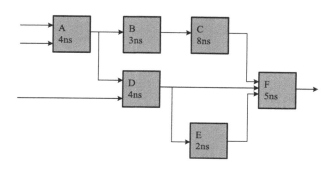

图 4-12 时序逻辑电路图

具体步骤如下。

第 1 步:绘制一条与电路中的每个输出交叉的轮廓线,电路中最后一级输出只有一条信号线,我们在此画一条轮廓线,与这条输出信号线相交,并在这条轮廓线两端做标记。标记的两个端点将作为后续的轮廓线的起点和终点,如图 4-13 所示。

第 2 步:继续在两个端点之间绘制轮廓线,确保每个信号连接都沿着相同方向穿过新轮廓线。这时,每个轮廓线的一侧都为信号的输入,另一侧都为信号的输出。这些轮廓线就划定了流水线的各个阶段,得到了 3 级流水线结构,如图 4-14 所示。

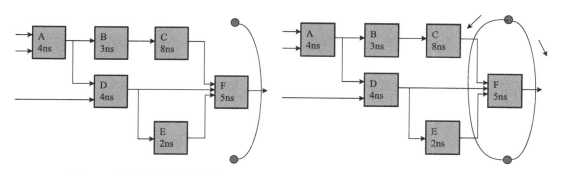

图 4-13 轮廓线的起点和终点   图 4-14 绘制两个端点之间轮廓线

第 3 步:在信号连接与流水线轮廓相交的位置放置流水线寄存器。用黑点标记流水线寄存器的位置,就得到了每一级的流水线寄存器,如图 4-15 所示。通过绘制从端点到端点的轮廓，保证了可以交叉每条输入输出的路径，从而确保流水线结构良好。流水线轮廓线的绘制方式没有固定的要求。按照如图 4-16 所示的方式绘制，并设置流水线寄存器。在这个逻辑电路中存在一个最慢的组件 C，其执行时间为 8ns，就限制了流水线的吞吐率，最大值为 1/8。无论采用哪种轮廓线绘制方式，其流水线的最大吞吐率只能为 1/8。

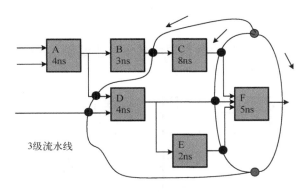

图 4-15　放置流水线寄存器

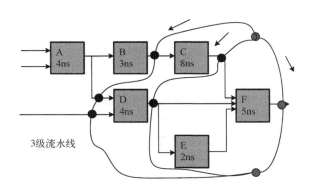

图 4-16　不同轮廓线绘制方式

根据图 4-11 所示的逻辑电路实现它的流水线设计。首先在流水线上的输出位置绘制轮廓线并标记端点，此时它具有与非流水线结构相同的吞吐率。然后绘制下一级，隔离系统中最慢的组件 A，这将是第 2 级流水线，其时钟周期为 2 个单位时间，因此吞吐率为 1/2。接下来添加其他轮廓线，如图 4-17 所示。组件 A 的执行时间限制了流水线的吞吐率最大值只能是 1/2。因此，后续增加轮廓只增加了流水线的级数，但不增加吞吐率。

流水线设计原则是使用最少的设备实现最大的吞吐率。一旦隔离了最慢的组件，就无法增加吞吐率。问题就出在隔离了最慢的组件，鉴于此，应如何继续改善电路的性能呢？一种改造的方法是使用流水线组件，可以用两阶段流水线组件替代 A 组件。两阶段流水线组件内部集成了两个 1ns 模块。重新绘制轮廓线，让两个轮廓线通过 A 组件内部，如图 4-18 所示。现在每个阶段的最大延迟都为 1ns，吞吐率达到 1，为原来的 2 倍，这就是 4 级流水线。

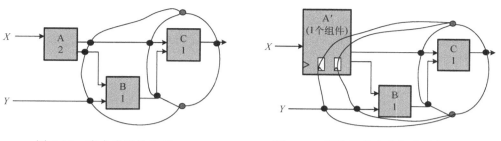

图 4-17　流水线设计实现　　　　　图 4-18　两阶段流水线组件替代 A 组件

4.3.2　机器人控制系统集成——浮点运算部件

浮点运算单元也是微体系结构的重要内容。指令流水线的执行单元包括算术逻辑部件（Arithmetic and Logic Unit，ALU）、浮点部件（Float Point Unit，FPU）、向量部件（Single Instruction Multiple Data，SIMD）、访存部件和转移部件等。浮点部件是完成浮点运算的执行单元，是数学处理的重要单元，特别是对于 3D 图像的运算，系统速度特别依赖于浮点部件的优劣，它负责运算非常大和非常小的数据。当浮点部件进行这些数据的运算时，ALU 同时可以做其他事情，这大大提高了微处理器的性能。

浮点部件在很多地方也被称为"数学协处理器"（Mathematical Coprocessors），其主要功能是用来进行浮点运算以及高精度的科学运算。随着技术的进步以及机器人应用领域的拓展，智能机器人对多媒体以及 3D 图像数据的处理需求激增，要求微处理器能够完成大量的数据处理。为了提升微处理器的整体性能，独立的浮点部件单元被整合到单一的微处理器芯片内部。

为了强化浮点运算能力，微处理器中的浮点运算部件常采用 8 级深度，保证每个时钟周期至少能完成一个浮点操作，以提高浮点运算速度。浮点部件需要支持 IEEE754 标准的单、双精度格式的浮点数。为了保障运算精度，浮点部件内部数据总线设计宽度为 80 位，使用了一种称为临时实数的 80 位浮点数支持运算，其内部有浮点专用加法器、乘法器和除法器，还有 8 个 80 位寄存器组成的寄存器堆栈。

1. 浮点部件体系结构

片内浮点部件体系结构的设计目标是：程序编写比较容易，计算结果精确，使一般计算机用户享有高精度数值计算的强大功能。浮点部件所提供的不仅是能使计算密集型任务的计算速度大幅度提高，而且更重要的是使广大控制器系统用户能使用高精度数值计算的强大功能。

例如，当 2 个单精度的浮点数相乘，其乘积被第 3 个数来除以时，对大多数控制器系统来说，就有可能出现溢出，即使最终结果是一个有效的 32 位的数也会出现溢出，但浮点部件经正确舍入处理后都能够给出正确的结果。

浮点部件的逻辑框图如图 4-19 所示，数值寄存器由 8 个 80 位的数值寄存器、3 个 16 位寄存器以及 5 个错误指针寄存器构成。这 8 个 80 位能各自独立进行寻址的数值寄存器，又可用来构成一个寄存器堆栈。3 个 16 位寄存器分别称为浮点部件的状态字寄存器、控制字寄存器和标记字寄存器。5 个错误指针寄存器中的 2 个是 16 位寄存器，其内保存着最后一条指令及操作数的选择符；另外 2 个是 32 位寄存器，其内保存着最后一条指令和操作数的偏移量；最后 1 个是一个 11 位的寄存器，用来保存最后一条非控制的浮点部件指令的操作码。

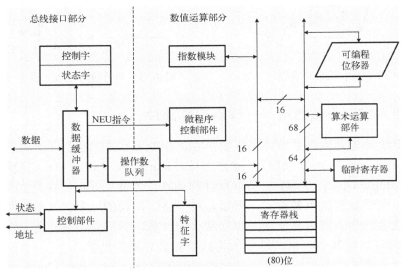

图 4-19　浮点部件的逻辑框图

　　在大多数控制器系统中，直接算法不能提供一致的正确结果，也不能说明何时这些结果是正确的。为了在这种机器上获取各种条件下的正确结果，通常还要用相较于经典程序设计技术更加复杂的数值处理技术。而微处理器浮点部件的体系结构允许人们采用直接算法即能编写出可靠的应用程序，这样就大大降低了在开发以精确计算为目的的软件上的投资。

2．数值寄存器

　　浮点部件中所有数值处理都以浮点寄存器栈为中心。浮点寄存器栈由 8 个 80 位的各自寻址的数值寄存器构成，每一个寄存器还可以进一步分为几个字段，以便与浮点部件中的扩展精度数据形式相对应，如图 4-20 所示。所有的计算结果都保存在寄存器堆栈中，其中的数据全部是 80 位的扩展精度格式，即使是 BCD、整数、单精度和双精度等在装入寄存器时，都要被 FPU 自动转化为 80 位的扩展精度格式，注意栈顶通常表示为 $ST(0)$，相对于栈顶而言，后续的堆栈单元用符号 $ST(1), ST(2), \cdots, ST(i)$ 表示。

　　指令指针在对数值寄存器进行寻址时，是以堆栈栈顶的那个寄存器为基准实施操作的。在任何时刻，这个栈顶寄存器都是由浮点部件的状态字寄存器 TOP 域指出。就像存储器中的堆栈一样，FPU 的寄存器栈是朝着向下编址的寄存器增长的。在进行压栈操作时，栈顶 TOP 值减 1，同时将一个值装到新的栈顶寄存器。若从当前栈顶寄存器取出一个值，即将一个数上弹出堆栈，栈顶 TOP 的值则增 1。

　　许多指令指针都可以使用多种寻址方式，这样就给程序设计人员提供了一个施展才华的良机，既可以在堆栈顶上进行隐式操作，也可以以 TOP 为基准显式地对特定寄存器进行操作。用 $ST(0)$ 来表示当前栈顶，或直接用 ST 这种简单形式表示当前栈顶；用 $ST(i)$ 表示从栈顶算起的第 i 个寄存器 $(0 \leqslant i \leqslant 7)$。

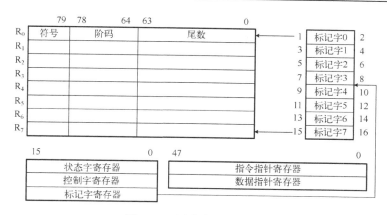

图 4-20　浮点寄存器堆栈

【例 4-4】　若栈顶的值为 011B，则说明当前栈顶为寄存器 3。下面这条指令表示堆栈中两寄存器内容相加，即寄存器 3 和寄存器 5 中内容相加。

```
FADD  ST, ST(2)
```

根据采用栈的组织方式以及相对于栈顶对数值寄存器进行寻址的寻址方式，允许程序在寄存器堆栈内传送参数，从而简化了子程序的设计过程。在调用子程序时是通过寄存器堆栈传送参数，而不是采用专用寄存器，所以表现了非常高的灵活性。只要这个堆栈不满，每个程序都可以在调用一个特定子程序之前，把参数装到堆栈内以实现设计好的计算。子程序就以 ST(0)、ST(1) 等表达式访问它的各个参数，对参数进行寻址操作。即使这次调用子程序时栈顶是寄存器 3，而另一次调用时栈顶又变成了寄存器 5，那也无关紧要，子程序照样可以正确无误地得到所需要的多个参数。

3. 状态字寄存器

浮点部件的状态字寄存器中各字段所标记的内容反映了浮点部件的整体状态，其结构如图 4-21 所示。

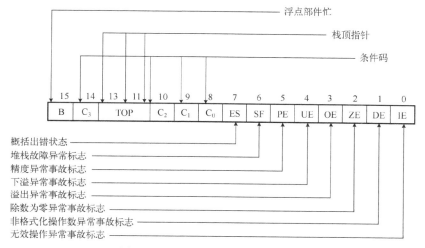

图 4-21　浮点部件的状态字寄存器

状态字各字段的定义如下。

bit15（B）：表示浮点部件目前正在执行指令或处于空闲状态，位 15 反映的是位 7（ES）的内容。

bit13～bit11（TOP）：表示 8 个寄存器组成的堆栈中的哪一个是当前栈顶，如表 4-1 所示。

表 4-1　当前栈顶寄存器设置

TOP 值 = 000	表示寄存器 0 为当前栈顶
TOP 值 = 001	表示寄存器 1 为当前栈顶
TOP 值 = 010	表示寄存器 2 为当前栈顶
...	...
TOP 值 = 111	表示寄存器 7 为当前栈顶

bit14、bit10～bit8（$C_3C_2C_1C_0$）：4 位数值条件码，用这 4 位得到有关当前栈顶的辅助信息，根据这些信息产生某些条件转移。为了便于控制类指令对浮点部件的操作，将状态字中的 C_3～C_0 这 4 位条件码位与微处理器控制模块的标志寄存器的状态位的关系做了设置。表 4-2 中列出了浮点指令对条件码各位所产生的影响。表 4-3 中列出了状态字条件码 C_3～C_0 各位与微处理器控制模块的相关标志位之间的对应关系。

表 4-2　浮点指令对条件码各位所产生的影响

指令	C_0	C_1	C_2	C_3
FCOM、FCOMP、FCOMPP、FTST、FUCOMPP、FICOM、FICOMP	比较结果		操作数不可比	零或 O/$\bar{U}$
FXAM	操作数类			符号或 O/$\bar{U}$
FPREM、FPREMI	Q_2	Q_1	0：换算完毕 1：换算未完	Q_0 或 O/$\bar{U}$
FIST、FBSTP、FRINDINT、FST、FSTP、FADD、FMUL、FDIV、FDIVP、FSUB、FSUBR、FSCALE、FSQRT、FPATAN、F2XM1、FYL2X、FYL2XP1	没有定义			向上舍入或 O/$\bar{U}$
FPTA、FSIN、FCOS、FSINCOS	没有定义		0 = 换算完毕 1 = 换算未完	向上舍入或 O/$\bar{U}$
FCHS、FABS、FXCH、FINCSTP、FDECSTP（装常数）、FXTRACT、FLDS FILD、FBLD FSTP（扩展的实数）	没有定义			零或 O/$\bar{U}$
FLDENV、FRSTOR	装入的每一位都来自存储器			
FLDCW、FSTENV、FSTCW、FSTSW、FCLEX	没有定义			
FINIT、FSAVE	零	零	零	零

表 4-3　状态字条件码 C_3～C_0 各位与微处理器控制模块的相关标志位之间的对应关系

浮点部件标志	整数部件标志	浮点部件标志	整数部件标志
C_0	CF（进位标志）	C_2	PF（奇偶标志）
C_1	（无）	C_3	ZF（零标志）

bit7(ES)：概括出错状态。当任何一个非屏蔽的异常事故状态位，即本状态字中的位 5～位 0 被置 1 时，就把位 7 也置 1；否则清 0。而每当将出错状态位置 1 时，就随之发出 FERR 浮点出错信号。

bit6(SF)：堆栈故障异常标志。用它与位 9(C_1) 来区别是由于堆栈上溢而出现的无效操作，还是由于堆栈下溢而出现的无效操作。当堆栈标志位 6 被置 1 时，位 9(C_1)=1 表示上溢；位 9(C_1)=0 表示下溢。

bit5(PE)：精度异常事故标志。如果计算结果必须圆整，则将位 5 置 1，这样可用浮点格式表示它们的精确值；否则清 0。

bit4(UE)：下溢异常事故标志。当计算结果按指定的浮点格式存储时，由于其数值太小而不能给以正确表示，就将位 4 置 1；否则清 0。

bit3(OE)：溢出异常事故标志，当计算结果按指定的浮点格式存储时，由于其数值太大而不能给以正确表示，就将位 3 置 1；否则清 0。

bit2(ZE)：除数为 0 异常事故标志。它表示是否出现除数为 0 和被除数是否是一个非 0 值。如果除数为 0，就将该位置 1；否则清 0。

bit1(DE)：非规格化操作数异常事故标志。它表示指令是否企图对非规格化数进行操作，或操作时至少出现一个非规格化的操作数。如果操作时出现非规格化的操作数，就将该位置 1；否则清 0。

bit0(IE)：无效操作异常事故标志。它表示是否为若干种非法操作中的一种，如在 NaN 上操作负数开平方等。若为非法操作，就将该位置 1；否则清 0。

由上述可知，根据其作用，状态字又可以进一步细分成 2 个字段。一个是异常事故标志字段，状态字中的 bit5～bit0 是异常事故标志字段。任何一位被置 1，则说明浮点部件在执行指令时遇到了异常事故，表明浮点部件检测到 6 个可能的异常事故条件中的某一个，因为这些状态位最后均会被清 0 或被复位。这些位都是"粘性"位，只能由 FINIT、FCLEX、FLDENV、FSAVE 以及 FRSTOR 指令等将其清 0。浮点部件可利用其拥有控制字中的屏蔽位对状态字中 bit5～bit0 这 6 种异常事故标志进行屏蔽。另一个则是状态位字段，状态字中的 bit15～bit6 为状态位字段。状态字中的 bit7 是 6 个异常事故的总汇状态位。若这 6 位未被屏蔽的异常事故位中任何一位被置 1，则均把 bit7 置 1；否则清 0。当借助于 FLDENV 指令(装环境)或 FRSTOR 指令(恢复状态)向状态字装新值时，bit7 以及 bit15 的值并非来自存储器，而是由状态字的异常事故标志位以及控制字中与其对应的屏蔽位来决定。

表 4-4 中列出了 bit5～bit0 的 6 种异常事故标志，以及异常事故标志位被屏蔽时的相应动作。

表 4-4 浮点部件异常事故

位	异常事故	出现情况	被屏蔽时的相应动作
bit5(PE)	精度异常事故	若计算结果不能用规定的浮点格式给以精确的表示，必须进行必要的圆整处理	按正常操作步骤继续下一步处理
bit4(UE)	下溢异常事故	计算结果为非 0 值，但按指定格式存储时，由于值太小，不能精确给以表示，若下溢异常屏蔽，会引起精度损失	结果为非规格化的数或零

续表

位	异常事故	出现情况	被屏蔽时的相应动作
bit3（OE）	溢出异常事故	计算结果太大，按指定的浮点格式没法表示时，出现溢出异常事故	结果为最大极限值或无穷大
bit2（ZE）	除数为零异常事故	出现除数为零，被除数为一非零值	结果为无穷大
bit1（DE）	非规格化操作数异常事故	企图对非规格化数进行操作，或操作时出现一个非规格化数	继续进行规格化处理
bit0（IE）	无效操作异常事故	出现非法操作中的一种，像在一个NaN（不是一个数）上操作，负数开平方或堆栈上下溢时执行的操作	结果是NaN整数不定数或二-十进制不定数

若控制字没有屏蔽某一异常事故状态，在发生6种异常事故之一时，则必须执行如下3种操作。其一是将状态字中所对应的异常事故标志位置1；其二是将出错状态位置1；其三是发出浮点出错信号FERR。

4. 控制字寄存器

片内浮点部件能提供几种处理选择，这些选项通过把存储器中的一个字装入控制字来选择。图4-22中表示出了控制字格式以及各字段的意义。控制字内有事故屏蔽，允许中断屏蔽以及若干控制位。

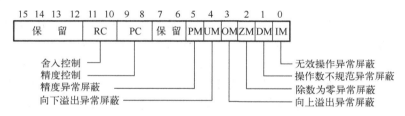

图4-22 浮点部件的控制字寄存器

bit11～bit10：RC 舍入控制，两位的圆整控制字段影响算术运算指令及某些非算术运算指令，如FLD常数和FST（P）mem指令。可使用的4种圆整方式如下：

00 = 无偏差地向最近的值或偶数值圆整；

01 = 朝负无穷方向舍入；

10 = 朝正无穷方向舍入；

11 = 朝0方向截断。

bit9～bit8：PC 精度控制，两位的精度控制字段，用于设置FPU的内部操作精度，缺省精度64位有效。这些控制位用于提供与前辈算术的兼容性。精度控制位只影响ADD、SUB（R）、MUL、DIV（R）和SQRT五种算术运算指令的结果，其他操作不受精度控制的影响。可使用的3种精度表示如下：

00 = 单精度（24位短实数）；

01 = 保留；

10 = 双精度（53位长实数）；

11 = 扩展精度（64位暂时实数）。

bit5～bit0：屏蔽状态寄存器低位PM～IM指示的错误。置1表示屏蔽此类异常事故。

例如，bit 置 1 表示屏蔽无效操作。微处理器识别的 6 个浮点异常事故中的每一个都能独立进行屏蔽。控制字中的异常事故屏蔽表明：浮点部件应该处理哪一个异常事故以及哪一个异常事故能使浮点部件产生中断信号。

5．标记字寄存器

标记字(Tag Word，TW)指示堆栈每一个寄存器的内容，以辨别数值寄存器存储单元是空还是非空，图 4-23 展示出标记字各字段。它优化了浮点部件的性能，利用它还允许异常处理程序检验堆栈存储单元的内容，但不必对实际数据执行复杂的译码操作。16 位宽的标记字寄存器分成 8 个 2 位，分别对应 8 个数值寄存器，各个标记值对应于物理寄存器 0~7，如图 4-21 所示。标记字寄存器的 bit1、bit0 位对应 R0 数值寄存器，bit3、bit2 位对应 R1 数值寄存器，显然 bit15、bit14 位对应数值寄存器 R7，用两位二进制数作标记，以便微处理器只需通过检查标记位，就可以知道数值寄存器是否为空等。程序员须用存储在 FPU 状态字中的当前栈顶指针(TOP)，使这些标记值与相对栈寄存器 ST(0) 到 ST(7) 联系起来。

15	14	13	12	11	10	9	8	7	6	5	4	3	2	1	0
TAG(7)		TAG(6)		TAG(5)		TAG(4)		TAG(3)		TAG(2)		TAG(1)		TAG(0)	

图 4-23　标记字格式

TAG(标记)值如下。

00 = 有效；

01 = 零；

10 = 特殊情况：无效(不是一个数，不被支持)、无穷大或非规格数；

11 = 空。

各个标记的确切值在执行指令 FSTENV 和 FSAVE 期间，根据非空堆栈位置上的实际内容而生成。在执行其他指令时，处理机只是通过修改标记字的办法来说明一个堆栈单元是空还是非空。因此，浮点部件标记字有可能与以前保存的 FPU 状态、修改标记字以及重装浮点部件状态时内容不一样。在这种情况下，可以用一段程序来修改浮点部件标记字给以证明。

【例 4-5】　假定 FPU 寄存器 0 的值为 0，TAG(0) = 01(零)，请编程实现以下步骤：

(1) FSAVE/FSTENV 把 FPU 状态存入存储器 M，M[TAG(0)] = 01(零)；

(2) 修改存储器，使 M[TAG(0)] = 10(即特殊、无穷大或非规格数)；

(3) FLDENV 从存储器 M 把状态装入 FPU；

(4) FSAVE/FSTENV 再次把 FPU 状态存入 M，M[TAG(0)] 的值将为 01。

修改标记字程序如下：

```
name tagword
stack stackseg 100 dup(?)
data segment rw use16
fpstate dw 7 dup(?)
fpstate2 dw 7 dup(?)
data ends
```

```
code segment er public use16
  assume ds: data, ss: stack
start:
        mov  ax, data
        mov  ds, ax                      //置段寄存器
        finit                            //初始化 FPU
        fldz                             //装入零
        mov  bx, offset fpstate
        fsave [bx]                       //保存 FPU 状态
        mov  ax, [bx+4]                  //标记字, AX 应为 0FFFDH
                                         //FPU 栈项的值为零, 其余寄存器均为空
        mov  word ptr[bx+4], 0FFFEH      //把零标记(01)改成无效标记(10)
        fldenv [bx]
        mov  bx, offset fpstate2
        fsave [bx]                       //保存 FPU 状态
code ends
end start
```

图 4-24 中所示的操作码字段说明了执行的最后一条非控制浮点部件指令的 11 位格式。从图 4-24 中可以看出, 第 1 个指令字节和第 2 个指令字节组合起来形成了操作码字段。因为所有的浮点指令共享第 1 个指令字节中的高端 5 位, 所以决不能将这 5 位也放到操作码字段内。还可以看出, 操作码字段中的低序字节实际上是第 2 个指令字节内容。

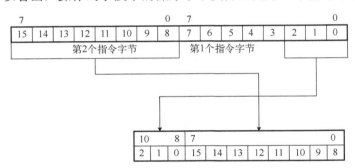

图 4-24　操作码字段

指令指针和数据指针为编程的异常处理程序提供支持, 因此可编写出各式各样的异常事故处理程序。微处理器的算术及逻辑运算部件(ALU)与片内浮点部件(FPU)执行的是并行操作。因此, 每当浮点部件在执行浮点指令时, 无论检测到何种错误, 都可以在执行完出错的浮点指令后报告出来。为能把有错的数值运算的浮点指令标识出来, 微处理器片内浮点部件还配备了 2 个指针寄存器, 一个称为指令指针寄存器, 另一个称为数据指针寄存器, 分别用来保存出错的指令地址和存放操作数的存储器地址, 这样就为用户自己编写错误处理程序提供了很大方便。

用户可以用浮点部件的 FSTENV、FLDENV、FSAVE 及 FRSTOR 等 ESC 指令访问这些寄存器。FINIT 和 FSAVE 指令在把这些寄存器写入存储器后, 就清除这些寄存器。

每当译码出除 FNNIT、FCLEX、FLDCW、FSTCW、FSTSW、FSTSWAX、FSTENV、FLDENV、FSAVE、FRSTOR 和 FWAIT 之外的一条 ESC 指令时，它就会把指令地址、操作码及操作数地址保存在一些寄存器中，然后就可由用户进行访问。在执行上述任何一种控制指令时，这些寄存器中的内容保持不变。若前面一条 ESC 指令无存储器操作数，则操作数地址寄存器的内容无定义。

6. 浮点流水线

浮点单元能够在每个时钟周期完成一个或两个浮点运算，离不开浮点流水线的支持。浮点部件内部的流水线分成 8 阶段：预取指令(PF)、译码阶段 1(D1)、译码阶段 2(D2)、取操作数(EX)、浮点执行步骤 1(X1)、浮点执行步骤 2(X2)、写浮点数(WF)、出错报告(ER)，如图 4-25 所示。当浮点部件被集成到微处理器内部时，浮点流水线与整数流水线可以集成设计。浮点流水线的前 5 个步骤与整数流水线中的 5 个步骤是同步执行的，只是多出了 3 个步骤。如前所述，在 U 流水线的第 1 级，即 PF 级预取指令队列，将其送入第 1 级译码 D1 检查是否有分支转移；第 2 级译码则产生存储器操作数地址；在执行级 EX 中，读取数据 Cache 或寄存器操作数，或者像 NOP 空操作整型指令一样处于等待状态，并不执行其他操作。

U 流水线的最后一级，即 WB 级为写寄存器，执行的操作包括写状态寄存器、写数值寄存器等。对于浮点流水线，该级也有类似的功能，它作为第一个浮点执行级 X1，将从数据 Cache 或存储器中读取的数据转换成暂存的实型格式，并且写入寄存器堆栈的某一个寄存器中；由该级出来后进入浮点执行级 X2，这是浮点指令的实际执行级；然后又进入浮点寄存器写入级 WF，将结果写回 80 位的浮点寄存器堆栈；最后一级就是出错级 ER，用于浮点处理中可能出现的错误。

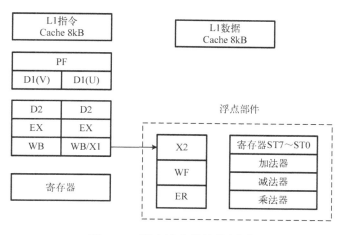

图 4-25　浮点流水线结构框图

微处理器对浮点流水线的执行操作规定了以下 4 条。

(1)浮点指令与整数指令不能成对执行，但 2 条浮点指令可以有限制地配对执行操作。

(2)当成对浮点指令进入浮点部件时，其中的第 2 条浮点指令只能是寄存器交换指令 FXCH，而第 1 条浮点指令必须是浮点指令集中的一条浮点指令。它们可以是装实型数指令(FLD)、各种形式的算术运算指令(FADD、FSUB、FMUL、FDIV)、实数比较指令(FCOM)、存实型数并上托出栈指令(FIST)、绝对值指令(FABS)、变符号指令(FCHS)等浮点指令。

(3)除了寄存器交换指令,其余浮点指令总是单个地发送给浮点部件。

(4)只要不是紧跟在浮点交换指令之后的那些浮点指令,都可以单独地发送给浮点部件。

由上述规则可知,浮点指令不能与整型指令配对,U 的最后一级 WB 作为浮点流水线的第一个执行级,可以实现对 FP(7)~FP(0)8 个寄存器的写操作。由于微处理器堆栈结构要求进行堆栈操作的所有指令,在堆栈栈顶要有一个源操作数,因为绝大多数指令总是希望用堆栈栈顶作为它们的目的操作数,所以大多数指令看到的仿佛是一个"栈顶瓶颈",在向栈顶发送一条算术运算指令之前,必须先把源操作数传送至栈顶。在这种情况下,就额外用到了交换指令,它允许程序设计人员把一个有效操作数送至堆栈栈顶。微处理器的浮点部件使用堆栈指针去访问它的各寄存器,这样就能非常迅速地执行交换操作,而且是以并行方式与其他浮点指令一起执行交换操作。那么,与浮点指令成对出现的浮点交换指令的执行时间就可以看作 0,因为这样的交换指令在微处理器上是以并行方式执行的,所以不再需要花费额外时间。因此,当需要去克服堆栈的瓶颈现象时,不妨使用此法。

需要说明一点,当交换指令与其他浮点指令一起成对出现时,其后是不能直接紧跟任何整数指令的。如果已经把成对出现的浮点指令说明为安全的,则此时微处理器将对这种情况下的整数指令拖延一个时钟周期。如果成对出现的浮点指令是不安全的,则微处理器会对这种情况下的整数指令拖延 4 个时钟周期。

另外,当浮点指令成对出现时,浮点交换指令必须紧跟在一条浮点指令之后。当成对浮点指令检验机制不允许以并行方式发送成对指令时,则将浮点交换指令作为第一条指令发送给浮点部件。如果浮点交换指令不是成对出现的,则在执行时只需一个时钟周期即可。可以和交换指令(FXCH)配对的浮点指令包括以下几种。

装载指令:FLD/FLD ST。

加法指令:FADD/FADDP。

减法指令:FSUB/FSUBP/FSUBR/FSUBRP。

乘法指令:FMUL/FMULP。

除法指令:FDIV/FDIVP/FDIVR/FDIVRP。

比较指令:FCOM/FCOMP/FCOMPP。

无序比较指令:FUCOM/FUCOMP/FUCOMPP。

零测试指令:FTST。

绝对值指令:FABS。

修改符号指令:FCHS。

也就是说,仅当 FXCH 在 V 流水线上执行时,两条流水线才会出现并行操作的情形,每个时钟周期内都可装载与执行一条浮点指令,这是浮点数处理中最理想的一种状况,但显然出现的机会极少。图 4-26 描述了 8 级浮点流水线处理的一般情况。浮点运算单元对一些常用指令如 ADD、MUL 等不是采用微程序,而是由硬件实现,使浮点运算速度更快。

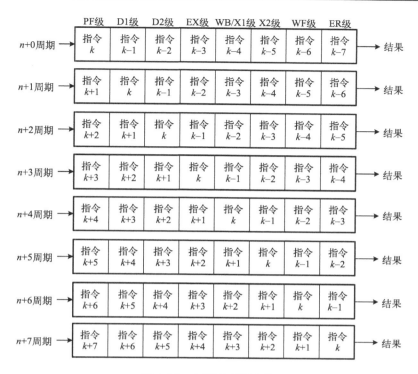

图 4-26　8 级浮点流水线

4.3.3　机器人控制系统集成——高速缓冲存储器

　　虽然微处理器主频的提升会带动系统性能的改善，但系统性能的提高不仅取决于微处理器，而且与系统架构、指令结构、信息在各个部件之间的传送速度及存储部件的存取速度等因素有关，特别是微处理器/主存之间的存取速度。若微处理器工作速度较高，但主存存取速度较低，则会造成微处理器等待，降低处理速度，浪费微处理器的能力。

　　如何减少微处理器与主存之间的速度差异？有 4 种办法：第 1 种方法是在基本总线周期中插入等待，但这样会浪费微处理器的能力；第 2 种方法是采用存取速度较快的 Cache 作存储器，这样虽然解决了微处理器与存储器间速度不匹配的问题，但却大幅提升了系统成本；第 3 种方法是在慢速的主存和快速微处理器之间插入一速度较快、容量较小的 Cache，起到缓冲作用，使微处理器既可以以较快速度存取 Cache 中的数据，又不使系统成本上升过高，这就是 Cache 法；第 4 种方法是采用新型存储器。目前，一般采用第 3 种方法，它是控制系统在不大大增加成本的前提下，使性能提升的有效方法。

　　高速缓冲存储器（Cache）是位于微处理器和主存储器主存之间（图 4-27），规模较小，但速度很高的存储器，通常由 Cache 行组成。它根据程序的局部性原理，把正在执行的

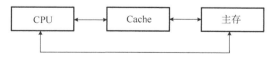

图 4-27　Cache 在存储体系结构中的位置

指令地址附近的一部分指令或者数据从主存调入这个存储器中，供微处理器在一段时间内使用，这对提高程序的运行速度有很大的影响。它的工作速度数倍于主存，全部功能由硬件实现，并且对程序员是透明的。

1. 高速缓冲存储器的工作原理

在 Cache 中，数据是以若干字组成的块为基本单位的。微处理器与 Cache 之间交换数据是以字为单位的，而 Cache 与主存之间交换数据是以块为单位的。当微处理器需要某个数据的时候，它会把所需数据的地址通过地址总线发出，一份发到主存中，一份发到与 Cache 匹配的相联存储器（Content-Addressable Memory，CAM）中。CAM 通过分析对比地址，来确定所要的数据是否在 Cache 中。如果在，则以字为单位把微处理器所需要的数据传送给微处理器；如果不在，则微处理器应在主存中寻找到该数据，然后通过数据总线传送给微处理器，并且把该数据所在的块传送到 Cache 中，图 4-28 是 Cache 工作原理示意图。从此原理图可以知道，Cache 的作用就是在微处理器与主存中作为一个中转站，尽可能地让微处理器访问自己，而不去访问主存，从而降低延迟，提高效率。

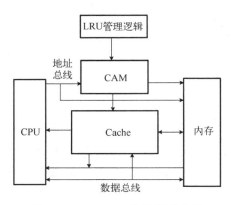

图 4-28   Cache 工作原理示意图

为了满足微处理器高频访问数据的需求，需要提高 Cache 的命中率。

Cache 存在和工作原理基于程序访问局部性原理。任何程序或数据要为微处理器所使用，必须先放到主存储器中，即微处理器只与主存交换数据，所以主存的速度在很大程度上决定了系统的运行速度。对大量典型程序运行情况的分析结果表明，在一个较短的时间间隔内，由程序产生的地址往往集中在存储器逻辑地址空间的很小范围内。指令地址的分布本来就是连续的，再加上循环程序段和子程序段要重复执行多次，因此，对这些地址的访问就自然地具有时间上集中分布的倾向。数据分布的这种集中倾向不如指令明显，但对数组的存储和访问以及工作单元的选择都可以使存储器地址相对集中。这种对局部范围的存储器地址频繁访问，而对此范围以外的地址访问甚少的现象，就称为程序访问的局部性（Locality of program Access，LPA）。由此性质可知，在这个局部范围内被访问的信息集合随时间的变化是很缓慢的，如果把在一段时间内一定地址范围被频繁访问的信息集合成批地从主存中读到一个能高速存取的小容量存储器中存放起来，供程序在这段时间内随时采用而减少或不再去访问速度较慢的主存，就可以加快程序的运行速度。程序访问的局部性是 Cache 得以实现的原理基础。图 4-29 展示了 Cache 缓存一个循环子程序的例子。

依据此原理，系统不断地将与当前指令集相关联的一个不太大的后继指令集从主存读到 Cache，然后再与微处理器高速传送，从而达到速度匹配。由于局部性原理不能保证所请求的数据百分之百地在 Cache 中，这里便存在一个命中率，即微处理器在任一时刻从 Cache 中可靠获取数据的几率。命中率越高，正确获取数据的可靠性就越大。一般来说，Cache 的存储容量比主存的容量小得多，但不能太小，太小会使命中率太低；也没有必要过大，过大不仅会增加成本，而且当容量超过一定值后，命中率随容量的增加将不会有明显的增长。只要 Cache 的空间与主存空间在一定范围内保持适当比例的映像关系，Cache 的命中率才是相当高的。一般规定 Cache 与主存的空间比为 4∶1000，即 128kB Cache 可映射 32MB 主存；256kB Cache 可映射 64MB 主存。在这种情况下，命中率都在 90%以上。至于没有命中的数据，微处理器只好直接从主存获取。在获取数据的同时，也要把它复制到 Cache，以备下次访问。

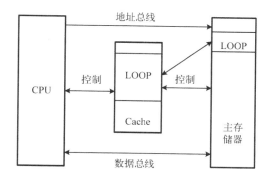

图 4-29　Cache 缓存一个循环子程序示意图

2. 高速缓冲存储器的基本结构

Cache 由小容量的 Cache 和高速缓存控制器组成，通过高速缓存控制器来协调微处理器、Cache、主存之间的信息传输。高速缓冲存储器的基本结构如图 4-30 所示，微处理器不仅与 Cache 连接，还与主存保持通路。把微处理器使用最频繁或将要用到的指令和数据提前由主存复制到 Cache 中，再由 Cache 向微处理器直接提供所需的大多数数据，可使微处理器存取数据实现零等待状态。

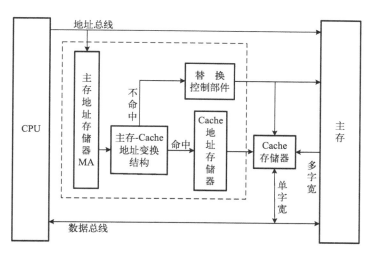

图 4-30　高速缓冲存储器结构框图

Cache 与主存都分成块，每块由多个字节组成，大小相等。高速缓存的单元块也称为行组，行组的内容就是数据或程序。每个行组由若干行组成，结构如图 4-31 所示，其中，"行"中存放的是 16 字节或 32 字节的数据或程序；"标记"中存放的是"行"中所存数据或程序所对应的物理地址的高 21 位；"V"为有效位，1 代表有效，0 代表无效。

V	标记(21位)	行(16字节)

图 4-31　Cache 单元块内部结构

Cache 通常由相联存储器实现。相联存储器的每一个存储块都具有额外的存储信息，称为标记(Tag)。当访问相联存储器时，将地址和每一个标记同时进行比较，从而对标记相同的存储块进行访问。在一个时间段内，Cache 的某一块中放着主存某一块的全部信息，即 Cache 的某一块是主存某一块的副本(或称为映像)，如图 4-32 所示。

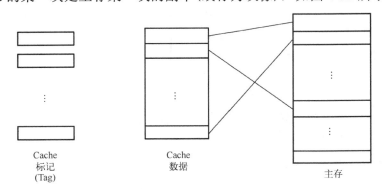

图 4-32　Cache 与主存块

采用 Cache 后，进行访问存储器操作时，不是先访问主存，而是先访问 Cache，所以存在访问 Cache 时对主存地址的理解问题(指物理地址)。由于 Cache 数据块和主存块大小相同，因此主存地址的低地址部分(块内地址)可作为 Cache 数据块的块内地址。对主存地址的高地址部分(主存块号)的理解与主存块和 Cache 块之间的映像关系(Mapping)有关，而这种映像关系由布局规则决定。目前在微处理器领域里可供使用的布局规则有3 种，分别是全相联映像(Fully Associative Mapping，FAM)、直接映像(Direct Mapping，DM)和组相联映像(Set Associative Mapping，SAM)。

1)全相联映像

采用全相联映像时，Cache 的某一块可以和任一主存块建立映像关系，而主存中的某一块也可以映像到 Cache 中任一块位置上，图 4-33 是全相联的映像关系示意图。由于

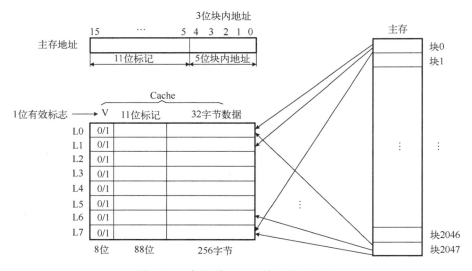

图 4-33　全相联 Cache 的组织与映射

Cache 的某一块可以和任一主存块建立映像关系，所以 Cache 的标记部分必须记录主存块块地址的全部信息。例如，主存分为 2^n 块，块的地址为 n 位，标记也应为 n 位。

图 4-34 表示出了目录表的格式及地址变换规则。目录表存放在相联存储器中，其中包括三部分：数据块在主存的块地址、存入缓存后的块地址及有效位。由于是全相联方式，因此，目录表的容量应当与缓存的块数相同。

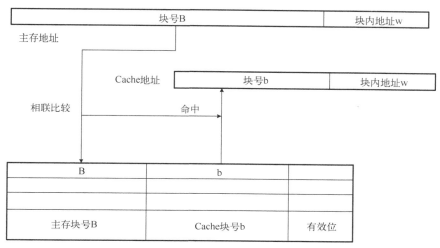

目录表(由相联存储器构成，共C_b个字)

图 4-34　全相联地址转换

在全相联映像 Cache 中，存储的块与块之间，以及存储顺序或保存的存储器地址之间没有直接的关系。程序可以访问很多的子程序、堆栈和段，而它们位于主存储器的不同部位。因此，Cache 保存着很多互不相关的数据块，Cache 必须对每个块和块自身的地址加以存储。采用全相联映像方式时，主存地址被理解为由两部分组成：标记(主存块号)和块内地址。当请求数据时，Cache 控制器要把请求地址同所有地址加以比较，进行确认。微处理器在访问存储器时，为了判断是否命中，主存地址的标记部分需要和 Cache 的所有块的标记进行比较。为了缩短比较的时间，将主存地址的标记部分和 Cache 的所有块的标记同时进行比较。如果命中，则按块内地址访问 Cache 中的命中块；如果未命中，则访问主存。这种 Cache 结构的主要优点是：它能够在给定的时间内去存储主存器中的不同的块，命中率高。其缺点有两方面：一是由于需要记录主存块块地址的全部信息，因此标记位数增加了，Cache 的电路规模变大，成本变高；二是通常采用"按内容寻址"的方式设计相联存储器，比较器难于设计和实现。因此，只有小容量 Cache 才采用这种全相联映像方式。

【例 4-6】　某机主存容量为 1MB，Cache 的容量为 32kB，每块的大小为 16 字节。画出主、缓存的地址格式、目录表格式及其容量，如图 4-35 所示。

2) 直接映像

直接映像 Cache 不同于全相联映像 Cache，地址仅需比较一次。采用直接映像时，Cache 的某一块只能和固定的一些主存块建立映像关系，主存的某一块只能对应一个 Cache 块(图 4-36)。图 4-37 实际表示了采用这种映像方式的访问过程。

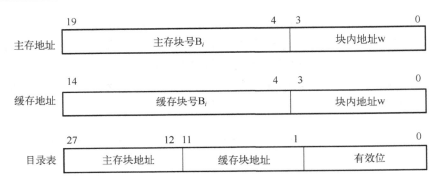

图 4-35 主、缓存的地址格式、目录表格式及其容量

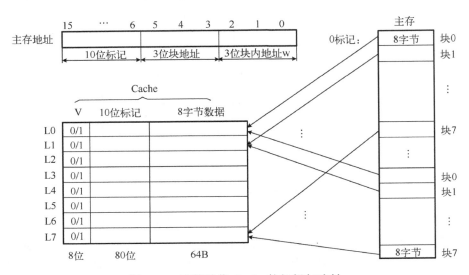

图 4-36 直接映像 Cache 的组织与映射

在直接映像 Cache 中，由于每个主存储器的块在 Cache 中仅存在一个位置，因而把地址的比较次数减少为一次，其做法是：为 Cache 中的每个块位置分配一个索引字段，用 Tag 字段区分存放在 Cache 位置上的不同的块。单路直接映像把主存储器分成若干页，主存储器的每一页与 Cache 存储器的大小相同，匹配的主存储器的偏移量可以直接映像为 Cache 偏移量。Cache 的 Tag 存储器（偏移量）保存着主存储器的页地址（页号）。

图 4-38 展示了主存地址、Cache 地址、目录表的格式及地址变换规则。主存、Cache 块号及块内地址两个字段完全相同。目录表存放在高速小容量存储器中，其中包括两部分：数据块在主存的区号和有效位，目录表的容量与缓存的块数相同。

地址变换过程：用主存地址中的块号 B 去访问目录存储器，把读出来的区号与主存地址中的区号 E 进行比较，比较结果相等，有效位为 1，则 Cache 命中，可以直接用块号及块内地址组成的缓冲地址到缓存中取数；比较结果不相等，如果有效位为 1，可以进行替换，如果有效位为 0，可以直接调入所需块。

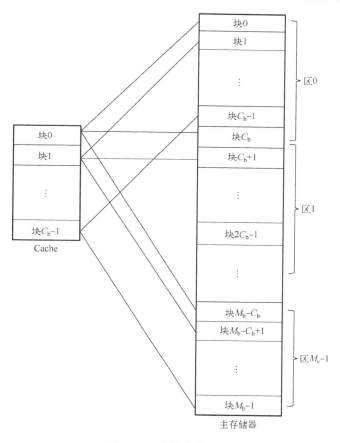

图 4-37　直接映像方式

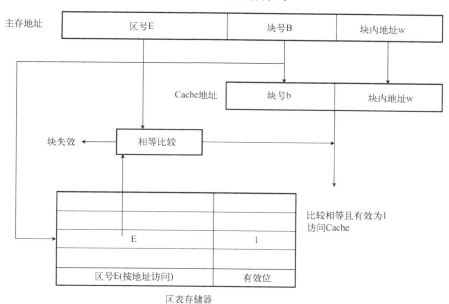

图 4-38　直接相联地址转换

从以上可以看出，直接映像 Cache 优于全相联映像 Cache，能进行快速查找，硬件简单、成本低；缺点是不够灵活，主存的若干块只能对应唯一的 Cache 块，即使 Cache 中还有空位，也不能利用，当主存储器的组之间做频繁调用时，Cache 控制器必须做多次转换。

【例 4-7】 主存容量为 1MB，Cache 的容量为 32kB，每块的大小为 16 字节。画出主、缓存的地址格式、目录表格式及其容量，如图 4-39 所示。

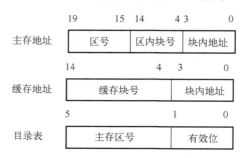

图 4-39　1MB 主、32kB 缓存的地址格式、目录表格式及其容量

3）组相联映像

组相联映像 Cache 是介于全相联映像 Cache 和直接映像 Cache 之间的一种结构。这种类型的 Cache 使用了几组直接映像的块。对于某一个给定的索引号，可以允许有几个块位置，因而可以增加命中率和系统效率。

设 Cache 中共有 m 个块，在采用组相联映像方式时，将 m 个 Cache 块分成 u 组，每组 k 个块，即 $m = u \times k$。组相联映像方式采用组间直接映像，以及组内全相联映像，如图 4-36 所示。组间直接映像是指某组中的 Cache 块只能与固定的一些主存块建立映像关系。这种映像关系可用下式表示：$i = j \bmod u$，其中，i 为 Cache 组的编号；j 为主存块的编号；u 为 Cache 的组数。例如，Cache 第 0 组只能和满足 $j \bmod u = 0$ 的主存块（即第 0 块、第 u 块、第 $2u$ 块……）建立映像关系，Cache 第 1 组只能和满足 $j \bmod u = 1$ 的主存块（即第 l 块、第 $u+1$ 块、第 $2u+l$ 块……）建立映像关系。组内全相联映像是指和某 Cache 组相对应的主存块可以和该组内的任意一个 Cache 块建立映像关系。

组相联的映像规则如下。

（1）主存和 Cache 按同样大小划分成块。

（2）主存和 Cache 按同样大小划分成组。

（3）主存容量是缓存容量的整数倍，将主存空间按缓冲区的大小分成区，主存中每一区的组数与缓存的组数相同。

（4）当主存的数据调入缓存时，主存与缓存的组号应相等，也就是各区中的某一块只能存入缓存的同组号的空间内，但组内各块地址之间可以任意存放，即从主存的组到 Cache 的组之间采用直接映像方式；在两个对应的组内部采用全相联映像方式。

组相联的映像方式如图 4-40 所示，图中缓存共分 C_g 个组，每组包含有 G_b 块；主存是缓存的 M_e 倍，所以共分有 M_e 个区，每个区有 C_g 组，每组有 G_b 块。那么，主存地址格式中应包含 4 个字段：区号、区内组号、组内块号和块内地址。而缓存中包含 3 个字段：组号、组内块号、块内地址。主存地址与缓存地址的转换有两部分，组地址是按直接映像方式，按地址进行访问，而块地址是采用全相联映像方式，按内容访问。

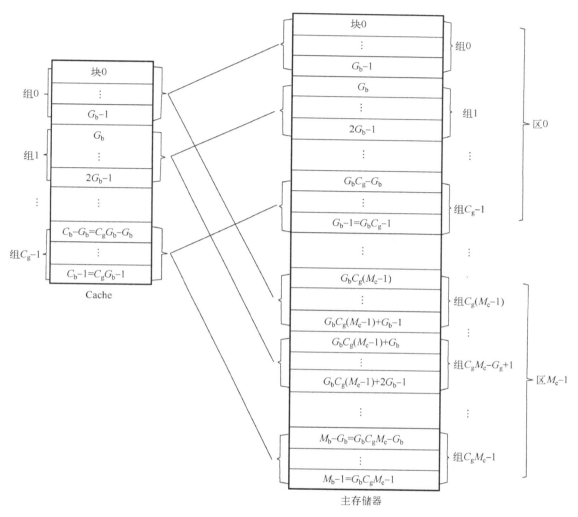

图 4-40　组相联映像方式

　　组相联映像的地址转换如图 4-41 所示，相联的地址转换部件也是采用相联存储器实现。相联存储器中的每个单元包含：主存地址中的区号 E 与组内块号 B，两者结合在一起，其对应的字段是缓存块地址 b。相联存储器的容量，应与缓存的块数相同。当进行数据访问时，先根据组号，在目录表中找到该组所包含的各块的目录，然后将被访数据的主存区号与组内块号，与本组内各块的目录同时进行比较。如果比较相等，而且有效位为"1"，则命中。

　　可将上述对应的缓存块地址 b 送到缓存地址寄存器的块地址字段，与组号及块内地址组装即可形成缓存地址。如果比较不相等，说明没命中，所访问的数据块尚没有进入缓存，则进行组内替换；如果有效位为 0，则说明缓存的该块尚未利用，或是原来数据作废，可重新调入新块。

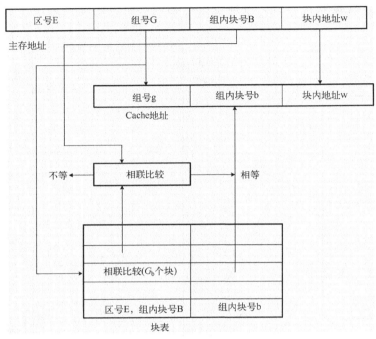

图 4-41 组相联映像的地址转换

组相联映像的性能及复杂性介于直接映像和全相联映像之间。事实上直接映像和全相联映像可看成组相联映像的两种极端情况：直接映像对应的是 $u=m$、$K=1$；全相联映像对应的是 $u=1$、$K=m$。

组相联映像方式中的每组块数 K 一般取值较小，典型值是 2、4、8、16。这种规模的 K 路比较器容易设计和实现，而主存块在 Cache 组内的存放又有一定的灵活性。因此实际应用中多数采用组相联映像方式。通常将每组 K 个块的 Cache 称为 K 路组相联映像（K-Way Set Associative Mapping）Cache。

3. 高速缓冲存储器的性能分析

高速缓冲存储器的容量一般只有主存储器的几百分之一，但它的存取速度能与中央处理器相匹配。在整个处理过程中，如果中央处理器绝大多数存取操作的目标是高速缓冲存储器，计算机系统处理速度就能显著提高。衡量高速缓冲存储器性能的参数主要有加速比和命中率。命中率是高速缓冲存储器最重要的技术指标。

1）Cache 系统的加速比

存储系统采用 Cache 技术的主要目的是提高存储器的访问速度，加速比是其重要的性能参数。Cache 存储系统的加速比 S_p（Speedup）为

$$S_p = \frac{T_m}{T} = \frac{T_m}{H \cdot T_c + (1-H) \cdot T_m} = \frac{1}{H \cdot \frac{T_c}{T_m} + (1-H)} = f\left(H, \frac{T_m}{T_c}\right) \tag{4-2}$$

式中，T_m 为主存储器的访问周期；T_c 为 Cache 的访问周期；T 为 Cache 存储系统的等效访问周期；H 为命中率。

可以看出，加速比的大小与两个因素有关：命中率 H 及 Cache 与主存访问周期的比值 T_m/T_c，命中率越高，加速比越大。图 4-42 给出了加速比与命中率的关系。

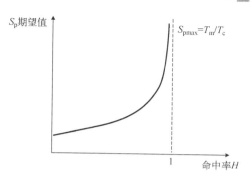

图 4-42　加速比 S_p 与命中率 H 的关系

2) Cache 的命中率

这里考虑一种最简单的情况——直接映像，例如，将主存空间分成 4096 块，块编号应是地址码的高 12 位，写成十六进制为 000H～0FFFH。按同样大小，将 Cache 分成 16 块，块编号为 0H～0FH，映像关系的约定见表 4-5。这就是说，块编号十六进制的第 3 位相同的主存块（共 256 块）只能和该位数码所指定的 Cache 块建立映像关系。根据这种约定，当某一主存块和 Cache 建立起映像关系时，该 Cache 块的标记部分只需记住主存块的高 2 位十六进制数即可。例如，当前 010H 号主存块和 Cache 第 0 块建立起映像关系，则 Cache 第 0 块的标记部分只需记住 01H。由此可见，当用主存地址访问 Cache 时，主存的块号可分解成 Cache 标记和 Cache 块号两部分。因此，主存地址被理解成图 4-43 所示的形式。

表 4-5　主存块和 Cache 块映像关系的约定

主存块	Cache 块
XX0H	0H
XX1H	1H
XX2H	2H
...	...
XXFH	FH

注：X 表示任一十六进制数码。

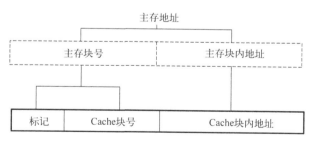

图 4-43　对主存地址的理解

设当前 010 号主存块在 Cache 中，即它和 Cache 的第 0 块建立起映像关系。现要对两个主存地址单元进行读操作，第一个地址的高 3 位（十六进制）为 010H，第二个地址的高 3 位（十六进制）为 020H。

微处理器进行读操作时，首先用主存地址的中间部分——Cache 块号找到 Cache 中的一块(对此例，为第 0 块)，读出此块的标记(对此例，为 01H)，然后拿它与主存地址的高位部分——标记进行比较。对于第一个主存地址，比较的结果是相等的，这表明主存地址规定的块在 Cache 中(有副本)，这种情况称为命中，此时用主存地址的低位部分——块内地址从 Cache 块号所选择的块中读取所需的数据。对于第二个主存地址，比较的结果为不相等，这表明主存地址所规定的块不在 Cache 中，称为未命中，这时需要访问主存，并且将含有该地址单元的主存块的信息全部装入 Cache 的第 0 块，并修改第 0 块 Cache 标记，使其值为 02H。

通过上面的例子，可以这样来描述 Cache 最基本的工作原理：在存储系统中设置了 Cache 的情况下，微处理器进行存储器访问时，首先访问 Cache 标记，判断是否命中，如果命中，就访问 Cache 的数据部分；否则访问主存。

访问的数据在 Cache 中的次数与总的访问次数之比称为命中率。影响 Cache 命中率的因素很多，如 Cache 的容量、块的大小、映像方式、替换策略以及程序执行中地址流的分布情况等。一般来说，Cache 容量越大，命中率越高，当容量达到一定程度后，容量增加，命中率的改善并不大；Cache 块容量加大，命中率也明显增加，但增加到一定值之后反而出现命中率下降的现象；直接映像法命中率比较低，全相联映像方式命中率比较高，在组相联映像方式中，组数分得越多，则命中率越低。目前，Cache 一般为 256kB或 512kB，命中率可达 98%左右。

下面还是通过例子来说明引入 Cache 块的好处。已知 64kB 的 Cache 可以缓冲 4MB的主存，且命中率都在 90%以上。以主频为 100MHz 的微处理器具有 20ns 的 Cache、70ns的主存，命中率为 90%，即 100 次访问存储器的操作有 90 次在 Cache 中，只有 10 次需要访问主存，则这 100 次访问存储器操作的平均存取周期是多少？

现把 C_s 定义为 Cache 系统的访问时间与主存储器访问时间之和。C_s 虽然是一个无量纲的数，但却是测试 Cache 性能时不可缺少的一个非常有意义的数，计算公式如下：

$$C_s = H \cdot T_c + (1-H) \cdot T_m \tag{4-3}$$

式中，C_s 为把 Cache 系统的读周期时间和写周期时间都包括在内的 Cache 系统的平均周期时间；T_c 为 Cache 周期时间；T_m 为主存储器周期时间。

本例中微处理器访问主存的周期为：有 Cache 时，$C_s = 20 \times 0.9 + 70 \times 0.1 = 25 \,(\text{ns})$；无 Cache 时，$C_s = 70 \times 1 = 70 \,(\text{ns})$。

由此可见，由于引入了 Cache，微处理器访问存储器的平均存取周期由不采用 Cache时的 70ns 降到了 25ns。也就是说，以较小的硬件代价使 Cache/主存储器系统的平均访问时间大大缩短，从而大大提高了整个微机系统的性能。

但有一点需注意，加 Cache 只是加快了微处理器访问主存的速度，而微处理器访问主存只是计算机整个操作的一部分，所以增加 Cache 使系统整体速度只能提高 10%～20%。Cache 的功能全部由硬件实现，涉及 Cache 的所有操作对程序员都是透明的。

4. 高速缓冲存储器的操作方式

微处理器进行存储器读操作时，根据主存地址可分成命中和未命中两种情况。对于前者，从 Cache 中可直接读到所需的数据；对于后者，需访问主存，并将访问单元所在的整个块从主存中全部调入 Cache，接着要修改 Cache 标记。若 Cache 已满，需按一定的替换算法，替换掉一个旧块。

微处理器进行存储器写操作时，也可分成两种情况。一是所要写入的存储单元根本不在 Cache 中，这时写操作直接对主存进行操作（与 Cache 无关）；二是所要写入的存储单元在 Cache 中。对于第二种情况需做一些讨论，Cache 中的块是主存相应块的副本，程序执行过程中如果遇到对某块的单元进行写操作时，显然应保证相应的 Cache 块与主存块的一致。

1）替换策略

由于 Cache 容量有限，为了让微处理器能及时在缓存中读取到需要的数据，就不得不让主存中的数据替换掉 Cache 中的一些数据。但要怎样替换才能确保缓存的命中率呢？这就涉及替换策略问题了。

在三种主存块和 Cache 块之间的映像关系中，直接映像的替换最简单，因为每个主存块对应的缓存位置都是固定的，只要直接把原来的换出即可。但对于全相联和组相联映像来说，就比较复杂，因为主存块在缓存中组织比较自由，没有固定的位置，要替换的时候必须考虑哪些块微处理器可能还会用到，而哪些不会用到。当然，最轻松的就是随机取出一块微处理器当时不用的块来替换掉，这种方法在硬件上很好实现，而且速度也很快，但缺点也是显而易见的，那就是降低了命中率，因为随机选出的很可能是微处理器马上就需要的数据。由程序局部性规律可知：程序在运行中，总是频繁地使用那些最近被使用过的指令和数据，这就提供了替换策略的理论依据。综合命中率、实现的难易及速度的快慢各种因素，替换策略可包括随机法、先进先出法和最近最少使用法等。

（1）随机法。

随机法是随机地确定替换的存储块。设置一个随机数产生器，依据所产生的随机数，确定替换块。这种方法简单、易于实现，但命中率比较低。

（2）先进先出法。

先进先出（First In First Out，FIFO）法是选择最先调入的那个块进行替换，最先调入并被多次命中的块很可能被优先替换，因而不符合局部性规律。这种算法在早期的微处理器缓存里使用得比较多，那时候的 Cache 的容量还很小，每块主存块在缓存的时间都不会太久，经常是微处理器一用完就不得不被替换下来，以保证微处理器所需要的下块主存块能在缓存中找到。但这样命中率也会降低，因为这种算法所依据的条件是在缓存中的时间，而不能反映其在缓存中的使用情况，最先进入的也许在接下来还会被微处理器访问。先进先出法易于实现，例如，Solar-16/65 机 Cache 采用组相联映像方式，每组 4 块，每块都设定一个两位的计数器，当某块被装入或被替换时该块的计数器清 0，而同组的其他各块的计数器均加 1，当需要替换时就选择计数值最大的块被替换掉。

（3）最近最少使用法。

最近最少使用（Least Recently Used，LRU）法是依据各块使用的情况，总是选择那个最近最少使用的块被替换。这种方法较好地反映了程序局部性规律，它的原理是在每个块中设置一个计数器，哪块被微处理器访问，则该块清 0，其他块的计数器加 1。在一段时间内，如此循环，待到要替换时，把计数值最大的替换出去。这种算法更加充分利用了时间局部性，既替换了新的内容，又保证了其命中率。有一点要说明的是，有时候"块"被替换出，并不代表它一定用不到了，而是缓存容量不够了，为了给要进去的主存块腾出空间，以满足微处理器的需要。LRU 法是目前最优秀的，大部分的 Cache 的替换策略都采用这种算法。

2）Cache 与主存的一致性问题

以上替换操作属于读取，相比于写入操作，读取操作是最主要的，并且复杂得多，而写入操作则要简单得多，如果微处理器更改了 Cache 的数据，就必须把新的数据放回主存，使系统其他设备能用到最新的数据，这就涉及写入方式。目前的写入策略有以下三种。

（1）写回（Write Back，WB）。

当微处理器写 Cache 命中时，暂时只向 Cache 写入，并用标志注明，直到这个块被从 Cache 中替换出来时，才一次写入主存，如图 4-44 所示。这种方法减少了访问主存的次数，占用总线时间少，写速度快，也提高了主存带宽利用率。但该方法在保持与主存内容的一致性上存在隐患，如果在此期间发生 DMA 操作，则可能出错，并且使用写回法必须为每个缓存块设置一个修改位，来反映此块是否被微处理器修改过。

（2）写贯穿（Write Through，WT）。

当微处理器写 Cache 命中时，立即在所有的等级存储介质里更新，即同时写进 Cache 与主存，而当写 Cache 未命中时，直接向主存写入，Cache 不用设置修改位或相应的判断器，如图 4-45 所示。这种方法的好处是：当 Cache 命中时，由于缓存和主存是同时写入的，因此可以很好地保持缓存和主存内容的一致性。但缺点也很明显，由于每次写入操作都要更新所有的存储体，如果一次有大量的数据要更新，就要占用大量的主存带宽，占用总线时间长，总线冲突较多。在现在的 PC 系统中，主存带宽本来就不宽裕，而写操作占用太多带宽的话，主要的读操作就会受到比较大的影响。

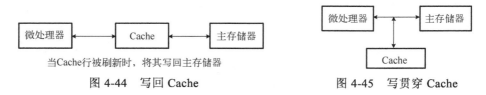

当Cache行被刷新时，将其写回主存储器

图 4-44　写回 Cache

图 4-45　写贯穿 Cache

（3）记入式写（Posted Write，PW）。

记入式写是一种基于上面两种方法的写策略，这种写方案实际上是一种带缓冲的写贯穿，是把要写到 Cache 中的数据先复制到一个缓冲存储器中去，如图 4-46 所示，然后再把这个副本写回主存储器。其实这也就是一种对缓存一致性的妥协，使得在缓存一致性和延迟中取得一个较好的平衡。

在整个微处理器中，写操作的次数远远比读操作要少，再加上微处理器速度越来越快，现在在写入方面已经没有什么大问题了。

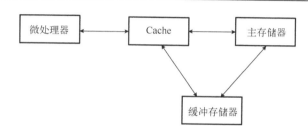

图 4-46　记入式写 Cache

3) MESI 一致性协议

由于数据 Cache 有写入操作且有多种写入方案，为了提高计算机处理速度，在每次写入时，并不同时修改 L1、L2 和主存储器的内容，造成了数据的不一致，这就是要解决的 Cache 一致性问题。为了保证缓存和主存中数据的一致性，采用高速缓存一致性协议(MESI)。这保证了无论在单系统还是在多系统中缓存与主存的一致性，同时也确保了这种一致性不受修改代码的影响。

MESI 一致性协议是"修改(Modified)、专有(Exclusive)、共享(Shared)、无效(Invalid)"四个功能的简称，每个缓存模块必须按照 MESI 协议完成这 4 个独立的功能。一致性要求是指若 Cache 中的某个字被修改，那么在主存以及更高层次上，该字的副本必须立即或最后加以修改，并确保它所引用主存上该字内容的正确性。MESI 一致性模型提供了一种跟踪存储器数据变化的方法，这种方法保证了一个 Cache 行数据更新以后，能够和所有与它的地址有关联的存储单元保持数据的一致性。这四种状态的定义如下。

(1) 修改态 M(Modified)：修改状态，表示本 Cache 行已被修改过，内容已不同于主存并且为此 Cache 专有。

(2) 专有态 E(Exclusive)：排他状态，表示本 Cache 行与主存中的内容相同，但不存在于其他 Cache 中。

(3) 共享态 S(Shared)：共享状态，表示本 Cache 行与主存中的内容相同，可能也出现在其他 Cache 中。

(4) 无效态 I(Invalid)：无效状态，表示本 Cache 行的数据无效(空行)。

数据高速缓存需要 2 个 MESI 位来表示 4 种数据状态。由于数据高速缓存可以工作在写回方式，因此数据高速缓存的内容可以修改，这就需要 2 个另外的标志来标明它们的状态。

指令高速缓存中的每一行与一个 MESI 相关，由于指令是不允许修改的，因此指令只能够是两种状态的一种，无效态 I 说明指令不在该高速缓存中，共享态 S 说明高速缓存与主存的内容都是有效的。

4) MESI 协议状态转换规则

MESI 协议适合以总线为互连机构的多系统。各 Cache 控制器除负责响应自己微处理器的主存读写操作外，还要负责监听总线上的其他微处理器的主存读写活动(包括读监听命中与写监听命中)并对自己的 Cache 予以相应处理。所有这些处理过程要维护 Cache 的一致性，必须符合图 4-47 所示的 MESI 协议状态转换规则。

微处理器与 Cache 之间的结构设计可以根据具体需求设计，图 4-48 所示为它们连接

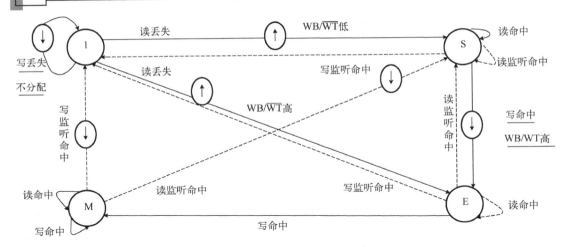

图 4-47 MESI 协议状态转换规则

↑-片外存储读周期； ↓-片外存储写周期

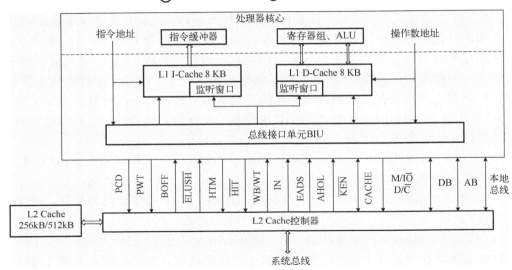

图 4-48 微处理器与 Cache 连接的结构示意图

的一种结构示意图。L1、L2 结构：每块均为 32B，均采用 4 路组相联，L1 和 L2 写策略均采用写回法，均为非阻塞 Cache。

根据该结构，一级指令高速缓存可用于响应流水线的预取指令单元(Instruction Fetch Unit，IFU)产生的指令请求。指令预取单元也是唯一可以访问指令高速缓存的单元。指令预取单元只能在指令高速缓存中读取指令，不能改写指令，因此指令高速缓存是只读的。一级数据高速缓存还用于执行单元(Execution Unit，EXU)，执行主存数据的读写请求。执行单元可以在数据高速缓存中读取数据或者改数据，因此数据高速缓存是可读、可写的。二级高速缓存为"统一式高速缓存"，它用于一级缓存中指令或数据没有命中的情况，由二级缓存提供。如果二级缓存也没有命中，它将发出一个事务请求给总线接口单元(Bus Interface Unit，BIU)，从主存中读取指令和数据行。这些读取的指令或数据存放于二级缓存中，同时也被送到一级缓存中。

　　Cache 主要是为了解决高速微处理器和低速主存间速度匹配的问题，是提高系统性能、降低系统成本而采用的一项技术。随着微处理器的发展，Cache 已成为微处理器不可缺少的组成部分，是广大用户衡量系统性能优劣的一项重要指标。

4.3.4　机器人控制系统集成——总线技术

　　总线(Bus)是信息传输及扩展特别功能的通道，一般指通过分时复用的方式，将信息从一个或多个源部件传送到一个或多个目的部件的一组传输线，是传输数据的公共通道。在控制器系统中大部分信号是由微处理器发出和接收的，因此与微处理器相连的总线就像某种"区域"性的总线，称为局部总线，又称为微总线(Micro Processor Bus，MPB)。而主板上大部分电子元件与芯片是通过系统总线相连的。传统的扩展总线都是系统总线的形式，但由于系统总线通过总线控制器与总线相连，因此随着速度要求越来越高，系统总线已不能满足，因此采用与微总线直接连接的局部总线，如 VESA(VL-Bus)总线和PCI 总线，微处理器 II 以后的微机中还出现了 AGP 总线接口等。外部总线是连接控制器系统与其外部设备的总线，主要有串行通信总线 RS-232C、USB 等。

　　采用总线结构在系统设计、生产、使用和维护上有很多优越性，使得总线技术得到迅速发展。总线的优越性概括起来有以下几点。

　　(1)便于采用模块结构，简化系统设计。

　　(2)总线标准可以得到厂商的广泛支持，便于生产与之兼容的硬件板卡和软件。

　　(3)模块结构方式便于系统的扩充和升级。

　　(4)便于故障诊断和维修。

　　(5)多个厂商的竞争和标准化带来的大规模生产降低了制造成本。

1．总线的工作原理

　　当总线空闲时，所有与总线相连的其他器件都以高阻态形式连接在总线上，如果这时一个器件要与目的器件通信，则发起通信的器件驱动总线发出地址和数据。其他以高阻态形式连接在总线上的器件，如果收到(或能够收到)与自己相符的地址信息后，即可接收总线上的数据。发送器件完成通信，将总线让出，即输出变为高阻态。

2．总线的分类

　　在控制器系统中，总线从不同角度可以分成不同类型。

　　1)按照功能划分

　　按照功能，大体上可以分为数据总线(Data Bus，DB)、地址总线(Address Bus，AB)和控制总线(Control Bus，CB)。几乎所有的总线都要传输三类信息：数据、地址和控制/状态信号，相应地每一种总线都可认为是由数据总线、地址总线和控制总线构成的。数据总线用于在各个部件/设备之间传输数据信息。地址总线用于在微处理器(或 DMA 控制器)与存储器、I/O 接口之间传输地址信息。控制总线用于在微处理器(或 DMA 控制器)与存储器、I/O 接口之间传输控制和状态信息。例如，ISA 总线共有 98 条信号线，其中，数据线有 16条构成数据总线，地址线有 24 条构成地址总线，其余的为控制信号线构成控制总线。

2) 按照相对于微处理器的位置划分

按照相对于微处理器的位置，可分为片内总线和片外总线。片内总线是微处理器内部的寄存器、算术逻辑部件、控制部件以及总线接口部件之间的公共信息通道。例如，微处理器芯片中的内部总线，它是 ALU 寄存器和控制器之间的信息通路。这种总线是由微处理器芯片生产厂家设计的，对系统的设计者和用户来说关系不大。但是随着微电子学的发展，出现了专用集成电路(Application Specific Integrated Circuit，ASIC)技术，用户可以按自己的要求借助 CAD 技术，设计自己的专用芯片，在这种情况下，用户就必须掌握片内总线技术。而片外总线则泛指微处理器与外部器件之间的公共信息通道。我们通常所说的总线大多是指片外总线。有的资料上也把片内总线称为内部总线或内总线(Internal Bus，IB)，把片外总线称为外部总线或外总线(External Bus，EB)。

3) 按照传输数据的方式划分

按照传输数据的方式，可以分为串行总线和并行总线。串行总线中，二进制数据逐位通过一根数据线发送到目的器件；并行总线的数据线通常超过 2 根。常见的串行总线有 SPI、IIC、USB 及 RS232 等。

4) 按照时钟信号是否独立划分

按照时钟信号是否独立，可以分为同步总线和异步总线。同步总线的时钟信号独立于数据，而异步总线的时钟信号是从数据中提取出来的。SPI、IIC 是同步串行总线，RS232 是异步串行总线。

5) 按照总线的层次结构划分

按照总线的层次结构，可把总线分为微处理器总线、系统总线和外部总线。

微处理器总线是从微处理器引脚上引出的连接线，用来实现微处理器与外围控制芯片和功能部件之间的连接。系统总线又称为 I/O 通道总线，用来与存储器和扩充插槽上的各扩充板卡相连接。通常所说的总线大都是指系统总线。系统总线有多种标准接口，从 16 位的 ISA 到 32/64 位的 PCI 和 AGP。系统总线是通过专用的逻辑电路对微处理器总线的信号在空间与时间上进行逻辑重组转换而来的。

外部总线又称为通信总线，用于连接外部设备，是微处理器系统与系统之间、微处理器系统与外部设备(如打印机、磁盘设备)之间以及微处理器系统和仪器仪表之间的通信通道。这种总线数据的传送方式可以是并行(如打印机)或串行，数据传送速率比内总线低。不同的应用场合有不同的总线标准。目前在控制器系统上流行的接口标准有 IDE (EIDE/ATA、SATA)、SCSI、USB 和 IEEE 1394 四种。前两种主要用于连接硬盘、光驱等外部存储设备，后面两种可以用来连接多种外部设备。这种总线并非微处理器专有，一般是利用工业领域已有的标准。

3. 总线操作

微处理器通过总线与主存或 I/O 端口之间进行一个字节数据交换所进行的操作，称为一次总线操作，对应于某个总线操作的时间，即为总线周期。虽然每条指令的功能不同，所需要进行的操作也不同，指令周期的长度也必不相同，但是可以对不同指令所需进行的操作进行分解，它们又都是由一些基本的操作组合而成的。如存储器的读/写操作、I/O 端口的读/写操作、中断响应等，这些基本的操作都要通过系统总线实现对主存或 I/O

端口的访问。不同的指令所要完成的操作是由一系列的总线操作组合而成的，而总线操作的数量及排列顺序因指令的不同而不同。当有多个模块都要使用总线进行信息传送时，只能采用分时方式，一个接一个地轮换交替使用总线，即将总线时间分成很多段，每段时间可以完成模块之间一次完整的信息变换。为完成一个总线操作周期，一般要分成 4 个阶段。

（1）总线请求和仲裁（Bus Request and Arbitration）阶段。由需要使用总线的主控设备向总线仲裁机构提出使用总线的请求，经总线仲裁机构仲裁确定，把下一个传送周期的总线使用权分配给该请求源。

（2）寻址（Addressing）阶段。取得总线使用权的主控设备，通过地址总线发出本次要访问的从属设备的存储器地址、I/O 端口地址及有关命令，通过译码使参与本次传送操作的从属设备被选中，并开始启动。

（3）数据传送（Data Transferring）阶段。主控设备和从属设备进行数据交换，数据由源模块发出，经数据总线传送到目的模块。在进行读传送操作时，源模块就是存储器或输入/输出接口，而目的模块则是总线主控设备微处理器。在进行写传送操作时，源模块就是总线主控设备，如微处理器，而目的模块则是存储器或输入/输出接口。

（4）结束（Ending）阶段。主控设备和从属设备的有关信息均从系统总线上撤除，让出总线，以便其他模块能继续使用。

为了确保这 4 个阶段正确进行，必须施加总线操作控制。当然，对于只有一个主控设备的单处理机系统，实际上不存在总线请求、分配和撤除问题，总线始终归它所有，所以数据传送周期只需要寻址和数据传送两个阶段。微处理器的总线操作，就是微处理器利用总线与主存及 I/O 端口进行信息交换的过程。

4．总线结构

从微机体系结构来看，有两种总线结构，即单总线结构和多总线结构。在多总线结构中，又以双总线结构为主。

1）单总线结构

单总线结构如图 4-49 所示，这是一种典型的控制器系统硬件结构。系统的各个部件均挂在一组单总线上，构成微计算机的硬件系统，所以又称为面向系统的单总线结构。在单总线结构中，微处理器与主存之间、微处理器与 I/O 设备之间、I/O 设备与主存之间、各种设备之间都通过系统总线交换信息。因此，这就可以将各 I/O 设备的寄存器与主存储器单元统一编址，统称为总线地址。于是，微处理器就能通过统一的传送指令如同访

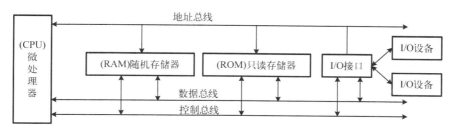

图 4-49　单总线结构

问主存储器单元一样地访问 I/O 设备的寄存器。单总线结构的优点是控制和扩充简单方便。但由于所有设备部件均挂在单一总线上，这种结构只能分时工作，即同一时刻只能在两个设备之间传送数据，这就使系统总体数据传输的效率和速度受到限制，这是单总线结构的主要缺点。

2）双总线结构

双总线结构又分为面向微处理器的双总线结构和面向主存储器的双总线结构。

面向微处理器的双总线结构如图 4-50 所示。双总线结构的控制器系统中有 2 组总线。其中一组总线是微处理器与主存储器之间进行信息交换的公共通路，称为存储总线。微处理器利用存储总线从主存储器取出指令后进行分析、执行，从主存储器读取数据进行加工处理，再将结果送回主存储器。另一组是微处理器与 I/O 设备之间进行信息交换的公共通路，称为输入/输出总线（I/O 总线）。外部设备通过连接在 I/O 总线上的接口电路与微处理器交换信息。

由于在微处理器与主存储器之间、微处理器与 I/O 设备之间分别设置了总线，因而提高了微机系统信息传送的速度和效率。但是外围设备与主存储器之间没有直接的通路，要通过微处理器才能进行信息交换。当输入设备向主存储器输入信息时，必须先送到微处理器的寄存器中，然后再送入主存；当输出运算结果时，必须先从主存储器送入微处理器的寄存器中，然后再送到某一指定的输出设备。这势必增加了微处理器的负担，微处理器必须花大量的时间进行信息的输入/输出处理，从而降低了微处理器的工作效率，这是面向微处理器的双总线结构的主要缺点。

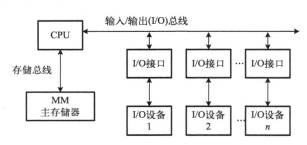

图 4-50　面向微处理器的双总线结构

面向主存储器的双总线结构如图 4-51 所示。面向主存储器的双总线结构保留了单总线结构的优点，即所有设备和部件均可通过总线交换信息。与单总线结构不同的是，在微处理器与主存储器之间，又专门设置了一组高速存储总线，使微处理器可以通过它直接与主存储器交换信息。这样处理后，不仅使信息传送效率提高，而且减轻了总线的负担，这是面向主存储器的双总线结构的优点。但当微处理器与 I/O 接口都要访问存储器时，仍会产生冲突。该总线结构硬件造价稍高，所以通常在高档微机中采用这种面向主存储器的双总线结构。

另外一种双重总线结构如图 4-52 所示。微处理器与高速的局部存储器和局部 I/O 接口通过高传输速率的局部总线连接，速度较慢的全局存储器和全局 I/O 接口与较慢的全局总线连接，从而兼顾了高速设备和慢速设备，使它们不互相牵扯。

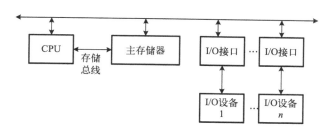

图 4-51 面向主存储器的双总线结构

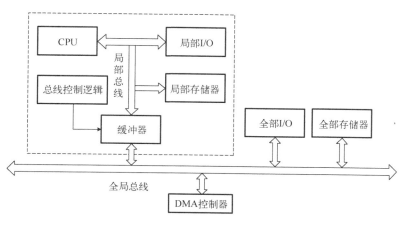

图 4-52 双重总线结构

3)多总线结构

随着对微机性能的要求越来越高,现代微机的体系结构已不再采用单总线或双总线的结构,而是采用更复杂的多总线结构,如图 4-53 所示。

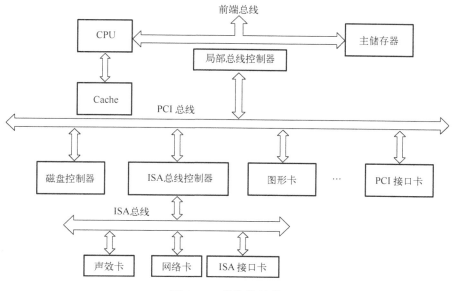

图 4-53 多总线结构

5. 总线的主要参数

1）总线宽度 W

总线宽度又称为总线位宽，是指数据总线能同时传送数据的位数。如 16 位总线、32 位总线指的就是总线具有 16 位数据和 32 位数据传输能力。在工作频率固定的条件下，总线的带宽与总线的宽度成正比。

2）总线频率 f

总线频率是总线的时钟频率，是指用于协调总线上的各种操作的时钟信号的频率，是总线工作速度的一个重要参数，工作频率越高，速度越快，其单位通常采用 MHz，如 33MHz、66MHz、100MHz、133MHz 等。

3）总线带宽 BW

总线带宽又称为总线的数据传输率，是指在一定时间内总线上可传送的数据总量，用每秒钟的最大传送数据量来衡量，单位是字节/秒（B/s）或兆字节/秒（MB/s）。总线带宽越宽，传输率越高。

总线带宽、总线宽度、总线频率三者之间的关系就像高速公路上的车流量、车道数和车速的关系。车流量取决于车道数和车速，车道数越多，车速越快，则车流量越大。同样，总线带宽取决于总线宽度和工作频率，总线宽度越宽，工作频率越高，则总线带宽越大。当然，单方面提高总线宽度或总线工作频率都只能部分提高总线带宽，并容易达到各自的极限，只有两者配合才能使总线带宽得到更大的提升。

总线带宽的计算公式如下：

$$BW = (W/8) \times f / 每个存取周期的时钟数 \tag{4-4}$$

式中，BW 的单位为 MB/s，几种类型系统总线的主要参数如表 4-6 所示。如对于总线时钟频率为 33MHz 的 64 位总线，若每两个时钟周期完成一次总线存取操作，则总线带宽 BW=64/8×33/2=132（MB/s）。

表 4-6　几种类型系统总线的主要参数

主要参数	总线类型		
	ISA 总线	PCI 总线	AGP 接口
字长/位	16	32/64	64
最大带宽/位	16	64	64
最高时钟频率/MHz	8	33	66
最大稳态数据传输速率/(MB/s)	16	133	266 最低
带负载能力/台	>12	10	I
多任务能力	Y	Y	N
是否独立于微处理器	Y	N	

6. 总线信号类型及总线周期

在控制系统中，通常采用多种总线形式共存，如 ISA 总线和 PCI 总线以及 AGP 等，典型微机系统的总线层次结构如图 4-54 所示。

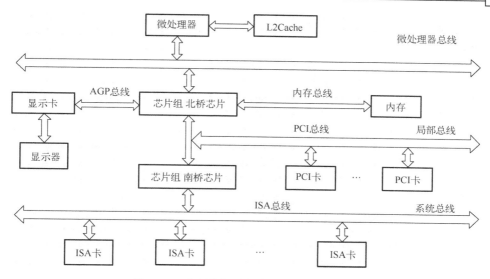

图 4-54 典型微机系统中的总线层次结构

1) 总线系统的信号类型

不同类型的总线系统都有不同的电信号或不同的电气规格,通过形形色色的信号,便可控制总线上的数据传输。因此,各类总线都被设计成既简洁又高效的控制系统与电信号。由于总线插槽上的引脚信号有严格定义,因此,外部插卡插入任意一个同类型的扩展插槽中都能正常工作。系统总线上的各种信号连接到扩展插槽上,当接口卡(插卡)插入插槽后,各种信号就接入插卡。就整体而言,总线上的信号大体上可分成以下四大类。

(1) 电源线和接地线。

由于总线与接口卡相连,因此总线为接口卡以及部分外围设备提供所需的电源。通常需要±5V 电压,但对于硬盘上的步进电机(马达),则需要±12V 的电压。局部总线(如PCI)提供 3.3V 的电源,接地线一方面供电源使用,另一方面也可用于消除或降低干扰。

(2) 地址总线。

输入/输出地址需通过扩展总线连到总线插槽上,插卡插入扩展插槽后,地址信号经插卡上的译码电路进行解码,选择插卡上的具体端口。不同类型的扩展总线提供的地址总线宽度不同,如 ISA 为 24 位、PCI 为 32 位等。

(3) 数据总线。

数据的传输是总线最重要的使命。所有往来外围部件与主板的数据信息、状态信息及控制命令等都要经过数据总线传送。对于不同总线类型,其数据总线的位数不同,如ISA 为 16 位、VESA 为 32 位、PCI 为 32 位并可扩展为 64 位等。

(4) 控制总线。

扩展总线上的控制信号可归纳为时钟信号、读/写控制信号、中断信号、DMA 控制信号与电源控制信号等,控制对外部接口的读写操作。

2) 总线周期

(1) 单传送周期。

微处理器支持若干种不同类型的总线周期。最简单的一种总线周期是单次传送不可高速缓存的 64bit 传送周期(带或不带等待状态)。带 0 等待状态的非流水线读和写周期如图 4-55 所示。

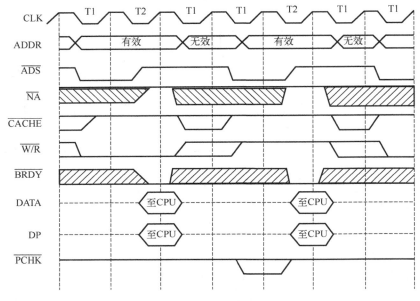

图 4-55　非流水线读和写周期

(2)成组周期。

对于需要多次数据传送的总线周期(可高速缓存周期和写回周期),微处理器使用成组数据传送。在成组传送中,微处理器在连续的时钟内可采样或驱动新的数据项。此外,成组周期中数据项的地址都落在 32B 对齐的区域中(对应于一个内部的微处理器高速缓存行组)。

成组周期是通过 $\overline{\text{BRDY}}$ 引脚实现的。当运行多次数据传送的总线周期时,微处理器要求存储系统执行成组传送并遵循成组的次序。在进行成组传送操作时,微处理器按表 4-7 的顺序执行传送数据操作。给出成组传送的第一个地址,以后的每一次传送不再重新驱动,由于微处理器的地址和字节使能信号只为第一次传送而发出,因此后续传送的地址必须由外部硬件来计算。

表 4-7　微处理器成组传送次序

第一个地址	第二个地址	第三个地址	第四个地址
0	8	10	18
8	0	18	10
10	18	0	8
18	10	8	0

①成组读周期(Burst Read Cycles,BRC)。

当启动任何一次读操作时,微处理器将为所需的数据项提供地址信号和字节允许信号。当该周期被转换成一次 Cache 行填充操作时,就把第一个数据项送回与微处理器发出的地址相对应的 Cache 单元内，但字节允许信号被忽略，同时要求有效数据必须送回到全部 64 条数据线上。除此之外，成组传送中，后续传送地址要由外部硬件计算出来，地址以及字节允许信号是不能重复驱动的。高速缓冲的成组读周期如图 4-56 所示。

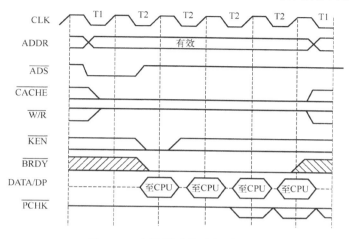

图 4-56　高速缓冲的成组读周期

②成组写周期（Burst Write Cycles，BWC）。

图 4-57 所示为高速缓冲的成组写周期的时序图。$\overline{\text{KEN}}$ 引脚在成组写周期中被忽略。如果 $\overline{\text{CACHE}}$ 引脚在写周期期间为有效，则指明该周期将是一个成组的写回周期。成组写周期始终是写回数据高速缓存中被修改过的行。写回周期又分以下几种情况。

a．由于数据 Cache 内已修改 Cache 行的被替换而写回。

b．由于询问周期命中了数据 Cache 内已修改的 Cache 行而写回。

c．由于内部监视命中了数据 Cache 内已修改的 Cache 行而写回。

d．由于对 Cache 刷新信号 FLUSH#的确认而引起的写回。

e．由于执行 WBINVD 指令而引起的写回。

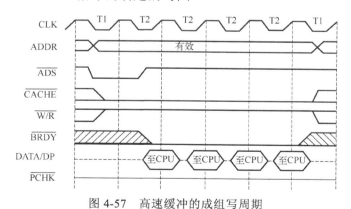

图 4-57　高速缓冲的成组写周期

7. ISA 总线

工业标准体系结构（Industry Standard Architecture，ISA）是 IBM 公司于 1984 年为推

出 PC/AT 机而建立的 16 位系统总线标准，所以也称为 AT 总线，是现存最老的通用微机总线类型。

1）ISA 总线的特性

8 位总线的 PC/XT 主板上时钟的基频为 14.3128MHz，而微处理器所用的时钟为基频的 1/3（4.77MHz），扩展总线由于是慢速的外围设备与逻辑接口相连，因此只有基频的 1/12，即仅为 1.193MHz。因此，XT 总线的最大数据传输率为 1.193MB/s。

ISA 是 8 位和 8/16 位兼容的总线。因此，其插槽有两种类型，即 8 位和 8/16 位。8 位扩展 I/O 插槽由 62 个引脚组成，其中包括 20 条地址线和 8 条数据线，用于 8 位数据传输。8/16 位的扩展插槽除了具有一个 8 位 62 线的连接器之外，还有一个附加的 36 线连接器，这种扩展 I/O 插槽既可支持 8 位的插接板，也可支持 16 位插接板，即 24 条地址线、16 条数据线。

ISA 总线的主要性能指标有：24 位地址线可直接寻址的主存容量为 16MB、8/16 位数据线、最大带宽为 16 位、最高时钟频率为 8MHz、最大传输率（总线带宽）=16/8×8 ＝ 16MB/s、12 个外部中断请求输入端（15 个中断源中保留 3 个）以及 7 个 DMA 通道。

2）ISA 总线的引线定义

图 4-58 所示为 ISA 总线的引线示意图，从图 4-58 中的信号可以看出，ISA 的信号与 PC 机（PC/XT、PC/AT）所使用的外围芯片以及微处理器类型有着十分密切的关系。例如，8 位 ISA 的地址与数据线本身就是 8088 的地址与数据线宽度，16 位 ISA 的 24 位地址与 16 位数据与 80286 一致；8 位 ISA 的 IRQ 与 DRQ 是 1 片 8259 和 1 片 8237 的信号，16 位 ISA 的 IRQ 与 DRQ 则是 2 片 8259 和 2 片 8237 级联等。可以说 ISA 总线是 Intel 微处理器及外围芯片信号的延伸。

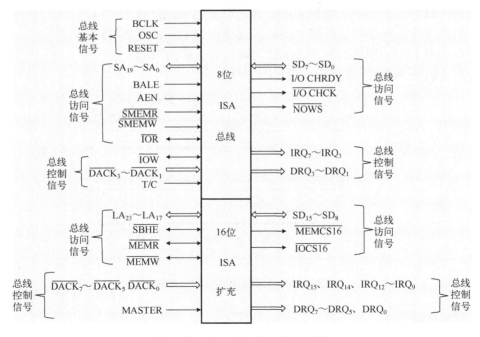

图 4-58　ISA 总线的引线示意图

3）ISA 总线的体系结构

在利用 ISA 总线构成的微机系统中，当主存速度较快时，通常采用将主存移出 ISA 总线、并转移到自己的专用总线——主存总线上的体系结构，如图 4-59 所示。

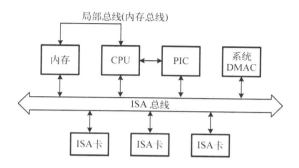

图 4-59　ISA 总线的体系结构

ISA 总线是在 PC/XT 微型机 8 位总线扩展槽的基础上开发的，该 62 芯插槽用双列插板连接，分 A 面（元件面）和 B 面（焊接面），每面 31 条脚。这 62 条信号线分为 5 类：8 位数据线、20 位地址线、控制线、时钟与复位线以及电源地线。为保证 16 位的 ISA 总线与 PC 总线的兼容，ISA 总线的插座结构中在原 PC 总线 62 芯插座的基础上又增加了一个 36 线插座，即同一轴线上的总线插槽分为 62 线和 36 线两段，共 98 线，如图 4-60 所示，接口信号的定义如表 4-8 所示。

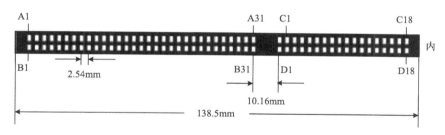

图 4-60　ISA 总线插槽示意图

ISA 插槽是基于 ISA 总线的扩展插槽，其颜色一般为黑色，如图 4-60 所示。ISA 插槽比 PCI 接口插槽要长些，位于主板的最下端，其工作频率为 8MHz 左右，为 16 位插槽，最大传输率为 16MB/s，可插接显卡、声卡、网卡以及所谓的多功能接口卡等扩展插卡。其缺点是微处理器资源占用太高，数据传输带宽太小，是已经被淘汰的插槽接口。目前还能在许多老主板上看到 ISA 插槽，现在新出品的主板上已经几乎看不到 ISA 插槽的身影了，但也有例外，某些品牌的 845E 主板甚至 875P 主板上都还带有 ISA 插槽，微处理器 II 系统板也配备了 ISA 总线，是为了满足某些特殊用户的需求。

8. PCI 总线

局部总线是 PC 体系结构的重大发展，它打破了数据输入/输出的瓶颈、可以避免使用较慢的 ISA 数据通道，为高速外设提供了更宽、更快的"高速公路"。20 世纪 90 年代后，随着图形处理技术和多媒体技术的广泛应用，在以 Windows 为代表的图形用户界面

(Graphical User Interface，GUI)进入 PC 机之后，要求 PC 机具有高速的图形及 I/O 运算处理能力，这对总线的速度提出了挑战。原有的 ISA、EISA 总线已远远不能适应要求，成为整个系统的主要瓶颈。1991 年下半年，Intel 公司首先提出了 PCI(Peripheral Component Interconnect)的概念，并联合 IBM、Compaq、AST、HP 等 100 多家公司成立了 PCI 集团。PCI 是一种先进的局部总线，已成为局部总线的新标准，是目前应用最广泛的总线结构。

表 4-8　ISA 总线接口信号

元件面		焊接面		元件面		焊接面	
引脚	信号名称	引脚	信号名称	引脚	信号名称	引脚	信号名称
A1	I/OCHCK	B1	GND	A26	A5	B26	$\overline{DACK_2}$
A2	D7	B2	RESETDRV	A27	A4	B27	T/C
A3	D6	B3	+5V	A28	A3	B28	BALE
A4	D5	B4	IRQ2	A29	A2	B29	+5V
A5	D4	B5	−15V	A30	A1	B30	OSC
A6	D3	B6	DRQ2	A31	A0	B31	GND
A7	D2	B7	−12V	C1	SBHE	D1	MEM16
A8	D1	B8	$\overline{OWS}$	C2	A23	D2	IO16
A9	D0	B9	+12V	C3	A22	D3	IRQ10
A10	I/OCHRDY	B10	$\overline{GND}$	C4	A21	D4	IRQ11
A11	AEN	B11	$\overline{MEMW}$	C5	A20	D5	$\overline{IRQ_{12}}$
A12	A19	B12	MEMW	C6	A19	D6	$\overline{IRQ_{13}}$
A13	A18	B13	IOW	C7	A18	D7	IRQ14
A14	A17	B14	IOR	C8	A17	D8	$\overline{DACK_0}$
A15	A16	B15	$\overline{DACK_3}$	C9	MEMW	D9	$\overline{DRQ_0}$
A16	A15	B16	DRQ3	C10	MEMR	D10	DACK5
A17	A14	B17	DACK1	C11	D8	D11	DRQ5
A18	A13	B18	DRQ1	C12	D9	D12	DACK6
A19	A12	B19	REFRESH	C13	D10	D13	DRQ6
A20	A11	B20	CLK	C14	D11	D14	$\overline{DACK_7}$
A21	A10	B21	IRQ7	C15	D12	D15	$\overline{DRQ_7}$
A22	A9	B22	IRQ6	C16	D13	D16	+5V
A23	A8	B23	IRQ5	C17	D14	D17	MASTER16
A24	A7	B24	IRQ4	C18	D15	D18	GND
A25	A6	B25	IRQ3	—	—	—	—

　　1）PCI 总线的特点

　　为了充分利用微处理器的全部资源，微处理器需要配备高性能的高总线带宽的 PCI 总线。PCI 总线设计的主要目的是提供一种性能高、成本低、兼容性好、周期性长的新一代总线标准。PCI 总线吸取了当时的微技术和个人电脑技术，为系统提供了一个整体的优化解决方案，它的一个主要特性就是能够与当时存在的 ISA、EISA 和 MCA 总线完全兼容。

PCI 总线具有如下特点：性能高、猝发传输、延迟小、采用总线主控和同步操作、不受限制、适合各种机型(台式机、便携式电脑、服务器以及工控机)、兼容性强、成本低，预留了发展空间。由于 PCI 总线先进而稳定的总线传输方式，因此在 33MHz 总线时钟、32 位数据通路时，其数据传输的带宽峰值可达到 132MB/s。在采用 64 位数据总线时，带宽可达到 264MB/s。在采用 33MHz 主频时，对于 32 位数据总线和 64 位数据总线带宽的峰值，可分别达到 264MB/s 或 528MB/s。因此，可以为与其他高性能外设(如 LAN、SCSI、多媒体、IP 电话) 的视频传输和处理提供可靠保障。

PCI 总线是一种不依附于某个具体的局部总线，从结构上看，PCI 总线是在微处理器和原来的系统总线之间插入的一级总线，需要具体由一个桥接电路实现对这一层的智能设备取得总线控制权，以加速数据传输管理，如图 4-61 所示。桥接电路的概念使主板的设计产生了重大的变革。PCI 总线不依附于存储系统，实现了完全并行操作，它使得周边设备能够直接与主存、微处理器子系统相连，这样就提高了数据带宽，加大了数据的传输率。简单地说，PCI 总线使得不同的周边设备能够直接、迅速地与主存进行读写。

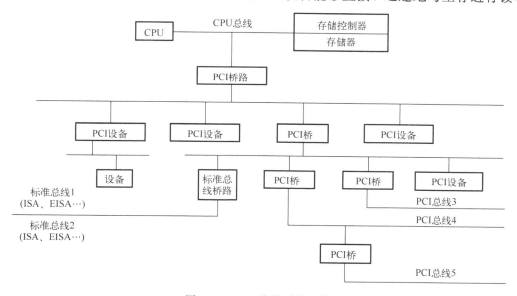

图 4-61　PCI 总线系统结构

从图 4-61 可以看出微处理器总线和 PCI 总线是由桥接电路(北桥)相连，在这一桥接电路中还含有主存控制器和 Cache 控制器，来协调微处理器与 Cache 之间和 PCI 设备与主存之间的数据交换，在 PCI 总线上挂接高速设备，如图形控制器、IDE 设备或 SCSI 设备、网络控制器等。PCI 总线与 ISA/EISA 总线之间也是通过桥接电路(南桥电路)相连，主要挂接一些低速设备。

由于 PCI 总线在微处理器与其他总线间架起了一座桥梁，它能够支持如 ISA、EISA 以及微通道等低速设备。

2) PCI 总线的接口信号

在介绍 PCI 总线信号之前，有两个名称需要解释：主设备和从设备。根据 PCI 总线协议，总线上所有引发 PCI 传输事务的实体都是主设备，凡是响应传输事务的实体都是从设备，从设备又称为目标设备。主设备应具备处理能力，能对总线进行控制，即当一个设备作为主设备时，它就是一个总线主控器。

在一个 PCI 系统中，接口信号通常分为必备和可选的两大类，如图 4-62 所示。若只作为从设备，则至少需要 47 根信号线；若作为主设备，则需要 49 根信号线。利用这些信号线可以处理数据、地址，实现接口控制、仲裁及系统功能。PCI 总线的管脚引线，在每2 个信号之间都安排了一个地线，以减少信号间的互相干扰以及音频信号的散射问题。

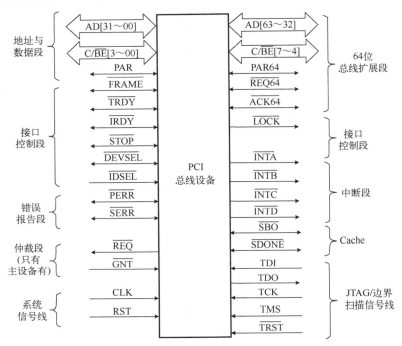

图 4-62　PCI 总线的接口信号

(1)系统信号。

CLK：PCI 系统总线时钟，对于所有的 PCI 设备该信号均为输入，其频率最高可达33MHz，最低频率一般为 0Hz(DC)。除 $\overline{RST}$、$\overline{INTA}$、$\overline{INTB}$、$\overline{INTC}$ 及 $\overline{INTD}$ 之外，所有其他 PCI 信号都在 CLK 的上升沿有效(或采样)。

RST：复位信号，用于复位总线上的接口逻辑，并使 PCI 专用的寄存器、序列器和有关信号复位到指定的状态。该信号低电平有效，在它的作用下，PCI 总线的所有输出信号处于高阻状态，SERR 被浮空。

(2)地址与数据信号。

AD[31~00]：地址数据多路复用信号。这是一组信号，为双向三态，被地址和数据公用。当 $\overline{FRAME}$ 有效时，表示地址相位开始，该组信号线上传送的是 32 位物理地址；对于 I/O 端口，为一个字节地址；对于配置空间或存储器空间，为双字地址。在数据传送相位中，该组信号线上传送数据信号，AD[7~0]为最低字节数据，而 AD[31~24]为最高字节数据。当 $\overline{IRDY}$ 有效时，表示写数据稳定有效，而当 $\overline{TRDY}$ 有效时，表示读数据稳定有效。在 $\overline{IRDY}$ 和 $\overline{TRDY}$ 均有效期间传送数据。

$C/\overline{BE}$ [3~00]：总线命令和字节允许复用信号，为双向三态。在地址相位中，这四条线上传输的是总线命令；在数据相位中，它们传输的是字节允许信号，表明整个数据相位中 AD[31~00]上哪些字节为有效数据，$C/\overline{BE}0$ ~$C/\overline{BE}3$ 分别对应字节 0~3。

PAR（Paritv）：奇偶校验信号，为双向三态。该信号用于对 AD[31~00]和 $C/\overline{BE}$ [3~00]上的信号进行奇偶校验，以保证数据的准确性。对于地址信号，在地址相位之后的一个时钟周期 PAR 稳定有效；对于数据信号，在 $\overline{IRDY}$ 或 $\overline{TRDY}$ 有效之后的一个时钟周期 PAR 稳定并有效，一旦 PAR 有效，它将保持到当前数据相位结束后的一个时钟。在地址相位和写操作的数据相位中，PAR 由主设备驱动，而在读操作的数据相位，则由从设备驱动。

（3）接口控制信号。

接口控制信号共有 7 个，对这些信号本身及相互间配合的理解是学习 PCI 总线的关键。

$\overline{FRAME}$（Frame）：帧周期信号，为双向三态，低电平有效。该信号由当前主设备驱动，用来表示一个总线周期的开始和结束。该信号有效表示总线传输操作开始，此时 AD[31~00]和 $C/\overline{BE}$ [3~00]上传送的是有效地址和命令。只要该信号有效，总线传输就会一直进行着。当 FRAME 变为无效时，表示总线传输事务进入最后一个数据相位或该事务已经结束。

$\overline{IRDY}$（Initiator Ready）：主设备准备就绪信号，为双向三态，低电平有效，由主设备驱动。该信号有效表明引起本次传输的设备为当前数据相位做好了准备，但要与 $\overline{TRDY}$ 配合，它们同时有效才能完成数据传输。在写周期内，该信号表示 AD[31~00]上数据有效；在读周期内，该信号表示主控设备已准备好接收数据。如果 $\overline{IRDY}$ 和 $\overline{TRDY}$ 没有同时有效，则插入等待周期。

$\overline{TRDY}$（Target Ready）：从设备准备就绪信号，为双向三态，低电平有效，由从设备驱动。该信号有效表示从设备已做好当前数据传输的准备工作，可以进行相应的数据传输。同样，该信号要与 $\overline{IRDY}$ 配合使用，二者同时有效才能传输数据。在写周期内，该信号有效表示从设备已做好接收数据的准备；在读周期内，该信号有效表示有效数据已提交到 AD[31~00]上。如果 $\overline{TRDY}$ 和 $\overline{IRDY}$ 没有同时有效，则插入等待周期。

$\overline{STOP}$（Stop）：从设备请求主设备停止当前数据传输事务，为双向三态，低电平有效，由从设备驱动，用于请求总线主设备停止当前数据传送。

$\overline{LOCK}$（Lock）：锁定信号，为双向三态，低电平有效，由主设备驱动。PCI 利用该信号提供一种互斥访问机制。该信号有效表示驱动它的设备对桥所进行的一个原子操作（Atomic Operation）可能需要多次传输才能完成，在此期间该桥路被独占，而非互斥性传输事务可以在未加锁的桥上进行。$\overline{LOCK}$ 有自己的协议，并和 $\overline{GNT}$ 信号合作。即使有几个不同的设备在使用总线，但对 $\overline{LOCK}$ 的控制权只属于某一个主设备。对主桥、PCI-TO-PCI 桥以及扩展总线桥的传输事务都可以进行加锁。

$\overline{IDSEL}$：初始化设备选择信号，为输入信号，高电平有效，在参数配置读/写传输期间用作芯片选择（片选）。

$\overline{DEVSEL}$（Device Select）：设备选择信号，为双向三态，低电平有效，由从设备驱动。当该信号由某个设备驱动时（输出），表示所译码的地址属于该设备的地址范围；当作为输入信号时，可以判断总线上是否有设备被选中。

(4) 仲裁信号 (主设备使用)。

$\overline{REQ}$ (Request)：总线占用请求信号，为双向三态，低电平有效，由希望成为总线主控设备的设备驱动。它是一个点对点信号，并且每一个主控设备都有自己的 $\overline{REQ}$ 。

$\overline{GNT}$ (Grant)：总线占用允许信号，为双向三态，低电平有效。该信号有效表示总线占用请求被响应，它也是点对点信号，每个总线主控设备都有自己的 $\overline{GNT}$ 。

(5) 错误报告信号。

$\overline{PERR}$ (Parity Error)：数据奇偶校验错信号，为双向三态，低电平有效。该信号有效表示总线数据奇偶错，但该信号不报告特殊周期中的数据奇偶错。一个设备只有在响应设备选择信号 ($\overline{DEVSEL}$) 和完成数据相位之后，才能报告一个 $\overline{PERR}$ 。对于每个数据接收设备，如果发现数据有错误，就应在数据收到后的两个时钟周期内将 $\overline{PERR}$ 激活。该信号的持续时间与数据相位的多少有关。若是一个数据相位，则最小持续时间为一个时钟周期；如果是一连串的数据相位且每个数据相位都有错，那么 $\overline{PERR}$ 的持续时间将多于一个时钟周期。对于数据奇偶错的报告，既不能丢失也不能推迟。

$\overline{SERR}$ (System Error)：系统错误报告信号，为漏极开路信号，低电平有效。该信号用于报告地址奇偶错、数据奇偶错、命令错等可能引起灾难性后果的系统错误。$\overline{SERR}$ 信号一般接至 NMI 引脚上，如果系统不希望产生非屏蔽中断，就应该采用其他方法来实现 $\overline{SERR}$ 的报告。由于该信号是一个漏极开路信号，因此，发现错误的设备需将它驱动一个 PCI 时钟周期。$\overline{SERR}$ 信号的发出要与时钟同步，并满足所有总线信号的建立和保持的时间需求。

(6) 中断请求信号 (可选)。

$\overline{INTx}$ (Interrupt)：中断请求信号，为漏极开路信号，电平触发，低电平有效。此类信号的建立与撤销与时钟不同步。单功能设备只有一条中断线，而多功能设备最多可有四条中断线。在前一种情况下，只能使用 $\overline{INTA}$ ，其他三条中断线没有意义。多功能设备是指将几个相互独立的功能集中在一个设备中。PCI 总线中共有四条中断请求线，分别是 $\overline{INTA}$ 、$\overline{INTB}$ 、$\overline{INTC}$ 和 $\overline{INTD}$ ，均为漏极开路信号，其中后三个只能用于多功能设备。

一个多功能设备上的任何功能都可对应于四条中断请求线中的任何一条，即各功能与中断请求线之间的对应关系是任意的，没有附加限制。二者的最终对应关系由中断引脚寄存器定义，因而具有很大的灵活性。如果一个设备要实现一个中断，就定义为 $\overline{INTA}$ ；要实现两个中断，则定义为 $\overline{INTA}$ 和 $\overline{INTB}$ ，其他情况依此类推。对于多功能设备，可以多个功能共用同一条中断请求线，或者各自占一条，或者是两种情况的组合；而单功能设备只能使用一条中断请求线。

(7) 高速缓冲支持信号。

为了使具有缓存功能的 PCI 存储器能够和写贯穿式或写回式的 Cache 操作相配合，PCI 总线设置了两个高速缓冲支持信号。

$\overline{SBO}$ (Snoop Back Off)：窥视返回信号，为双向三态，低电平有效。该信号有效表示命中了一个修改行。

$\overline{SDONE}$ (Snoop Done)：查询完成信号，为双向三态，低电平有效。该信号有效表示查询已经完成，反之，查询仍在进行中。

说明：这两个信号对应的引脚在 PCI 总线规范 V2.2 中被作为保留使用。

(8) 64 位扩展信号。

$\overline{REQ64}$：64 位传输请求信号，为双向三态，低电平有效。该信号用于 64 位数据传输，由主设备驱动，时序与 $\overline{FRAME}$ 相同。

$\overline{ACK64}$：64 位传输响应信号，为双向三态，低电平有效，由从设备驱动。该信号有效表明从设备将启用 64 位通道传输数据，其时序与 $\overline{DEVSEL}$ 相同。

AD[63～32]：扩展的 32 位地址和数据复用线。

C/$\overline{BE}$ [7～4]：高 32 位总线命令和字节允许信号。

$\overline{PAR64}$：高 32 位奇偶校验信号，是 AD[63～32] 和 C/$\overline{BE}$ [7～4] 的校验位。

(9) JTAG/边界扫描引脚 (可选)。

IEEE1149.1 标准，即测试访问端口和边界扫描体系结构，是可选的 PCI 设备接口。该标准规定了设计 1149.1 兼容集成电路的规则和性能参数。设备测试访问口 (Test Access Port，TAP) 使用五个信号，其中一个为可选信号。

TCK (Test Clock) in：测试时钟。在 TAP 操作期间，该信号用来测试时钟状态信息和设备的输入/输出信息。

TDI (Test Data Input) in：测试数据输入。在 TAP 操作期间，该信号用来把测试数据和测试命令串行输入到设备。

TDO (Test Data Output) out：测试数据输出。在 TAP 操作期间，该信号用来串行输出设备中的测试数据和测试命令。

TMS (Test Mode Select) in：测试模式选择。信号用来控制在设备中的 TAP 控制器的状态。

TRST (Test Reset) in：测试复位。该信号可用来对 TAP 控制器进行异步复位，为可选信号。

PCI 总线使用 124 线总线插槽，用于连接总线板卡，板卡的总线连接头上每边各有 62 个引线。当扩充到 64 位时，总线插槽需增加 64 线，变成 188 线。相应地，板卡的总线连接头上每边变成 94 线。

注意以下两点。

① 5V 系统环境下的 PCI 总线插槽和 PCI 总线板卡与 3.3V 系统环境下的插槽和板卡在物理结构上是有区别的。5V 系统的插槽在第 50 和第 51 管脚位置安排了一个凸起部分，板卡在第 50 和第 51 管脚位置安排了一个缺口 (Key Way，KW)；而 3.3V 系统的插槽的凸起部分以及板卡的缺口安排在第 12 和第 13 管脚位置。这样，5V 板卡与 3.3V 板卡不会互相插错。对于在两种电源环境下都能使用的通用板卡，这两处的凸起和缺口都有。两种 (5V 与 3.3V) 支持 64 位扩展的总线插槽都在第 62 脚与第 63 脚之间安排了一个凸起，与此相对应，三种 (5V、3.3V 及通用) 支持 64 位扩展的板卡在该位置开了一个缺口。

② 在所有的 PCI 总线插槽和板卡上都包含了两个与接插件相关的引脚，即 $\overline{Prsnt1}$ 和 $\overline{Prsnt2}$，用来表示板卡是否物理存在于插槽上以及提供板卡电源总需求信息。

PCI 总线是一种位于微处理器与外部总线之间的一种夹层总线，意味着 PCI 总线的控制器位于微处理器和外部总线之间。也就是说，任何一种微处理器都可以使用 PCI 总线。对总线连线进行标准化处理，可以使微处理器总线免受各种约束。对 VESA 总线来说，VESA 总线信号引线直接与 80486 引脚相连，且名称都一样。由于微处理器相较于 80486 又增加了不少新信号，VESA 总线信号不得不随之更改。而 PCI 总线已经成功地解决了由总线独立于微处理器而带来的一系列技术问题。

PCI 总线支持 5V 和 3.3V 两种扩充插件卡，相应的 PCI 适配器支持 5V 和 3.3V。考虑到工业上的数字信号向 3.3V 靠近这一事实，PCI 总线也规定了 3 种不同种类的 PCI 板，一种是 3.3V，另一种是 5V，最后一种是通用的。而且明确规定 3.3V PCI 不能插到 5V 插槽内，反之亦然，通用 PCI 板在 2 种类型的插槽上都能工作。

3）采用北桥/南桥体系结构的芯片组

谈及北桥/南桥芯片组，需从 Intel 公司生产芯片组说起。Intel 公司最早推出的 PC 主板芯片组是 82350 芯片组，用于 386DX 与 486。这个芯片组不是很成功，主要是由于 EISA 总线不是十分流行，而且当时的芯片组生产厂商比较多。随着 PCI 总线的出现，Intel 放弃了对 EISA 总线的支持，先后推出了支持 PCI 总线的 486 芯片组，即 420TX、420EX 和 420ZX，该芯片组获得了很大成功。1993 年 3 月，随着微处理器的出现，Intel 公司还推出了其第一批微处理器芯片组，有人称之为第 5 代芯片组，即 430LX 芯片组。到 1994 年，Intel 公司就开始牢牢地控制着芯片组市场。当然，还有一些其他芯片组生产厂商分享芯片组市场，如 AMD、VIA 和 SIS 等。

Intel 公司从 486 芯片组开始，就采用称为北桥/南桥（North Bridge/South Bridge）的层次体系。虽然后来推出的采用这种体系结构的芯片组在功能上进行了调整和增强，以使控制器系统的系统结构更加合理，整体性能更强，但是它们有一个共同的特点，即北桥与南桥之间都是通过 PCI 总线相连的。如图 4-63 所示，在逻辑图中，北桥位于

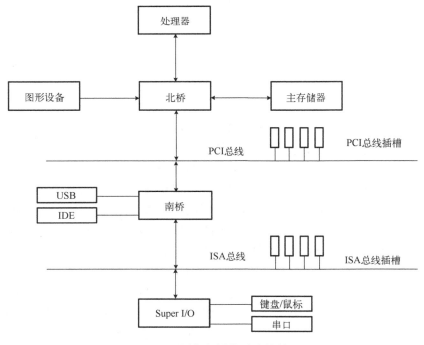

图 4-63　北桥/南桥体系结构简图

PCI 总线的上方,南桥位于 PCI 总线的下方。如果把逻辑图看作一张部件之间连接的"地图",那么位于上方为北,而位于下方为南。北桥、南桥的命名可能源于此,而英文词"Bridge"本身有桥、桥接或接通的意思,在这里表示实现不同部件之间的互连。

北桥离微处理器最近,通过总线与直接相连,负责管理与某些模块之间的数据交换。这些模块具有较高的数据传输率,主要包括可能具有的高速缓存、系统主存储器、可能具有的图形控制器、PCI 总线接口模块等。这些模块构成了微机系统的核心,因此北桥又称为核心逻辑,或称为主桥(Host Bridge,HB)。作为示例,这里给出 Intel 440BX 芯片组的北桥芯片 82443BX 的结构简图,如图 4-64 所示。

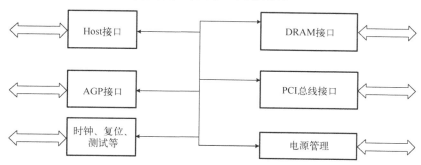

图 4-64 北桥芯片 82443BX 结构简图

图 4-64 省略了控制、缓冲等桥电路应具备的内部逻辑,主要体现出对外的接口模块。其中,Host 接口是该芯片与之间的接口,即通过相应的外围引线直接连接 1～2 个微处理器,这之间的连线就是总线。主存接口实际是主存控制器。从 PCI 总线接口引出的就是 PCI 总线,借助于 PCI 到 PCI 等桥接电路,一个微机系统中最多可拥有 256 条 PCI 总线。该 PCI 接口支持 PCI V2.1 接口标准。AGP 接口用来连接 AGP 图形设备,该接口支持 2X AGP。从图 4-63 可以看出,北桥实际上可实现与主存、PCI 总线、AGP 总线等的连接,包括对主存的控制。

南桥的主要作用是将 PCI 总线标准转换成其他的总线标准或接口标准,如 ISA 总线标准、USB 总线标准、IDE 接口标准等。同时,南桥还负责控制器系统中一些系统控制与管理功能,如对中断请求的管理、对 DMA 传输的控制、负责系统的定时与计数等。图 4-65 所示为 440BX 芯片组的南桥芯片 82371AB 的结构简图。

同样,图 4-65 省略了内部逻辑,而突出对外的接口模块。图中的 PCI 总线接口用于与 PCI 总线,即与北桥的连接。82371AB 内部集成有 PCI 到 ISA 桥接电路,从 ISA 总线接口引出的就是 ISA 总线,其工作频率是 PCI 总线的 $\frac{1}{4}$(7.5～8.25MHz)。该芯片的 USB 接口可引出两个 USB 1.0 端口。两个 IDE 接口可连接 4 个 IDE 设备(支持 Ultra DMA33)。该芯片内部集成有两片 82C37 组成的 DMA 控制器、两片 82C59 组成的中断控制器以及基于 82C54 的定时器/计数器。该芯片还有一些重要模块,如电源管理模块、实时时钟模块等。

需要指出的是,芯片组体系结构中的南桥在某种程度上是可以互换的,也就是说,不同的芯片组经常设计为使用相同的南桥芯片。这种芯片组模块化设计使得主板生产成本降低,并提高了主板生产的灵活性。

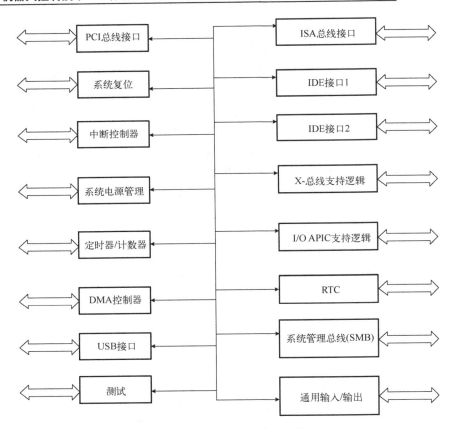

图 4-65 南桥芯片 82371AB 结构简图

在北桥/南桥体系结构的控制器系统中有时还需要一个独立的芯片，通常它不属于芯片组，该芯片称为 Super I/O 芯片，附加到 ISA 总线上。实际上，它属于芯片组体系结构的第三个层次。Super I/O 芯片将通常使用的外围设备，如并行接口、串行接口、软盘驱动器以及键盘/鼠标接口等，都合并到一块芯片里。

4) PCI 总线的应用

应该指出，使用 PCI 总线与 ISA 总线不同，在 ISA 总线系统中，I/O 与主机的数据传送可用 IN 和 OUT 指令，只要指明地址即可。而要设计一个 PCI 接口板，必须使用 PCI 总线 BIOS 中的程序以及 PCI 控制器。因为总线接口信号不是像 ISA 一样直接提供存储器以及 I/O 读/写控制信号，而是在 PCI BIOS 中为用户提供了访问 PCI 总线的总线函数，利用它可以读取 PCI 配置主存中的内容，但要实现接口卡与主机的数据传输，又必须使用 PCI 控制器，对 PCI 控制器进行适当编程，才能实现与 I/O 接口之间的数据通信。应用时不必关心 PCI 接口信号与 I/O 接口怎么连接，只要清楚怎样调用就行了。

通过 INT 1AH 指令的 AH=0B1H 功能来得到 PCI 总线函数，其中包括 PCI 总线的总线和单元等信息，再据此对 PCI 总线控制器编程来实现数据传送功能。

4.3.5 机器人控制系统集成——中断处理

中断处理集成电路设计方法是将中断处理功能集成到单一芯片中的设计方法。这种设计方法的主要目的是简化和优化中断处理过程，提高系统的性能和可靠性。

中断处理集成电路设计方法包括以下几个步骤。

（1）系统需求分析：首先需要分析系统的中断处理需求，包括中断源的种类和数量、中断优先级等，以确定设计的基本要求。

（2）中断控制器选择：根据系统需求分析的结果，选择合适的中断控制器芯片。中断控制器是用来处理和管理中断的关键部件，可以根据中断源的类型和数量选择合适的控制器。

（3）中断控制器配置：根据系统需求和中断控制器的规格，进行中断控制器的配置，包括中断源的映射、中断优先级的设置和中断触发条件的配置等。

（4）中断处理逻辑设计：根据系统需求和中断控制器的规格，设计中断处理逻辑。中断处理逻辑主要包括中断响应、中断服务程序的执行和中断返回等部分。

（5）中断请求检测电路设计：设计中断请求检测电路，用于检测中断请求信号，触发中断处理过程。

（6）中断向量表设计：定义中断向量表，用于存储中断服务程序的入口地址。中断向量表是一个关键数据结构，用于确定中断服务程序的执行地址。

（7）中断服务程序设计：根据每个中断源的需求，设计相应的中断服务程序。中断服务程序主要用于处理中断事件，包括保存现场、执行相应的操作和恢复现场等。

（8）中断控制器接口设计：设计中断控制器与外部系统的接口，包括中断请求信号的输入和中断响应信号的输出等。

（9）仿真和验证：进行电路的仿真和验证工作，确保设计的正确性和可靠性。

中断处理集成电路设计方法可以提高系统的处理效率和可靠性，同时降低电路的复杂性和功耗。但是在设计过程中需要注意中断处理的各个环节的协调和平衡，以满足系统的整体需求。

1. 中断概念

中断为控制器系统的核心部分和外围设备通信的一个重要的接口。当中断被响应时，无论核心部分在做什么，都要停下来去处理，就是要执行一段专为这个外围设备编写的程序，执行完以后，才恢复刚才所做的工作。举例来说，我们每按一下键盘，就产生一个键盘中断，微处理器就要停下手边的工作来处理，记录下来哪个键被按下了，如果按下这个键要对应某一个操作，就赶快先进行这个操作，完成之后，才恢复刚才的工作。对于接在串口上的 MODEM 也是一样，电话线中传来数据，这个串口就会产生一个中断，微处理器就要停下来，先将数据接收下来，放到一个安全的地方。我们能够一边写文章，一边从网上下载数据，就全靠中断的正常工作。

那么什么是中断？中断是指微处理器在正常运行程序时，由于内部/外部事件或由程序预先安排的事件，引起微处理器暂时停止正在运行的程序，转到为该内部/外部事件或预先安排的事件服务的程序中去，服务完毕，再返回去继续运行被暂时中断的程序的过程。引起中断的事件称为中断源。中断源向微处理器提出处理的请求称为中断请求。发生中断时被打断程序的暂停点称为断点。微处理器暂停现行程序而转为响应中断请求的过程称为中断响应。处理中断源的程序称为中断处理程序，原来正常运行的程序称为主程序。微处理器执行有关的中断处理程序称为中断处理，而其返回断点的过程称为中断返回。中断的实现由软件和硬件综合完成，硬件部分称为硬件装置，软件部分称为软件处理程序。程序中断类似于子程序调用，但有很大的区别，子程序调用是由程序员预先安排好在程序运行到某一步进行的，通过调用命令实现，而中断往往是突发的、无法预知何时发生的事件。

2．中断源分类

在明确了中断的概念之后，我们再来看一看中断的类型。现代控制器系统都根据实际需要配置不同类型的中断机构，因此，按照不同的分类方法就有不同的中断类型。目前很多小型机系统都采用按照中断事件来源进行划分的方式进行分类。根据中断源的不同，可以把中断分为硬件中断和软件中断两大类，而硬件中断又可以分为外部中断和内部中断两类。

外部中断一般是指由计算机外设发出的中断请求，如键盘中断、打印机中断和定时器中断等。外部中断是可以屏蔽的中断，也就是说，利用中断控制器可以屏蔽这些外部设备的中断请求。内部中断是指因硬件出错(如突然掉电、奇偶校验错等)或运算出错(除数为零、运算溢出、单步中断等)所引起的中断。内部中断是不可屏蔽的中断。

硬件中断有两个源。

(1)可屏蔽的中断。它是在微处理器的 INTR 输入引脚上接收的中断请求，除非中断使能标志 IF 位被置 1；否则不会发生可屏蔽中断。

(2)不可屏蔽的中断。它是在 NMI 输入脚上接收到的，不提供防止不可屏蔽中断的机制。

软件中断其实并不是真正的中断，它们只是可被调用执行的一般程序。例如，ROMBIOS 中的各种外部设备管理中断服务程序(键盘管理中断、显示器管理中断、打印机管理中断等)，以及 DOS 的系统功能调用(INT 21H)等都是软件中断。

软件中断又可分为异常中断与 INTn 指令中断两类，前者多数是由内部非正常的操作引发的。异常则是在引起异常的指令被执行时发生的，处理在执行指令的过程中检测到的情况，如除数为零。通常，中断和异常的服务是以对应用程序透明的方式执行的。

异常有两个源。

(1)检测的异常。其被进一步分类为故障(Fault)、自陷(Trap)和中止(Abort)。

(2)被编程的异常。INT0、INT3、INTn 和 BOUND 指令可以触发异常。这些指令常被称为"软件中断"，但像处理异常一样处理它们。

3．硬件中断与软件中断

中断是微处理器处理外部突发事件的一个重要技术。它能使微处理器在运行过程中对外部事件发出的中断请求及时地进行处理，处理完成后又立即返回断点，继续进行微处理器原来的工作。微处理器的中断如同 80×86 系列一样，分为硬件中断与软件中断两大类。硬件中断是由外部事件引起的，一般在的有关引脚上输入信号以请求这种中断。软件中断是由微处理器内部执行程序指令触发的，它自然与指令的执行同步发生。图 4-66 概括地描述了微处理器系列的全部中断系统的功能。

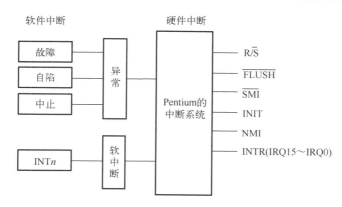

图 4-66　微处理器的中断系统示意图

1) 硬件中断

传统的硬件中断由非屏蔽中断请求 NMI 输入引脚与可屏蔽中断请求 INTR 输入引脚产生，微处理器则增加了 R / $\overline{\text{S}}$ 、$\overline{\text{FLUSH}}$ 、$\overline{\text{SMI}}$ 与 INIT 四个中断输入引脚。

R / $\overline{\text{S}}$：恢复/停止引脚。当该引脚上出现低电平时即停止当前指令的执行，上升到高电平后又重新启动指令的执行。

$\overline{\text{FLUSH}}$：刷新引脚。如果该引脚上出现低电平，则要将 Cache 的内容写回到主存储器中。在刷新完成后，微处理器将发出一个刷新应答周期。

$\overline{\text{SMI}}$：系统管理中断引脚。当该引脚上出现至少 2 个 CLK 时钟周期的低电平时，微处理器执行完当前指令就会激活 $\overline{\text{SMIACT}}$ 输出低电平，向外界发出即将进入系统管理模式的提示信号。此后，等待外界输入的 $\overline{\text{EWBE}}$ 信号有效，通知微处理器可以将寄存器内容暂时写入系统管理 RAM（SMRAM）中保存，直至整个写周期结束后立即进入系统管理模式，执行相应的中断处理程序实现必要的功能。在系统管理模式中执行重新启动的 RSM 指令后，又可将 SMRAM 保存的内容重新载入微处理器寄存器，使系统恢复运行被中断的程序。

INIT：初始化引脚。在此引脚上输入至少 2 个 CLK 时钟周期的高电平就会迫使系统进入初始化，其内部操作类似系统复位 RESET；不同的是内部 Cache、写缓冲器、命令寄存器与浮点寄存器等均不复位而保留原值，仅复位控制寄存器 CR0 的 PE 位，使系统进入实模式。

微处理器的这 6 个中断输入引脚的优先级从高到低排列顺序如下：

R / $\overline{\text{S}}$ 、$\overline{\text{FLUSH}}$ 、$\overline{\text{SMI}}$ 、INIT、NMI、INTR

微处理器的非屏蔽中断 NMI 通常是由严重的硬件错误引发的，如存储器奇偶校验出错或总线错误等。当 NMI 引脚上接收到高电平时就会立即停止当前操作，转而执行 2 号中断向量做相应的应急处理。

微处理器的可屏蔽中断 INTR 可通过复位标志寄存器 EFlag 中的中断允许标志 IE 实施封锁，在实模式下使用 CLI 指令即可达到此目的，这时不会理睬该引脚上的信号变化。另一条指令 STI 则是设置中断允许标志。

2) 软件中断

与外部引发的硬件中断截然相反，异常中断与 INTn 指令中断由内部产生的。异常中断是指令执行过程中引起的内部异常操作处理，它不受中断允许标志 IE 的控制。

异常中断可分为故障、自陷和中止，取决于它们被报告的方式和是否支持重新启动引起异常的指令。

(1) 故障。

故障指在已被检测到异常的指令之前的指令边界上报告的异常。将产生这种异常操作的指令的地址保存到堆栈中，然后进入中断服务做排除故障的相应处理，返回后再执行曾经产生异常操作的指令，如果不再出现异常，则程序可以正常地继续执行下去。

(2) 自陷。

自陷指在已被检测到异常的指令之后紧接着的指令边界上报告的异常。与硬件中断一样，微处理器执行到当前的异常指令后将下一条指令的地址保存到堆栈中，然后进入相应的中断服务子程序处理异常事件，处理完毕后再返回原处执行主程序。

(3) 中止。

中止指并不总是报告引起异常的指令位置，并且不允许引起异常的程序重新启动。与前两者不同，中止不保存中断地址，这是系统本身无法处理的错误。因此一旦出现中止，系统将无法恢复原操作。这类破坏性异常往往是由某部分硬件失效或者非法的系统调用，如中断向量表出错所致。中止被用来报告几种错误，如硬件错误和在系统表中有不一致的或非法的值。

第 5 章
数字集成电路设计

　　数字系统由数字逻辑电路组成，用于对数字信号进行处理、存储和传输，并最终实现特定的功能。小到基本的门电路和触发器，大到处理器、存储器等大规模集成电路，都是数字系统。随着功能及逻辑复杂性的增加，在单个芯片上集成了众多器件及电路的集成电路(Integrated Circuit，IC)成为目前数字系统重要的实现方式。一般情况下，数字集成电路的设计流程如图 5-1 所示。

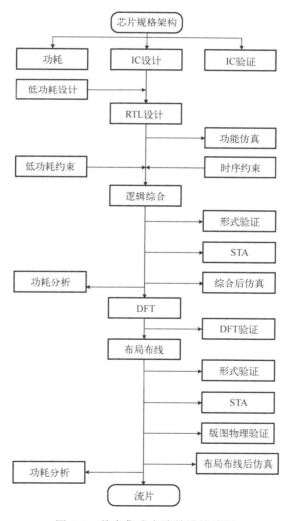

图 5-1　数字集成电路的设计流程

集成电路设计的起点，是根据需求制定芯片规格（Specification，Spec）和设计电路架构。在 IC 前端设计部分，设计人员根据芯片规格，使用 HDL 从寄存器传输级（Register Transfer Level，RTL）对电路进行描述，在进行功能仿真以及加入时序功能等约束后，便可通过综合（Synthesize）将 RTL 代码转化成门级网表（Gate Level Netlist，GLN）。在中端进行可测试性设计，通过添加硬件逻辑从而方便之后对生产的芯片进行测试。后端设计的工作是将门级网表通过布局布线制成物理版图，经过仿真验证后便可送到芯片制造端流片（Tape Out，TO）量产，完成整个 IC 设计的流程。

5.1 数字集成电路设计描述

数字集成电路设计描述部分包括规格设计、RTL 设计、功能仿真等。

5.1.1 规格设计

芯片规格设计是数字 IC 设计的第一步。先根据项目需求和功能要求，确定芯片的应用领域、主要功能和性能、成本预算、芯片面积、遵行的安全等级等，进而确定设计的整体方向，最后进行系统级设计。具体地，芯片架构部分包括软硬件划分、模块功能划分、各模块之间的连接和通信方式，以及如何组织这些模块以实现所需的功能等，将 IC 的功能拆分为各种功能子模块，能更好地组织设计和验证工作；性能规格部分包括时钟频率、数据传输速度、功耗、精度和信噪比等，设计时需要权衡性能和资源之间的关系，例如，提高性能可能会导致增加功耗或芯片面积，因此需要在不同参数之间找到平衡点；接口定义部分包括输入和输出端口、通信协议、数据格式等；电源和功耗部分包括工作电压范围、电源噪声要求、电源管理策略、低功耗设计等，能够延长电池寿命、降低芯片功耗；安全性部分包括故障处理与恢复、数据保护机制和容错性要求，确保芯片在异常情况下也能正常工作。测试和验证部分包括完整的功能验证测项、测试设备、测试程序以及验证计划。此外，如果数字 IC 使用特定的制程技术，则需要定义相关的制程技术规格，包括工艺参数、材料要求和工艺容忍度等。芯片规格贯穿整个芯片设计流程，为后续的详细设计、验证和制造提供了坚实的基础。

5.1.2 RTL 设计

在有了芯片规格之后，即可设计逻辑电路。设计人员通过高层次抽象级硬件描述语言来描述电路的功能和行为，如超高速集成电路硬件描述语言（VHSIC Hardware Description Language，VHDL）、Verilog、System Verilog 等。这些语言提供了一种结构化的描述方式，使用 HDL 来编写逻辑电路的描述能够通过 HDL 编译器将其转化为对应的电路结构，大大简化了数字逻辑的设计。HDL 的设计包括五个层次：系统级、行为级、寄存器传输级（RTL）、门级及晶体管级。RTL 级着重描述寄存器之间逻辑功能的实现，其只关注数据在寄存器之间的传输和操作，而不关心具体的门级电路，因而比门级更为简单和高效。使用 RTL 级的原因是其可综合，综合能将原理图或者 HDL 描述的电路转换成逻辑门的连接，即门级网表，这是整个前端工作的终点。

经典的 RTL 级的设计包含三个部分：时钟域描述、时序逻辑描述和组合逻辑描述。

　　时钟信号是一个周期性的信号，用于同步电路中的各个部件的操作。数字电路中的时钟信号通过晶振(Crystal Oscillator)或其他稳定的振荡器源产生，振荡器产生的频率通常很高，因此通常会通过分频电路将其降低到所需频率。由于电路中可能存在不同的操作阶段或频率要求，因此将电路划分为不同的时钟域，每个时钟域对应不同的时钟信号和操作频率，例如，处理器的核心部分和其外围接口通常有不同的时钟域。

　　时钟域描述包含时钟信号源、主时钟信号、时钟信号边沿、时钟域边界、同步和异步操作等。时钟信号源描述哪个信号被作为主时钟信号，用于驱动整个电路的操作。主时钟信号通常具有固定的频率和相位，是整个电路中所有时序操作的基准。时钟信号边沿——描述时钟信号的触发边沿，包括上升沿(Positive Edge)、下降沿(Negative Edge)或双边沿(Both Edges)。时钟域边界描述时钟域之间的边界和时钟域划分。电路中可能存在多个时钟域，每个时钟域内的时序逻辑在相应的时钟信号边沿处进行操作。时钟域边界的准确定义对于时序逻辑的正确实现和时钟域之间的互联至关重要。同步和异步操作描述哪些操作在时钟边沿同步进行，哪些操作是异步的，不与时钟信号直接相关。同步操作是在时钟边沿上进行的，以确保正确的状态转换和数据传输。异步操作在不受时钟边沿限制的情况下发生，需要特殊的同步器或保护电路来处理时序和数据完整性。

　　逻辑门是数字逻辑设计中的基础单元，其用于执行逻辑运算、实现不同的逻辑功能，如与门、或门、非门、异或门等。不同逻辑门的组合可以构建出更复杂的数字电路，如加法器、译码器、多路复用器等组合逻辑电路以及触发器、寄存器、计数器等时序逻辑电路。时序逻辑指电路的行为不仅取决于当前的输入信号，还取决于输入信号的时序关系。在时序逻辑设计中，需要考虑时钟信号的同步、每个元件的信号延迟、触发器的触发方式、复位机制等，以确保电路的正确性和稳定性，避免时序冲突、竞争冒险等时序问题以及由信号延迟和时钟问题引起的意外行为。此外，状态机设计也是数字逻辑设计的重要部分。状态机是一种特殊的逻辑电路，它由一组离散的状态以及状态之间的转移关系组成，可以响应输入信号和当前状态，并根据预定义的状态转移规则切换到下一个状态。通过状态机可以实现复杂的控制逻辑和状态转换，提供可靠的系统行为和功能。

　　通过组合电路和时序电路的配合使用，便可以构成不同功能的电路模块，在硬件工程领域，可重复使用的具有特定功能的模块或单元被视为一种可插入的知识产权(Intellectual Property，IP)，从锁相环(Phase-Locked Loop，PLL)、通用串行总线(Universal Serial Bus，USB)到模数转换器 ADC(Analog-to-Digital Converter，ADC)、数字信号处理器(Digital Signal Processor，DSP)，再到中央处理器(Central Processing Unit，CPU)、图形处理器(Graphics Processing Unit，GPU)都有对应的 IP 核，使用这些反复验证过的成熟设计可以大幅度减小设计规模，让芯片设计变成选择合适参数和指标的 IP 核，再与自主设计部分连接的过程。

5.1.3　功能仿真

　　功能仿真又称为前仿真、行为级仿真、RTL 级仿真，它在综合之前进行，针对 RTL 代码，仅对电路的逻辑功能进行仿真，验证电路在理想环境下的功能和行为是否符合芯片规格和设计要求，它不考虑门延迟和线延迟，因此无法证明其在实际电路中的逻辑功能仍然正确。具体地，首先建立仿真环境，包括选择仿真工具(如 Mentor 公司的

ModelSim、Synopsys 公司的 VCS 等)和相应的仿真设置,通过 HDL 将设计的数字电路描述转化为仿真可执行的模型。然后,在仿真环境中生成各种输入信号,以模拟实际运行中的各种情况。输入信号可以是预定义的测试向量、随机信号或来自外部环境的模拟信号。设计人员可以根据系统的规格和功能要求,设计不同的输入场景,包括边界情况和异常情况。输入信号生成完毕后,便可以运行仿真来模拟电路的行为。仿真工具会根据仿真模型和输入信号,计算出电路的输出结果。通过分析仿真结果,包括电路的输出状态、波形和时序关系等,可以验证电路的正确性和功能。如果仿真结果与预期不符,可以使用调试(Debug)工具(如 Synopsys 公司的 Verdi 等)进行修正,逐步追踪和分析电路的运行过程,检查信号路径、逻辑错误或时序问题。

5.2　数字集成电路设计综合

数字集成电路设计综合部分包括逻辑综合、形式验证、静态时序分析和综合后仿真等。

5.2.1　逻辑综合

逻辑综合是将电路的行为级或 RTL 级描述转化成为门级描述的电路连线网表的过程,也就是将程序翻译成实际电路。具体地,首先输入设计描述,将设计人员使用 HDL 编写的逻辑设计描述进行输入,使用综合工具(如 Synopsys 公司的 DC(Design Compiler)等)进行逻辑综合,综合工具首先会将 RTL 代码进行编译生成通用网表(Generic Technology,GTECH),通用网表是一种抽象的电路表示,不包含具体的物理信息,如逻辑表达式转换成逻辑操作电路、运算表达式转换成算术运算单元、边沿触发的 always 块里生成寄存器、case 语句的变量赋值转换成多路选择器(MUX)等。接着进行设计约束的设置,设计约束包括设计规则约束和优化约束:设计规则约束由工艺库定义,包括布线规则、电气规则等;设计优化约束由设计人员指定,用于定义综合工具在优化电路时需要遵循的目标,如时钟频率、低功耗约束、面积约束等,综合工具会在不违反设计规则约束的前提下遵循设计优化约束。然后,综合工具执行综合与优化的过程,输出工艺相关的门级网表,门级网表包含了电路的物理信息和时序特性,ASIC 工艺映射主要是标准单元库,FPGA 工艺映射是查找表。在门级网表的基础上会再进行时序优化和基于物理信息的优化,综合工具也会产生时序、面积、约束等报告来反应设计的综合和优化结果,再通过一系列仿真验证后,便可交予中后端进行物理实现。

集成电路伴随摩尔定律发展至今,很多芯片已经拥有数十亿甚至上百亿级别的晶体管数量,其复杂性已经逐渐超过使用 RTL 级语言能够开发和管理的范畴,因此高层次综合的优势日益凸显。高层次综合(High-Level Synthesis,HLS)指的是将高层次语言描述的逻辑结构自动转换成低抽象级语言描述的电路模型的过程。与传统的 RTL 级设计相比,HLS 具有更高的抽象级别,强调系统级建模,使用 C、C++、SystemC 等作为开发语言,可以经 HLS 编译器转换为等价的 RTL 设计,再进行下一步逻辑综合。HLS 的优势是显而易见的,在更高的抽象层次上进行设计,可以大大压缩代码密度,减少代码量,提高代码的可读性,降低设计复杂性,并且代码更易于修改和移植。HLS 工具封装和隐藏了硬件的实现细节，使设计师能专注于上层算法的实现，以及对性能、面积或功耗敏感的模块的优化设计。高层次语言也隐藏了 IP 需要的固定架构和接口标准，减少了在 IP 重用时进行系统互联和接口验证所需的时间和精力，促进了 IP 重用的效率。在更高的抽象层次上进行验证，也能够实现更快的验证速度，从而加速设计迭代过程。值得注意的是，HLS 工具可能在生成硬件时会产生冗余电路或者没有充分利用资源，导致硬件资源的浪费，也可能无法达到手动优化的性能水平。HLS 并不适用于所有类型的电路设计，特别是对于一些对时序、资源利用率等有严格要求的设计，可能需要手动设计来达到最佳性能。

5.2.2　形式验证

形式验证（Formal Verification）与传统的仿真验证方法不同，是一种基于数学推理的静态验证方法。形式验证需要有一个参考设计和一个待验证的设计，参照设计会被认为是在功能上完备无缺的，通过数学手段遍历所有可能的输入检查对应输出，来检验待验证设计是否包含参考设计所具备的功能。形式验证有两个领域：一是模型检查，即检查 RTL 功能是否满足设计规范；二是等价性检查，也是主要的形式验证应用方式，它通过形式验证工具（如 Synopsys 公司的 formality、Cadence 公司的 Conformal LEC 等），根据电路结构静态地判断两个设计在功能上是否等价，常用于判断在修改前后功能是否保持一致。例如，参照功能仿真后的 RTL 设计，对比综合后的网表，通过形式验证进行等价性检查，保证在逻辑综合过程中没有改变原先 RTL 描述的电路功能。在 IC 设计的流程中，除了逻辑综合网表之外，在中后端设计的可测性设计、布局布线、时钟树综合等步骤后产生的网表都有新的逻辑加入，都需要进行形式验证来确保新加入的逻辑没有改变之前的网表功能。形式验证不需要测试向量或仿真运行，不受测试覆盖率的限制，可以全面地验证设计的功能。形式验证的局限性在于它只能验证设计的功能正确性，而无法验证时序性能或资源利用率等其他性能参数。在现代数字电路设计中，形式验证不仅可以用于功能验证，还可以在跨时钟域（Clock Domain Crossing，CDC）检查和覆盖率分析等方面发挥作用。

5.2.3　静态时序分析

静态时序分析（Static Timing Analysis，STA）是对电路进行时序验证，即使用 STA 工具（Synopsys 公司的 PT（Prime Time）等），套用特定的时序模型，检查电路是否违反时序约束。STA 通过电路网表的拓扑信息分析设计中所有路径的时序特性，不需要测试向量执行或执行仿真操作，因此它的分析时间和运行速度远远快于 RTL 级和门级的仿真验证过程。STA 可以精确地分析电路的时序行为，包括时钟频率、建立时间和保持时间等关键时序参数，并且理论上可以实现 100% 的路径覆盖。STA 直接指示了每个阶段的时序是否满足约束需求，在逻辑综合之后即可进行 STA，整个后端设计包括布局布线、时钟树综合等阶段都需要进行 STA。静态时序分析是一种基于规则和约束的验证方法，它能够发现电路中的潜在时序违例和故障，并提供合理的解决方案。通过静态时序分析，设计人员可以识别和调整设计中的风险，确保电路在各种情况下的正常运行。当然，STA 也有局限性，它只能有效地验证同步时序电路的正确性，而无法直接验证电路功能的正确性，对于包含异步电路的设计，STA 也无法提供有效的时序验证。异步电路必须通过门级仿真来保证其时序的正确性。

5.2.4 综合后仿真

后仿真分为综合后仿真和布局布线后仿真，后仿真也称为动态时序仿真，它是门级仿真。后仿真与前仿真(功能仿真)所使用的仿真器以及所加的激励是相同的，不过它在前仿真的基础上加入了延时信息，综合后仿真是对综合后的门级网表进行仿真，连线延时来自于通过线负载模型的估计；布局布线后仿真是对布局布线后的门级网表进行仿真，连线延时来自于版图的提取。后仿真能够对电路功能和时序进行全面验证，重点是验证引入了实际时延之后，在最坏的情况下电路的功能是否依旧正确。后仿真非常重要，但随着集成电路规模及功能的日益增加，往往需要庞大的测试向量来进行验证，花费的时间也越来越长，由于分析结果完全依赖于所提供的激励，因此也不能保证100%的覆盖率。通过形式验证保证门级网表在功能上与 RTL 设计一致和静态时序分析保证门级网表的时序可以验证大部分情况，但在一些情况下后仿真还是必不可少的，例如，异步逻辑设计中存在信号传输不依赖于时钟边沿的情况，无法通过 STA 来验证，只能通过门级仿真；电路的初始化状态验证也需要后仿真完成；对于串扰等动态效应，静态分析工具也无法精确验证，后仿真可以通过实际的模拟来捕捉这些动态效应。此外，后仿真产生的 VCD 文件还可以做功耗分析，以确定电路在不同模式下的能耗情况。

5.3 可测性设计

可测试性设计(Design For Test，DFT)指的是在芯片原始设计阶段中通过 DFT 工具(Mentor 公司的 Tessent、Synopsys 公司的 DFT Compiler 等)，插入各种用于提高芯片可测试性的硬件逻辑，通过这部分逻辑，生成测试向量，达到测试大规模芯片的目的。随着芯片规模普遍越来越大，DFT 的重要性也越来越高，由于 DFT 贯穿着 RTL 设计、综合、验证、测试整个流程，因此它是一个较为独立的环节。

在进行可测性设计之前，需要明确测试的要求，以此为其他可测性设计步骤提供指导。以下是可测性设计的常见测试要求：在芯片的设计过程中，合理地添加可测试电路、测试接口和测试点，以便测试设备能够对芯片进行良好的控制和读取；通过设计有效的测试用例，全面覆盖芯片的各个功能和信号，包括逻辑功能、时序特性和电气特性等，以保证测试的全面性和有效性；能够提供故障检测和定位的支持，通过添加专门的故障检测电路和诊断接口，方便对芯片进行故障定位和诊断，快速找出故障原因；通过合理的测试策略和方法，有效减少测试时间和成本，提高测试的生产效率，从而降低制造和维护过程中的成本和风险；在发生故障时能够提供故障容错的支持，通过添加冗余电路和备用资源，使芯片在出现故障时能够自动切换到备用电路或资源，提高芯片的可靠性和容错性。

DFT 的主要技术有扫描链、边界扫描和内建自测试等。

5.3.1 扫描链

扫描链(Scan Chain，SC)是一种主要用于测试时序电路的技术，时序电路由于其复杂性，通常比组合逻辑电路更难以测试，扫描链的目的就是将时序电路转化为易于测试的组合逻辑电路。要实现这样的转化，需进行扫描测试将测试电路中的时序单元用特定的扫描单元替换，然后将这些扫描单元连接成扫描链，通过测试扫描输入端口和测试扫描输出端口对内部电路值进行控制和观测。

常见的扫描单元类型有如下三种：时钟扫描单元(Clocked-Scan Cell)、带有二选一选择器的扫描单元(Mux-D Scan Cell)和电平敏感扫描单元(LSSD)。时钟扫描单元有数据输入、扫描数据输入、扫描时钟、系统时钟和数据输出五个输入输出口。这种时钟扫描结构使用专门的扫描时钟去进行数据移位：在普通模式下，使用系统时钟，对 D 端数据进行正常数据传输；在扫描模式下，使用扫描时钟，将需要输入的值从扫描输入端传输进去。带有二选一选择器的扫描单元是最常见的扫描单元类型，它由一个 D 触发器和一个二选一选择器组成。将 D 触发器的 D 端与二选一选择器的输出端相连，数据输入(data)和扫描数据输入(scan_in)分别作为二选一选择器的输入端，选择器的控制端为 scan_en。当 scan_en 为高电平时，进入扫描模式，scan_in 端进行数据传输，在时钟端(scan_clk)的控制下，数据从 scan_out 端输出；当 scan_en 为低电平时，进入普通模式，数据从 data 端进行数据传输。电平敏感扫描单元具有三个独立的时钟，此种扫描单元可以通过这三个独立的时钟将数据捕获在两个保持锁存器中。电平敏感扫描单元在普通模式下，主锁存器使用 scan_clk 将 data 捕获，然后把它发送到系统输出端 Q。在测试模式下，Ascan_clk 和 Bscan_clk 通过主锁存器和从锁存器让测试数据进行移位，使其向 scan_out 端移动。

扫描链技术有两个步骤，第一个是扫描替代(Scan Replacement，SR)，即将触发器和锁存器替换为具有扫描功能的扫描触发器，包括带有多路选择器的 D 触发器和带有扫描输入端的锁存器等，它们可以用于在测试模式下将输入值加载到存储器中，而不影响正常操作模式，测试模式可以被扫描链输入到集成电路中，使得测试覆盖面更广，有助于发现潜在的故障。第二个是扫描串接(Scan Stitching，SS)，将所有替代后的扫描触发器连接成一个或多个长的移位寄存器链，即扫描链。在测试模式下，通过自动测试向量生成(Automatic Test Pattern Generation，ATPG)工具自动生成测试图形向量，再按照特定的顺序将测试向量加载到扫描链上，在扫描输出端得到测试响应，通过测试响应值与期望响应值对比就能快速找到发生缺陷的节点。扫描链技术可以将电路分解为多个可测试的组件，从而简化了测试的复杂度。测试模式可以顺序地应用于每个组件，以检测和诊断故障，而不需要对整个电路进行全面测试。扫描链技术通过改变内部电路连接方式，串起电路中的存储元件，从而使得时序电路的测试向量生成和仿真变得和组合逻辑一样简单。

5.3.2　边界扫描

边界扫描结构是在实现某一逻辑功能的电路周边与外部 I/O 引脚之间，为了进行测试而特意添加的附加逻辑电路。边界扫描技术是一种应用于数字集成电路器件的测试性结构设计方法。"边界"是指测试电路被设置在集成电路器件功能逻辑电路的四周，位于靠近器件输入、输出引脚的边界处。"扫描"是指连接器件各输入、输出引脚的测试电路实际上是一个串行移位寄存器，这种串行移位寄存器称为"扫描路径"，沿着这条路径可输入由"1"和"0"组成的各种编码，对电路进行"扫描"式检测，从输出结果判断其是否正确。

边界扫描（Boundary Scan，BSCAN）主要用于测试输入输出引脚，边界扫描的核心就是在紧挨元件的每个输入输出引脚周围，也就是电路的边界处增加特殊设计的移位寄存器组。边界扫描路径就是串接起来的串行移位寄存器链，通过边界扫描链能在测试模式下控制和观察 IC 引脚状态。通过联合测试行动小组（Joint Test Action Group，JTAG）进行边界扫描测试（BST）是典型的方式，JTAG 组织制定了 IEEE 1149.1 标准，该标准规定了边界扫描的测试端口、测试结构和操作指令。测试结构主要包括测试访问口（Test Access Port，TAP）控制器和寄存器组，TAP 控制器的作用是接收串行输入的控制信号，并根据指令进行译码，使边界扫描系统进入相应的测试模式，并产生所需的控制信号；寄存器组由边界扫描寄存器、指令寄存器、旁通寄存器等构成，它们组合在一起，能够执行外测试指令、旁路指令、采样指令等，让测试人员有效地对 IC 引脚状态和测试操作进行控制和观察。值得注意的是，尽管 JTAG 最初是为了边界扫描而设计的，但它的功能远不止于此，JTAG 接口还可以用于 IC 的编程、下载、调试、测试等各种用途，是数字电子领域中非常重要的通用接口标准。图 5-2 所示为 BSCAN 电路基本结构。

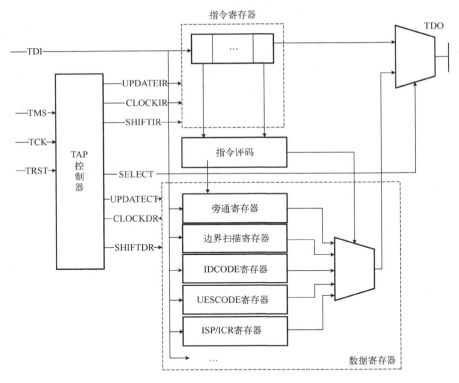

图 5-2　BSCAN 电路基本结构

5.3.3　内建自测试

内建自测试（Built-In Self-Test，BIST）主要针对 ROM 和 RAM 等存储器。BIST 测试的核心就是通过在电路内部插入逻辑电路，使电路自身产生测试向量来对电路进行测试。BIST 电路通常在 RTL 级插入，并且需要与其他逻辑一起进行综合。内建自测试能够在电路内部生成和处理测试模式，独立于外部测试设备或测试工具，这使得电路能够进行自我测试，无须额外的测试设备，提高了测试的自足够性。它可以生成更复杂和全面的测试模式，覆盖更多的故障和测试场景，提高了测试的覆盖率。与传统的外部测试相比，内建自测试可以更好地探测和发现潜在的故障，提高了测试的可靠性。它还可以在电路内部实时反馈测试结果，甚至自动修复一些故障。这使得故障诊断和修复过程更加高效，减少了维修和调试的时间与成本。内建自测试甚至可以在不同的电路和设计中重复使用。一旦开发了有效的 BIST 设计，它还可以在多个项目和多个电路中进行多次重复应用，减少了测试开发的工作量。

　　BIST 包括测试控制器、向量生成器和响应分析器等组件，如图 5-3 所示。测试控制器管理 BIST 的测试模式和过程、控制测试向量的生成和应用以及响应的收集和分析。向量生成器用于生成测试向量，生成测试向量的算法通常是根据被测电路的特性和测试要求来确定的，如 March 算法、Checkerboard 算法等。March 算法能够检测出绝大多数常见的存储器缺陷，包括 Stuck_at、寻址出错及耦合问题等，能实现对全部地址、数据、读写和存储器控制逻辑的测试。响应分析器用于分析被测电路产生的响应，如果响应与预期不一致，系统会报告故障。BIST 由于能自主产生测试向量测试，因此测试速度更快，还可以减少对昂贵的外部测试设备的依赖，降低测试成本。BIST 模块的基本逻辑电路集成如图 5-4 所示。

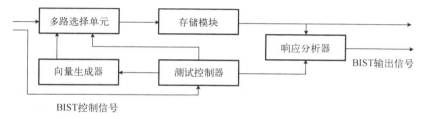

图 5-3　BIST 基本概念图

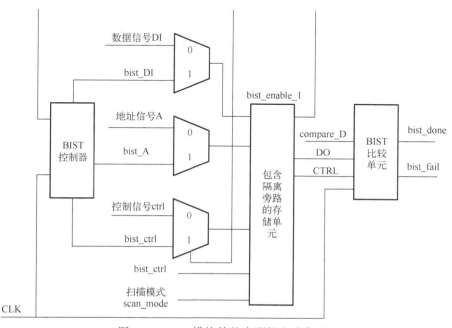

图 5-4　BIST 模块的基本逻辑电路集成

5.4 后 端 设 计

芯片后端设计人员不必过多关心电路的实际逻辑功能是什么，只需要把前端工作得到的抽象的网表转化为实际的电路即可。网表文件中会给出各个器件的链接关系，后端人员根据链接关系进行布局布线生成芯片的版图信息文件（GDSII 或 OASIS 文件），就可以交付工厂制造流片了。

后端设计部分包括布局布线、形式验证和静态时序分析、版图物理验证，以及布局布线后仿真等。

1. 布局布线

布局布线（Place & Route，P&R）是将逻辑网表映射到物理布局的过程。首先进行布局规划，根据网表中 IP 以及逻辑单元的数量推算出芯片面积，创建芯片的框架，再依次确定输入输出引脚、宏单元、保留区域、电源与地等的位置。然后完成对设计的检查以及关于布局、DFT、时序优化、功耗优化的设置，之后便可进行布局，主要是指软件自动对标准单元的摆放。通过合理的布局设计，可以确保元件之间的物理连接，并优化电路的面积、功耗和信号传输延迟等指标。接下来进行时钟树综合（Clock Tree Synthesis，CTS），即对时钟的布线。CTS 的目的有两点：一是确保芯片内部的所有时钟信号在时钟网络中传播时具有相近的到达时间，减小时钟偏差；二是尽量减小时钟网络的延迟。最后进行非时钟的布线，包括各种单元之间的走线连接，此后布线工具会自动进行消除布线拥塞、优化时序、降低耦合效应、消除串扰、降低功耗、保证信号完整性等。

2. 形式验证和静态时序分析

如之前所说，形式验证和静态时序分析（STA）在 IC 设计流程中多次涉及。形式验证主要存在于三个节点，分别是 RTL 代码和逻辑综合后的网表的验证、综合后的网表和 DFT 插入后的网表的验证，以及 DFT 插入后网表与布局布线后网表的验证，确保每次加入的逻辑没有改变之前网表的功能。STA 在 DFT、布局、时钟树综合、布线等阶段都可以进行，可确保每个阶段的时序都没有问题。

3. 版图物理验证

画完版图（Layout）之后会进行一系列验证。设计规则检查（Design Rule Check，DRC）是版图验证的第一步，它对电路的结构和规则进行检查，如线宽、间距、孔径等几何布局是否满足设计规范和约束；电气规则检查（Electrical Rule Check，ERC）是在电气层面对电路进行检查，如电气连接是否正确、电路中是否有短路或断路等；版图电路图一致性检查（Layout Versus Schematic，LVS）是版图验证的重要且必要的步骤，通过比较版图数据和原理图数据，检测两者之间包括连接关系、器件参数和拓扑结构等的不匹配或错误；寄生参数提取（Layout Parasitic Extraction，LPE）用于提取版图中的寄生电容、电阻和互感等寄生参数，寄生参数对于电路的性能和时序分析非常重要，并用于后续的后仿真过程。此外，还会有关于 IR 降、电迁移(Electromigration，EM)等项目的检查分析，用于保证电源和信号线的强度，满足使用寿命。

4．布局布线后仿真

布局布线后仿真是狭义上的后仿真，在布局布线之后，晶体管等各器件的具体形状、尺寸、相对位置已经确定，导线本身存在的电阻、相邻导线之间的互感、耦合电容等寄生参数在芯片内部会产生信号噪声、串扰和反射，导致信号电压波动和变化，如果严重就会导致信号失真错误。后仿真引入了寄生分布参数的实际电路进行仿真，是最后对电路功能和时序进行的全面验证，这一步的仿真和真正芯片的行为最为接近，能够很好地反映芯片的实际工作情况。完成了后仿真，芯片就可以交给代工厂进行流片了。

5.5　低功耗设计

伴随摩尔定律，在 IC 上集成的晶体管密度呈指数级增长，芯片上的功耗密度也是成倍地增加，功耗的增加带来了一系列问题。首先是散热问题，高功耗电路产生的大量热量会导致芯片温度升高到不可控的状态，芯片只能通过降低频率保证安全；再者是电源问题，高功耗电路需要更多的电源供应，相应地需要更大的电池或更高的电源电压，这可能引发电源噪声和稳定性问题，对于依赖电池供电的移动设备，会需要更频繁地充电，电池寿命也会缩短；还有一系列性能问题，例如，过高的温度可能引入电源噪声和地噪声，产生的电磁辐射引发电磁干扰和电磁兼容性问题都会影响芯片性能和可靠性。可以说，如果没有低功耗设计的突破，半导体工艺的进步就会陷入停滞，也不会有如今半导体行业的蓬勃发展。低功耗设计就是在数字集成电路设计过程中，采取一系列的措施以降低电路的功耗。它的目标在于减少电池能量的消耗，延长电池的使用寿命，提高移动设备的续航能力；降低功耗并减少热量产生，从而降低系统的运行温度；减少散热需求，降低对散热结构和材料的要求，从而降低制造和维护成本；通过减少电源噪声、抑制干扰等方式，提高系统的信号完整性和可靠性，从而改善系统性能；此外还减少电力消耗和碳排放，对环境更加友好，在可持续发展的背景下，低功耗设计也符合节能环保的目标要求。

5.5.1　动态功耗

进行低功耗设计之前首先要了解功耗的来源。数字集成电路主要采用 CMOS 电路，CMOS 电路的功耗包括动态功耗和静态功耗两部分。动态功耗是在设备的状态发生变化时产生的功耗，通常与信号的开关和传输相关，包括翻转功耗、内部功耗、竞争冒险功耗；静态功耗是设备上电但是信号未改变时所消耗的功耗，又称为泄漏功耗。

翻转功耗(Switching Power，SP)主要指 MOS 管驱动负载电容充放电引起的功耗。信号从低电平翻转到高电平或从高电平翻转到低电平时，都伴随输出电容充电和放电过程中的能量损耗。翻转功耗是动态功耗中最主要的组成部分，它与电压、翻转频次和负载电容成正相关。翻转功耗的具体公式如下：

$$P_{sw} = C_{eff} f V_{DD}^2 \tag{5-1}$$

$$C_{eff} = C_L \cdot P_{trans} \tag{5-2}$$

式中，P_{sw} 为翻转功耗；C_{eff} 为有效电容；C_L 为负载电容；P_{trans} 为翻转概率；f 为时钟频率；V_{DD} 为供电电压。

内部功耗(Internal Power，IP)主要指短路功耗。当信号翻转时，这个过程不是瞬间完成的，因此 PMOS 管和 NMOS 管不总是一个导通另一个截止，存在一定时间是两者同时导通的，那么就构成电源到地之间的通路，形成了短暂但巨大的短路电流，此外内部功耗还包括了 MOS 管内部寄生电容充放电导致的功耗。内部功耗的具体公式如下：

$$P_{in} = V_{DD} \cdot I_{short} \cdot f V_{DD} \tag{5-3}$$

式中，P_{in} 为内部功耗；I_{short} 为总短路电流(包含了内部电容充放电电流)；f 为时钟频率；V_{DD} 为供电电压。由于短路持续的时间特别短，因此短路功耗相对翻转功耗而言小很多，所以在一般情况下会忽略短路功耗，将翻转功耗当作整个动态功耗。

竞争冒险功耗是指在数字电路中由于竞争条件而引起的功耗增加。竞争冒险的出现通常与时序问题有关，如时钟信号的延迟、信号传输速度等。当两个或多个信号在同一时间到达逻辑门时，延迟或传输速度不同，它们可能会以不同的顺序被处理，导致竞争冒险。这种竞争可能会使电路产生额外的开关操作、短暂的短路电流、充电和放电过程，从而引起功耗的增加。竞争冒险产生的功耗也发生在电路翻转时，产生机制与翻转功耗相同。两者唯一的差别在于竞争冒险产生的功耗是无用的跳变带来的，而翻转功耗是电路正常工作所需的跳变产生的。因此，竞争冒险功耗的计算方法与翻转功耗相同。

5.5.2 静态功耗

在数字集成电路中，静态功耗又称为泄漏功耗(Leakage Power，LP)，指的是 MOS 管泄漏电流导致的功耗。泄漏电流主要由以下四种电流组成：亚阈值漏电流(Sub-threshold Leakage，SL)是 MOS 管截止时电子由于能带弯曲效应进入通道形成的电流，它是泄漏功耗的主要组成；栅极漏电流(Gate Leakage，GL)是由于栅极氧化物隧穿和热载流子注入，电子从栅极直接通过氧化物流到衬底形成的电流，在高温下更加显著；栅极感应漏电流(Gate Induced Drain Leakage，GIDL)是在 MOS 管非导通时，栅极加压引起源漏极电荷注入形成的电流，影响相对较小；反向偏置结泄漏电流(Reverse Bias Junction Leakage，RBJL)是 PN 结反偏时少数载流子漂移形成的，影响也相对较小。

尽管现在芯片的工作电压已经很低，每个 MOS 管的漏电流很小，但由于集成的晶体管数量达到几十亿甚至上百亿，芯片的整体漏电流越来越大，在 90nm 及以下的工艺中，泄漏功耗已经占到整个功耗的一半左右，成为功耗设计中必须考虑的关键功耗。

5.5.3 不同层次低功耗设计

目前的低功耗设计方法可以按照系统及行为级、RTL 级、门级、晶体管级分层，层次越高，优化的效果越好。

在高层次级，低功耗设计关注通过体系结构及算法和行为来控制整个芯片的功耗和性能平衡，主要方法包括以下几种。

（1）时钟门控（Clock Gating，CG）：对于同步设计，时钟是唯一在所有时间都充放电的信号，时钟树消耗的功耗可以占到整个芯片功耗的 15%～45%，时钟门控就是在系统的某部分电路处于空闲状态或做无用运算时，使其时钟信号无效，从而减少驱动不必要时钟的功耗，同时也阻断了该部分电路中的漏电流路径，减少静态功耗。值得注意的是，门控时钟信号应置于相对较高的层次，以免造成时钟偏差，如图 5-5 所示。

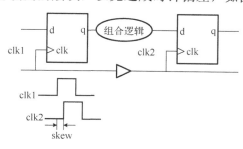

图 5-5　时钟偏差

（2）电源门控（Power Gating，PG）：又称为电源切断技术，即在模块上加入开关使得能选择性地切断供电电流。电源门控分为细粒度电源门控和粗粒度电源门控，细粒度电源门控控制的是门单元，在门与电源和地之间都加入高阈值 MOS 管，在睡眠状态时截止切断供电电流；粗粒度电源门控则是创建一个电源开关网络，实现将整个模块打开或关闭，例如，在芯片进入睡眠模式时关闭 Wi-Fi 模块等。

（3）多电压域设计（Multi-Voltage Domain Design，MVDD）：翻转功耗与电压的平方成正比，因此将芯片划分为多个电压域，每个电压域具有不同的电压和时钟频率，能够根据需要降低功耗，例如，将 CPU 核心和 I/O 模块分为不同的电压域等。但电压的降低会使导通电阻增加，进而延长负载电容的充放电时间，使 MOS 管翻转速度变慢。在进行多电压域设计时，需要在不同电压域之间使用电平转换器等电压隔离和转换单元，保证信号能在不同电压域之间正确传输。

（4）动态电压/频率调节（Dynamic Voltage/Frequency Scaling，DVFS）：DVFS 是根据模块工作负载的需求，动态调整电压和时钟频率来实时地控制系统中不同模块的功耗。例如，处理器在无须全速运行时降低频率和电压，可以在损失适度性能的同时换取功耗的大幅下降。由于频率要与对应的电压相匹配，因此在降功耗调节时需要先降低频率后降低电压，在升功耗调节时先升高电压后升高频率，防止出现时序违例。

（5）算法级优化：通过优化算法来减少处理器的工作量，从而降低功耗。例如，在数据传输和存储中使用数据压缩和编码技术；使用缓存和预取技术来减少对存储器的频繁访问；优化数据存储结构，使数据的访问和检索更加快速高效；优化任务调度算法，来减小任务切换和处理器能耗等。

在 RTL 级，低功耗设计关注电路设计时的逻辑优化，主要方法包括以下几种。

（1）异步设计：同步电路中全局时钟信号需要分发到整个芯片，这消耗了大量功耗，而在异步电路中无须全局时钟，电路元件根据输入的变化自行进行操作，即使某些部分需要时钟信号，这些时钟电路也仅在需要时工作，功耗较低。并且由于异步电路无须等待全局时钟信号，因此在一些大规模高速系统中，无时钟的异步设计能实现快响应、低功耗、精确的时序控制以及低电磁干扰。但由于设计成本以及难以标准化，异步设计还是存在一定限制。

（2）逻辑优化：通过逻辑合并、共享资源、移除冗余、编码优化等方法，减少逻辑门的数量或者翻转次数来降低功耗。例如，通过重排序减少翻转率大的信号的逻辑门数；对状态机中经常跳转的状态使用合理编码；将高活跃度网络与静态网络分离；将高翻转信号放在电路后级等。

在门级，低功耗设计关注门级电路实现过程中的优化，主要方法包括以下几种。

（1）多阈值工艺（Multi-Vt Design，MVD）：阈值电压（Threshold Voltage，Vt）是 MOS 管的门极电压，当门极电压高于 Vt 时，MOS 管开始导通。MOS 管有高阈值（High Voltage Threshold，HVT）、标准阈值（Standard Voltage Threshold，SVT）和低阈值（Low Voltage Threshold，LVT）之分，LVT 的 MOS 管漏电流大、功耗高但延时短、速度快，在关键路径上使用以满足时序及性能要求；HVT 的 MOS 管漏电流小、功耗低但延时长、速度慢，在非关键路径上使用以满足低功耗要求。

（2）毛刺消除：毛刺指由于电路中信号的传输延迟引起的不必要的翻转，可以通过添加缓冲器或电容来减小电路中的毛刺，以降低功耗和电磁干扰。

在晶体管级，低功耗设计关注布局布线以及器件参数和工艺等，主要方法包括以下几种。

（1）体偏置（Body Bias，BB）：MOS 管存在体效应，又称为衬底偏置效应，即衬底的偏置电压会影响 MOS 管的阈值电压。正常模式下，MOS 管的体偏置为 0，会处于低阈值状态；睡眠状态时将体偏置调整为反偏，可使 MOS 管处于高阈值状态，降低功耗。不过 MOS 管的体偏转需要较长时间，还需要加入衬底偏置的连接，增加设计验证布线复杂度。

（2）减少栅氧化层厚度：栅氧化层是 MOS 管栅极和沟道之间的绝缘体，较薄的栅氧化层可以提高 MOS 管的开关速度并减小漏电流，但过薄时会出现电子隧道效应导致功耗增加。可以使用高介电常数的材料来替代传统的二氧化硅作为栅氧化层，能在很薄的氧化层的情况下降低电子隧道效应。

（3）定制设计减小电容：芯片上的电容主要由扇出门的输出电容、线电容和寄生电容组成。在深亚微米工艺中，线电容成为电容的主要部分，但很难准确估算。通过定制设计，可以对线电容等参数进行精细控制，以减小电容并减少动态功耗。

5.6　集成电路制造工艺

本节对集成电路的制造工艺进行简单介绍。经过数字集成设计的流程，最终形成了芯片的版图信息文件（GDSII 文件），交给制造端的芯片代工厂（Foundry）进行流片及大规模生产。芯片制造过程始于晶圆（Wafer）的制造，之后历经氧化、光刻、刻蚀或离子注入、薄膜沉积、金属互连、封装测试等步骤最终制成产品。整个集成电路制造工艺流程如图 5-6 所示。

晶圆是半导体集成电路的载体，通常是由硅单晶制成的圆片，集成电路的各个层次和元件都通过光刻、刻蚀工艺在晶圆上制造。制造晶圆的原材料是高质量的石英砂，先通过冶金级纯化制得 98%以上纯度的多晶硅，再经过多次电子级纯化，将纯度提高到99.99999%以上。然后进行拉晶，通过直拉法或区熔法，将多晶硅融化提拉形成单晶硅

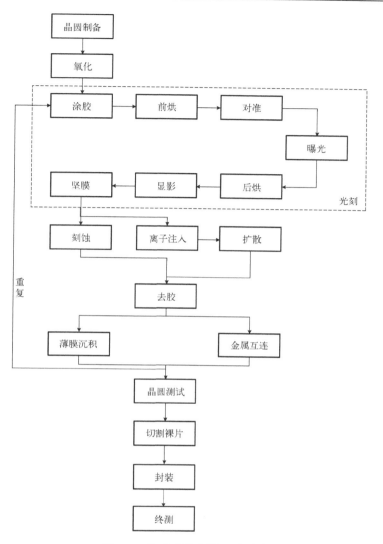

图 5-6　集成电路制造工艺流程

锭。接着对硅锭的外径进行研磨，使尺寸和形状符合规范，目前主流的晶圆尺寸是 12
寸（1 寸≈3.33cm），通常尺寸越大，单位成本越低，但生产难度也越大。之后将硅锭切
割成薄片，称为裸片，经过圆边、磨面、刻蚀、化学机械抛光（Chemical Mechanical
Polishing，CMP）、清洗等修饰步骤和测试后获得光洁平整无瑕的晶圆。有时根据需要还
通过化学气相沉积，在抛光晶圆表面外延生长一层单晶薄膜。晶圆制备流程如图 5-7 所示。
　　当硅暴露在氧气中时，会非常容易地氧化出二氧化硅薄膜，而在晶圆制造过程中，
需要在晶圆表面上形成高纯度的二氧化硅。氧化过程首先是去除杂质和污染物，然后通
过热氧化工艺，在有氧化剂及逐步升温的条件下，形成氧化层。根据氧化剂的不同，热
氧化过程可分为干氧氧化和湿氧氧化，干氧氧化使用纯氧，生长速度慢但氧化层薄而致
密；湿氧氧化还使用了高溶解度水蒸气，速度快但厚且密度不高。氧化层可以起到表面
钝化、掺杂阻挡层、表面绝缘层等作用，对 CMOS 工艺具有相当重要的意义。

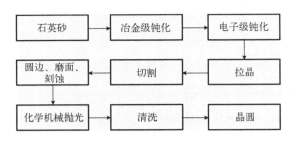

图 5-7　晶圆制备流程

在进行光刻之前要制备光罩(Mask)，也就是光掩模版，它是光刻过程至关重要的材料。具体地，将能透光(光一般为紫外光)的空白掩模版上沉积吸收层(材料一般为铬)用于阻挡曝光，再沉积光刻胶层，然后使用光罩写入机通过电子束曝光将芯片电路图案直接写入光刻胶层，经曝光的光刻胶的化学性质会发生改变，经过烘烤后使用显影剂开发光刻胶，暴露芯片电路图案。接着将显影的光罩通过刻蚀机精确地刻蚀掉显影图案下的吸收层，确保光可以透过掩模版，再使用清洗机去除光刻胶，留下有电路图案的不透光吸收层和透光基板，光罩就制备完成了。光罩制备流程如图 5-8 所示。

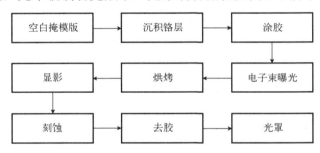

图 5-8　光罩制备流程

光刻就是用紫外光通过光罩将光罩上的电路等图案转印到晶圆上的过程，主要分为涂覆光刻胶、曝光和显影三个步骤。光刻胶分为正性光刻胶和负性光刻胶，前者的曝光部分会溶于显影剂而未曝光部分不溶于显影剂，在显影后留下的是曝光区域图形；后者与之相反，显影后留下未曝光区域图形。光刻胶的功能就是进行化学或机械处理工艺时，保护光刻胶下的衬底部分。涂覆光刻胶时，首先要在晶圆的氧化层上先涂覆底胶增加光刻胶黏附性，然后旋涂上一层光刻胶，光刻胶层越薄越均匀，可印刷图形就越精细。旋涂完光刻胶后进行一次前烘过程来蒸发光刻胶中的溶剂。

在光刻过程中，掩模与基底的对准至关重要，有两种对准方式，即接触式掩模对准和非接触式掩模对准。接触式掩模对准是指将掩模与基底直接接触，并进行位置调整。非接触式掩模对准是利用激光或电子束等方法，测量掩模与基底之间的相对位置，然后进行对准操作。

接下来进行曝光。在曝光时，使用紫外光穿过只有图案部分透光的光罩，照射到覆盖有光刻胶层的晶圆上。在曝光的过程中，印刷的图案越精细，芯片的集成的晶体管数量便越多。芯片的制程反映了芯片的集成度，芯片的制程最初指晶体管源极和漏极之间的沟道长度，其略小于栅极长度，但当工艺发展到 28 nm 之后，芯片制程已经不再对应任何长度，技术迭代一次，制程的数字便乘以约 0.7。先进制程的推进对光刻机的分辨率提出更高的要求，随着数字芯片的工艺向 5 nm 及以下迈进，深紫外线（Deep Ultraviolet，DUV）光刻机由于波长的限制已经无法胜任，极深紫外线（Extreme Ultraviolet，EUV）光刻机已经成为 5nm 及更先进制程芯片的刚需。

经过曝光，正性光刻胶的化学性质发生变化，下一步就是喷涂显影剂，曝光部分的光刻胶溶解于显影剂中，露出二氧化硅层。显影完成后进行后烘处理使光刻胶性质更加稳定，再通过测量设备及显微镜对光刻质量进行检查，最终完成一次光刻。

完成光刻后，下一步根据需要用刻蚀工艺来去除光刻胶溶解处的氧化层，在晶圆上留下电路图；或者进行离子注入和扩散实现掺杂。刻蚀分为湿法刻蚀和干法刻蚀，目前干法刻蚀中的反应离子蚀刻（Reactive Ion Etching，RIE）由于高度各向异性能产生定向刻蚀，并且刻蚀速度较物理溅射等更快而被广泛应用。离子注入是直接将掺杂离子加速轰击进入未被光刻胶阻隔保护的硅衬底中，离子与晶格原子碰撞散射最终停留在衬底之内。常用的掺杂元素包括磷、硼、砷等。离子注入可以精确控制掺杂的深度和浓度，并且具有很好的均匀性。离子注入完成后需要进行退火，将晶圆放在氮气环境中进行热处理，能够激活杂质离子并消除晶格损伤。扩散是指掺杂元素在硅片内部通过热作用扩散，并与硅晶格中的硅原子重新排列和结合。扩散的目的是使掺杂元素在硅片中均匀分布，并形成所需的浓度梯度，以调整硅片中的触发电压、电子迁移率等参数，形成所需的导电或绝缘层。进行完刻蚀或离子注入之后，已经不再需要光刻胶作保护层，最后一步就是去胶。

为了创建芯片内部的微型器件，需要采用层层堆叠的方法，即通过不断沉积一层层薄膜并使用刻蚀工艺去除多余部分，同时还需要添加材料将不同的器件分离。每个晶体管或存储单元都是通过这个步骤逐步构建而成的。常用的沉积方法包括化学气相沉积（Chemical Vapor Deposition，CVD）、原子层沉积（Atomic Layer Deposition，ALD）和物理气相沉积（Physical Vapor Deposition，PVD）。CVD 通过将气体前驱物引入反应室，在晶圆表面发生化学反应，生成并附着所需薄膜，适用于大面积快速沉积，但精确控制较为困难，广泛用于沉积晶体结构、金属、氧化物等各种薄膜，制备晶体管、电容器、金属互连等；ALD 按照几个原子或分子层的精确顺序逐层沉积薄膜，可以实现非常均匀且高度精确的薄膜，但比 CVD 慢，用于制备高性能器件；PVD 包括蒸镀和溅射，蒸镀是对金属材料加热蒸发后沉积到晶圆表面形成薄膜，溅射是通过高能粒子的轰击让靶材的原子溅射出来并沉积在晶圆表面形成薄膜，PVD 速度较快且可控性较高，但更适用于小面积，用于制备芯片中的导线、金属互连等。

沉积、光刻、刻蚀或离子注入的工艺流程在芯片制造的过程中往往会重复数十次，最终在芯片上建立复杂的电路和结构。

金属互连用于制作芯片内部的金属线路，实现芯片内部各模块之间的电气连接。互连工艺主要使用铜和铝。首先通过 CVD 或 PVD 在晶圆表面沉积薄金属膜，然后通过光刻刻蚀在晶圆上留下金属线路的图案，接着通过电镀等工艺将金属填充到图案中，再经过 CMP 平坦化金属线路，之后在金属线路上沉积一层绝缘氧化膜隔离金属线路并防止短路，再次 CMP 后完成互连。

封装是将晶圆上一个个裸片（Die）切割下来，按照产品型号及功能需求封装得到独立芯片的过程，它的作用包含对芯片的保护、电信号的互连与引出，以及散热等。封装的过程首先进行晶圆锯切，分离每个裸片，再将裸片通过黏合剂附着在基底上，之后进行引线键合或倒装芯片键合将芯片引脚引出，最后利用成形工艺给芯片外部加封装模具进行保护。测试是为了验证封装后的集成电路是否符合设计规格，检测可能存在的故障或质量问题。常见的测试方法包括功能测试、时序测试、电性能测试和温度测试等。随着集成电路复杂度的增加，自动化测试成为常用方法。对芯片的测试分为晶圆测试(Chip Probe，CP)和最终测试(Final Test，FT)，CP 是封装前在晶圆上对一个个裸片进行测试，它的测试精度较低，用于筛选有明显缺陷的芯片以节约封装费用。因此，一般只测试一些对良率影响较大的项目和封装后不可测的模块。FT 是封装后对所有可测项目的全面测试，通过 FT 的芯片就是最终合格的产品，可以出货给下游公司做成各种电子产品，至此，半导体产业便完成了整个生产的任务。

第 **6** 章
基于 FPGA 的集成电路设计

基于现场可编程门阵列(Field-Programmable Gate Array,FPGA)集成电路设计是指通过对 FPGA 电路进行逻辑设计、电路实现、验证和优化等一系列步骤,以实现设计需求和规格的电路功能。FPGA 是可重新编程的控制芯片,是一种半定制集成电路,其使用预建的逻辑块和可重新编程布线资源通过编程来实现自定义硬件功能。当用户在重新编译不同的电路配置时,能够呈现全新的特性。

FPGA 是硬件并行模式,因此不同的处理操作无须竞争相同的资源。FPGA 在每个时钟周期内完成更多的处理任务,超越了数字信号处理器 (DSP)的运算能力。每个独立的处理任务都配有专用的芯片部分,能在不受其他逻辑块的影响下自主运作。与自定制 ASIC 设计相比,基于 FPGA 的设计周期短、费用低,是一种性价比最高的集成电路设计方法。它有很强的数据处理能力,且计算速度高、计算精度可编程设置,尤其适用于高速、实时性强的场合,如无线通信、雷达探测。其典型应用包括并行控制器、高速算法控制器、接口逻辑控制器等。

本章主要论述基于 FPGA 集成电路设计,包括 FPGA 的结构和特点、设计流程,并举例说明仿真设计过程,包括 5 级深度超标量流水线的 FPGA 仿真、浮点部件输入数据级的 FPGA 仿真、高速缓冲存储器中 CAM 的 FPGA 仿真、IIC 协议及控制的 FPGA 仿真和中断控制器仿真。

6.1 FPGA 的结构和特点

FPGA 是一种可编程逻辑设备,具有以下结构。

(1)可编程逻辑单元(Programmable Logic Units,PLUs)。FPGA 包含大量的可编程逻辑单元,用于实现各种逻辑功能。这些逻辑单元可以根据设计需求进行编程,实现不同的逻辑功能和电路结构。

(2)可编程交叉开关网络(Programmable Interconnect Switching Network,PISN)。FPGA 的可编程交叉开关网络用于实现逻辑单元之间的连接。通过编程交叉开关网络,可以实现不同逻辑单元之间的连线,从而实现各种复杂的逻辑功能。

(3)可编程输入/输出(Programmable Input/Output,IOs)。FPGA 具有大量的可编程输入输出端口,用于与外部世界进行通信。这些 IOs 可以被编程为不同的电气特性,以适应不同的外部设备和接口。

(4)时钟管理和分配。FPGA 包括时钟管理和分配电路，用于产生和分配时钟信号。时钟信号用于同步电路的操作，确保各个电路模块在正确的时间进行运算。

(5)可编程存储器。FPGA 还包括可编程存储器，用于存储电路的配置信息和数据。可编程存储器可以被编程为不同的功能，如配置存储器、片上存储器等。

FPGA 的特点包括灵活性、可重构性和高性能。由于 FPGA 的逻辑单元和连接网络可以通过编程进行配置，因此可以实现不同的逻辑功能和电路结构。而且，FPGA 可以通过重新编程来实现不同的设计需求，具有很高的可重构性。此外，FPGA 具有并行性和并发性，可以并行处理多个操作，并同时执行多个功能，这使得 FPGA 具有很高的性能和处理能力。

总之，FPGA 具有可编程逻辑单元、可编程交叉开关网络、可编程输入/输出、时钟管理和分配、可编程存储器等结构和特点。这些特点使得 FPGA 成为一种灵活、可重构且高性能的逻辑设备，适用于多种应用领域。

6.2 FPGA 的设计流程

FPGA 的设计流程通常包括以下几个主要步骤。

(1)确定设计需求和规格。在进行 FPGA 设计之前，需要明确设计的需求和目标，包括电路的功能、性能要求、资源和成本限制等。通过明确设计需求和规格，可以为后续的电路设计提供指导。

(2)逻辑设计。使用硬件描述语言(Hardware Description Language，HDL)如 VHDL 或 Verilog 等语言，对电路的逻辑功能进行描述。逻辑设计包括电路的逻辑结构设计和逻辑门级的描述。通过逻辑设计，可以将电路的功能和逻辑关系表达出来。

(3)验证和仿真。对逻辑设计进行验证和仿真，检查电路的正确性和性能。验证和仿真可以通过基于模型的仿真和/或硬件验证方式实现。通过验证和仿真，可以检测和修复电路中的错误，确保电路的正确性和可靠性。

(4)综合和布局布线。在逻辑设计和验证完成后，进行综合和布局布线操作。综合是将逻辑描述文件转化为基本的逻辑单元和时序要求的过程。布局布线是确定电路的物理位置和电气连接。综合和布局布线的目标是将逻辑描述转化为具体的 FPGA 实现。

(5)静态时序分析和优化。在布局布线完成后，进行静态时序分析和优化。静态时序分析是通过对电路的时钟和时序要求进行分析，确定电路的最大工作频率和时序约束。优化是通过对布局布线结果进行调整和改进，使电路满足时序要求并优化性能。

(6)配置和下载。配置是将设计好的 FPGA 配置文件下载到 FPGA 上的过程。下载是将配置文件加载到 FPGA 上的操作。通过配置和下载，可以将设计好的电路实现到 FPGA 上进行运行和测试。

(7)验证和测试。对 FPGA 实现的电路进行验证和测试。验证和测试包括逻辑仿真、功能验证和时序验证等步骤。通过验证和测试，可以检测和修复电路中的错误，确保电路的正确性和可靠性。

(8)优化和改进。根据验证和测试结果，进行优化和改进。优化和改进包括电路的面积优化、功耗优化和时序优化等方面。通过优化和改进，可以提高电路的性能、降低功耗和资源使用，提高 FPGA 的效率和可靠性。

综上所述，FPGA 的设计流程包括确定设计需求和规格、逻辑设计、验证和仿真、综合和布局布线、静态时序分析和优化、配置和下载、验证和测试、优化和改进等步骤。这些步骤可以帮助设计人员在满足设计需求的同时，优化电路的性能和可靠性，实现设计目标。

6.3　基于 FPGA 的集成电路设计案例

6.3.1　5 级深度超标量流水线的 FPGA 仿真

1. 仿真流程

要评估 5 级深度超标量流水线的性能，可以使用 FPGA 仿真来模拟其行为并进行性能分析。以下是实现步骤。

(1) 设计超标量流水线架构。根据需要的指令集和功能要求，设计 5 级深度超标量流水线架构。该架构应包括多个指令流入口、多个功能单元、寄存器和数据通路等组件。

(2) 编写 Verilog 代码。使用 Verilog HDL 编写超标量流水线的硬件描述代码。根据架构设计，实例化各个组件，并定义其功能和数据通路。

(3) 创建测试平台。在 FPGA 开发工具中创建一个测试平台，包括顶层模块和仿真测试环境。顶层模块将实例化超标量流水线，并提供输入信号和时钟信号。

(4) 编写仿真测试代码。使用 Verilog 或 SystemVerilog 编写仿真测试代码，生成测试向量来模拟不同指令序列的输入。测试向量应涵盖各种指令类型和数据依赖关系，以验证流水线的正确性和性能。

(5) 运行 FPGA 仿真。将测试平台和仿真测试代码一起编译，并在 FPGA 开发工具中运行仿真。仿真工具将根据测试向量逐个时钟周期地驱动输入信号，并观察输出结果。

(6) 分析仿真结果。根据仿真结果，观察流水线的行为和输出结果，以验证其正确性。检查是否存在数据冒险、控制冒险、结构冒险等问题，并进行调试和优化。

(7) 优化设计。根据仿真结果，对超标量流水线的设计进行优化。可以尝试调整流水线的深度、增加功能单元的数量、优化数据通路等，以提高性能并解决存在的问题。

(8) 重复步骤 (4)～(7)。根据优化后的设计，再次运行 FPGA 仿真，并分析仿真结果。反复迭代优化，直到达到满意的仿真结果。

2. 5 级深度超标量流水线的 FPGA 仿真实例及结果分析

1) MIPS 流水线 CPU 原理

根据 MIPS 微处理器的特点，将整体的处理过程分为取指令 (IF)、指令译码 (ID)、指令执行 (EX)、存储器访问 (MEM) 和寄存器写回 (WB) 5 个阶段，对应着流水线的 5 级，如图 6-1 所示。这样，我们就可以定义每执行一条指令需要 5 个时钟周期，每个时钟周期的上升沿到来时，此指令的一系列数据和控制信息将转移到下一级处理，具体实现如图 6-2 所示。

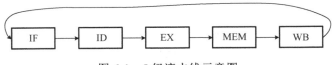

图 6-1　5 级流水线示意图

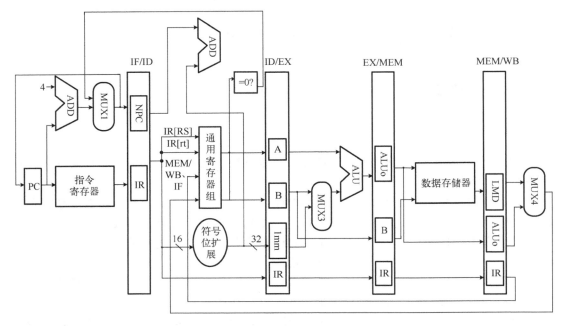

图 6-2　5 级流水线设计实现

2）数据流动

IF 级：取指令部分。

首先根据 PC 值在指令存储器中取指令，将取得的指令放在流水寄存器中。然后对 PC 寄存器进行更新，更新有两类，一类是直接使 PC 值+4，取下一相邻地址的指令；另一类是更新为跳转地址，该地址来自 ID 段算出的分支地址或者跳转地址等。更新的选择取决于来自 ID 段的一个判断信号。最后，将更新后的 PC 值放在流水线寄存器中。

ID 级：指令译码部分。

首先进行指令译码，按照对应寄存器号读寄存器文件，并将读出结果放入临时寄存器 A 和 B 中。此外，数据冒险和控制冒险的检测与处理都在此阶段解决。同时，对位立即值保存在临时寄存器中。最后，完成指令的低 16 位进行符号位的扩展，并存放在流水寄存器中。

EX 级：执行部分。

根据指令的编码进行算数或者逻辑运算或者计算条件分支指令的跳转目标地址。此外，LW、SW 指令所用的 RAM 访问地址也是在本级上实现的。

MEM 级：访存部分。

只有在执行 LW、SW 指令时才对存储器进行读写，对其他指令只起到一个周期的作用。

WB 级：写回部分。

该级把指令执行的结果写回到寄存器文件中。

3) 冒险策略

针对数据冒险问题,可以采用以下方法解决。

(1) 使用定向(旁路)解决数据冒险。在 ID 段对寄存器进行读数据时,要读取的数据可能是上一个指令要写入的结果,也就是当前结果在流水线中还没有写入寄存器,此时读取寄存器的数据是未更新的,是错误的。这种情况一般发生在 MEM 级与 WB 级的写数据与 ID 级的读数据发生冲突(未考虑 LW 指令)时,可以通过定向技术来解决数据冒险,因为在某条指令产生计算结果之前,其他指令并不是真正立即需要该计算结果,如果能够将该计算结果从其产生的地方直接送到其他指令需要的地方,那么就可以避免冲突。

(2) 使用暂停机制解决 LW 数据冒险。定向技术有显而易见的局限性,因为定向技术必须要求前一条指令在 EX 结束时更新,但是 LW 指令最早只能在 WB 级读出寄存器的值,因此无法及时提供给下一条指令的 EX 级使用。分析流水线时序图,可以发现 LW 指令的下一条指令,需要阻塞一个时钟周期,才能确保该指令能获得正确的操作数值,下面给出具体解决方法。在 ID 级需要进行数据冒险,ID 级是进行译码的段,对操作码进行比较,当发现当前的指令是一条 LW 指令时,ID 级会发出一条请求流水线暂停的信号,部件 CTRL 会根据信号产生一个 6 位的 stall 信号,6 位的信号分别控制 PC 部件、IF 级、ID 级、EX 级、MEM 级、WEB 级的暂停,当然在这里出现 LW 冒险时只需要关闭 PC 部件、IF 级、ID 级即可避免冲突。暂停就相当于在流水图中添加一系列的气泡,将后面的指令都往后推一个时钟周期。

控制冒险是由控制相关引起的,也就是当出现分支指令等能使 PC 值发生变化时就会出现控制冒险。针对控制冒险问题,可以采用以下方法解决。

(1) 在正常的数据流水线中,分支指令是否成功以及分支地址的传送都是在 MEM 级完成的,这样就会造成 3 个时钟周期的延迟。现在将这两个操作都放在 ID 级完成,这样分支延迟就会降低到一个时钟周期。

(2) 解决控制冲突。控制冲突都是由分支指令、跳转指令等引起的,但当我们提前知道这条指令是分支(跳转)指令时,就可以提前做好准备来解决冲突。这些也是在 ID 级来完成。ID 级是译码段,通过比较每一条指令来发现哪些是分支、跳转指令,但发现分支、跳转指令时,ID 段就会计算出跳转地址,并产生一个跳转信号,在下个时钟上沿到来后会将这两个信号传送到 PC 部件,同时阻止前面部件的输出。

4) 指令格式

(1) MIPS 有三类指令,分别为 R 型指令、I 型指令和 J 型指令,指令格式如图 6-3 所示。

R 型指令:

op	rs	rt	rd	sa	func

I 型指令:

And	rs(5 位)	rt(5 位)	immediate(16 位)		

J 型指令:

Op(6 位)	address(26 位)				

图 6-3　MIPS 三类指令格式

(2)本实验用到的 MIPS 指令格式如图 6-4～图 6-6 所示。

指令	[31: 26]	[25: 21]	[20: 16]	[15: 11]	[10: 6]	[5: 0]	功能
Add	0000000	rs	rt	rd	000000	100000	寄存器加
Sub	0000000	rs	rt	rd	000000	100010	寄存器减
And	0000000	rs	rt	rd	000000	100100	寄存器与
Or	0000000	rs	rt	rd	000000	100101	寄存器或
Xor	0000000	rs	rt	rd	000000	100110	寄存器异或

图 6-4 R 型指令格式

指令	[31: 26]	[25: 21]	[20: 16]	[15: 11]	[10: 6]	[5: 0]	功能
Add	0000000	rs	rt	rd	000000	100000	寄存器加
Sub	0000000	rs	rt	rd	000000	100010	寄存器减
And	0000000	rs	rt	rd	000000	100100	寄存器与
Or	0000000	rs	rt	rd	000000	100101	寄存器或
Xor	0000000	rs	rt	rd	000000	100110	寄存器异或

图 6-5 I 型指令格式

J	000010	immediate

图 6-6 J 型指令格式

5)仿真结果分析

(1)取指阶段。

本次实验在指令 Rom 模块中存放 5 条 ORI 指令：流水线在释放复位后开始按 clk 周期依次读取指令，仿真结果如图 6-7 所示。

图 6-7 读取指令仿真

(2)译码阶段。

MIPS 的 ORI 指令由指令操作码(指令第 31 位至第 26 位)、源寄存器地址(指令第 25 位至第 21 位)、目的寄存器地址(指令第 20 位至第 16 位)和立即数(指令第 15 位至第 0 位)构成。由图 6-8 可知，在取指阶段取到指令后，在下个周期译码模块将指令译码成 op(操作码)、op4(目的寄存器地址)、imm(立即数)。在识别到 op 为 001101(ORI 指令操作码)后，将源寄存器地址(5'h00000)送给 reg 寄存器模块，并将该地址寄存器的值(5'h00000)传回给译码模块。然后将立即数 imm、源寄存器数据、目的寄存器地址送给执行模块。

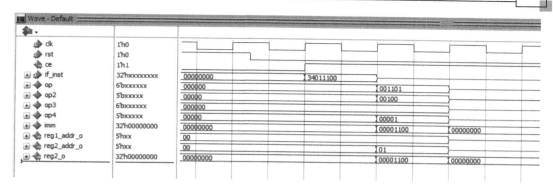

图 6-8　译码阶段仿真

（3）执行阶段。

执行阶段的仿真图如图 6-9 所示，由图可以看到执行模块接收到两个操作数 imm 和源寄存器数据（reg2_o），分别赋值给 reg1_i 和 reg2_i 后，对它们进行 "或" 逻辑运算，并将运算结果（logicout）和目的寄存器地址（wd_o）传给下个阶段。

图 6-9　执行阶段的仿真

（4）访存阶段。

访存阶段的仿真图如图 6-10 所示。由于 ORI 没有访存操作，直接将来自执行阶段的目的寄存器地址（wd_o）和运算结果（logicout）送给写回模块，并且因为该指令需要写回寄存器，所以将（写标志）wreg_o 置 1，送给写回模块。

图 6-10　访存阶段的仿真

（5）写回阶段。

写回阶段的仿真图如图 6-11 所示。写回模块接收到目的寄存器的地址（wb_wd）和需要写的数据（wb_wdata），于是将数据写入目的寄存器 regs[1] 中，最后可以看到 regs[1] 的数据 32'h00001100 正是指令 34011100 的执行结果。

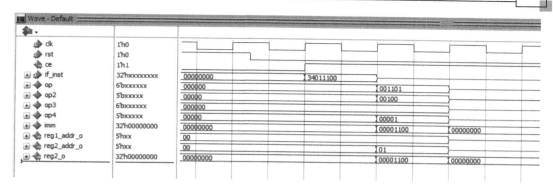

图 6-11　写回阶段的仿真

在 5 级流水线上运行一条指令的完整周期仿真如图 6-12 所示。运行多条指令的完成周期仿真如图 6-13 所示。利用流水线的特点，在第一条指令进行译码的阶段时，可以完成对第二条指令的取指操作。

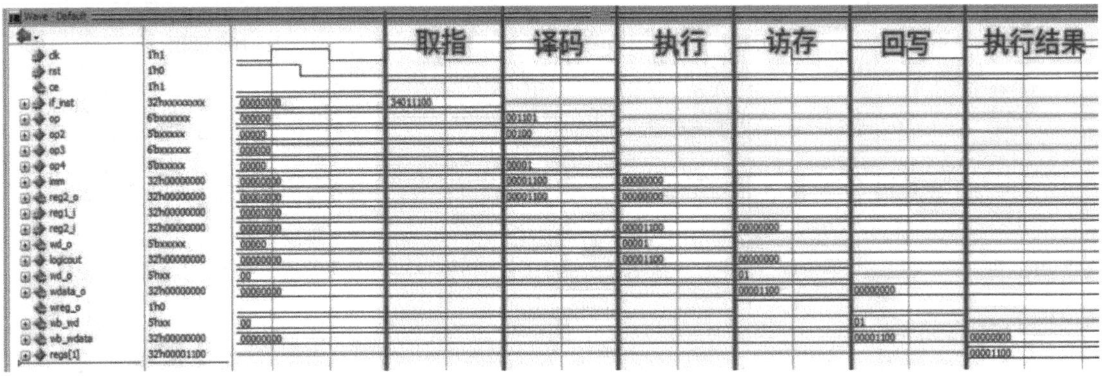

图 6-12　单条指令运行的仿真

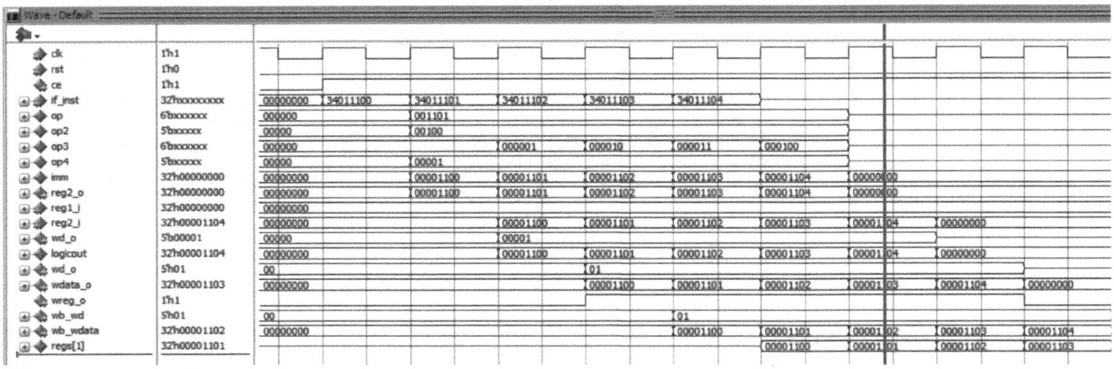

图 6-13　多条指令运行的仿真

6）数据结果分析

（1）时钟频率：评估流水线的最高工作频率。较高的时钟频率意味着流水线能够更快地处理指令，提高执行效率。

（2）IPC（Instructions Per Cycle）：评估每个时钟周期内流水线能够执行的指令数量。较高的 IPC 意味着流水线能够更好地利用硬件资源，提高指令级并行度。

（3）CPI（Cycles Per Instruction）：评估执行一条指令所需的平均时钟周期数。较低的 CPI 意味着流水线能够更快地完成指令执行，提高程序级并行度。

（4）延迟：评估从指令进入流水线到执行完成所需的总时钟周期数。较低的延迟意味着流水线能够更快地响应指令，提高系统的响应速度。

（5）吞吐量：评估流水线每个时钟周期内能够处理的指令数量。较高的吞吐量意味着流水线能够更快地完成指令执行，提高系统的整体性能。

评估这些性能指标可以帮助确定流水线设计的优劣，并进行必要的优化，以提高流水线在 FPGA 上的仿真性能。

【例 6-1】 测试代码如下：

```
34010001
08000008
34010002
34011111
34011100
34010001
34010003
0c000010
03e1001a
34010005
34010006
08000018
```

存入的指令如上，初始 PC 值为'h00，加 4 递增；例如，当 PC='h00 时，inst= 32'h34010001；当 PC='h04 时，inst=32'h08000008；如此递增。

仿真结果如图 6-14 所示。由实验数据可以发现，PC 值都是随着 CLK 正常更新的。在 rst 释放后的第一个周期 CLK1，PC='h00，取指令 inst=32'h34010001；在之后的第二个周期 CLK2，PC 值+4，取指令 32'h08000008，该指令为跳转指令 j，指令的低 28 位左移 2 位为新指令的 PC 值；在第三个周期 CLK3 时，上一个指令(跳转指令 j)在译码阶段，此时 PC 值正常+4，PC=8，指令 inst=32'h34010002；在第四个周期 CLK4 时，跳转指令 32'h08000008 低 28 位左移两位为'h20，所以该周期 PC='h20，该地址的指令 inst=03e1001a；在之后的第五个周期 CLK5 和第六个周期 CLK6 时，PC 值正常+4。

对于测试程序中的第 3 条指令，该指令是当条件满足时发生跳转，从程序中可以看出条件是满足的，因此应该发生跳转。第 4 条指令的 PC=00000008，当发生跳转时，下一条指令 0000000C 是不执行的。随着 PC 值在下个时钟周期上升沿更新为 00000020，也就是跳转到 03e1001a 处开始执行，仿真结果显示了其执行的正确性。

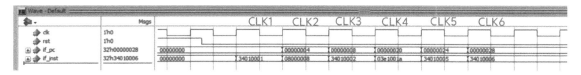

图 6-14　跳转指令仿真结果

6.3.2　浮点部件输入数据级的 FPGA 仿真

1. 仿真流程

要评估浮点部件输入数据级的性能，可以使用 FPGA 仿真来模拟其行为并进行性能分析。以下是实现步骤。

(1)设计测试用例。首先，需要设计一系列测试用例，以涵盖各种典型和边界情况。这些测试用例应该包括不同大小和精度的浮点数输入，以及各种操作(如加法、乘法、除法等)，确保测试用例能够全面评估浮点部件的性能。

(2)编写仿真代码。使用硬件描述语言(HDL)如 VHDL 或 Verilog，编写仿真代码来模拟浮点部件的行为，确保仿真代码能够接收测试用例作为输入，并输出浮点部件的计算结果。

(3)选择仿真工具。选择适合的 FPGA 平台的仿真工具，如 ModelSim、Vivado Simulator 等，确保已经具备所选仿真工具的相关许可证和文档。

(4)进行功能仿真。使用仿真工具加载浮点部件的 HDL 描述和仿真代码，并运行仿真。在仿真中，向浮点数部件的输入端口提供测试数据，并观察输出端口的结果。通过比较结果与预期的计算结果，可以验证浮点数部件的功能正确性。

(5)进行时序仿真。在功能仿真的基础上，进行时序仿真来验证浮点数部件在实际时钟周期下的工作是否正常。时序仿真考虑因时钟和寄存器延迟带来的影响，并通过观察波形图来确保浮点数部件的时序行为满足设计要求。

(6)收集性能数据。在仿真过程中，收集浮点部件的性能数据，如延迟(计算所需的时间)、吞吐量(每秒处理的操作数)等。这些数据可以从仿真工具的报告中获取，或者通过在仿真代码中添加性能+测试计数器来收集。

(7)分析性能数据。分析收集到的性能数据，评估浮点部件的性能指标是否满足要求。比较不同测试用例的性能数据，以了解浮点部件在不同情况下的性能差异。

(8)优化和改进。如果性能不符合要求，可以尝试优化浮点部件的设计，以改进计算效率、减少延迟或提高吞吐量。

2. 浮点部件输入数据级的仿真实例及结果分析

1)IEEE-754 标准

IEEE-754 标准数值表示包括：浮点数，特殊值(零、无穷大、非标准数值和 nan)，单精度、双精度、单精度扩展格式的浮点数。

在 IEEE-754 标准中，所有的浮点数都用二进制模板(图 6-15)表示。

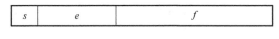

图 6-15   IEEE-754 浮点数据格式

图 6-15 中，s 域表示符号位，e 域表示指数，f 域表示尾数(对数的一部分或小数)。对于标准浮点数，默认总是存在 1 个隐含的引导位"1"。例如，二进制数 1.0011 或十进制数 1.1875 用 IEEE-754 标准格式表示时，其 M 域的值为 0011，在标识格式中不保存隐含的引导位"1"。对于非标准浮点数，引导位可以是"1"或"0"。对于零、无穷大和 nan，M 域没有隐含的引导位"1"或者没有明确的引导位。

单精度浮点数用 32 位二进制数表示，其中最高位(Bit[31], MSB)为符号位，即 S 域；Bit[30:23]为 E 域，这 8 位数据表示指数；最低的 23 位(Bit[22:0], LSB)为 M 域，用于表示浮点数的小数部分。

双精度浮点数用 64 位二进制数表示，其中最高位(Bit[63], MSB)为符号位，即 S 域；Bit[62:52]为 E 域，这 11 位表示指数；最低的 52 位(Bit[51:0], LSB)为 M 域，用于表示浮点数的小数部分。其所表示的浮点数 y 值为

$$y = (-1)^s \times 2^{e-127} \times f \qquad (6\text{-}1)$$

2）浮点数的加/减运算

浮点加法运算的实现包括以下几个步骤：符号判断、对阶、尾数加减操作、规格化、舍入操作、溢出判断。具体实现时通常把规格化、舍入操作、溢出判断作为一个步骤实现。浮点数的格式显然可以分为两部分，即符号和数据的绝对值。若符号相同，则符号不变，绝对值相加；若符号不同，则需比较两绝对值的大小，然后两绝对值作差运算。若符号不同，首先判断和的符号，显然若两浮点数的阶不同时，和的符号应当与阶数大的操作数相同；若阶数相同，和的符号应当与尾数大的操作数相同。当阶数不同时，需要对阶操作，对阶的原则是小阶对大阶，其优点是当小阶不同于大阶时，只需要移除小阶数的尾数部分的低位部分即可。加/减运算流程如图 6-16 所示。

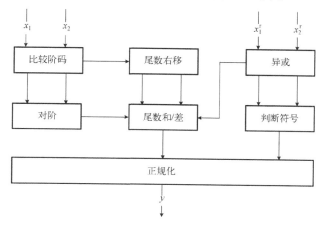

图 6-16　加/减运算流程

3）浮点数的乘法运算

浮点数的乘法运算相对比较简单，只需要将两个操作数的符号位进行异或运算，再将阶码部分作和、尾数部分作积即可。同时需要检查操作数的运算结果是否有溢出问题，乘/除运算流程如图 6-17 所示。

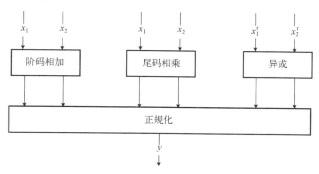

图 6-17　乘/除运算流程

4）使用 Altera 的 IP 核实现浮点运算

图 6-18 为 Altera 提供的浮点加法运算 IP 核设置界面。

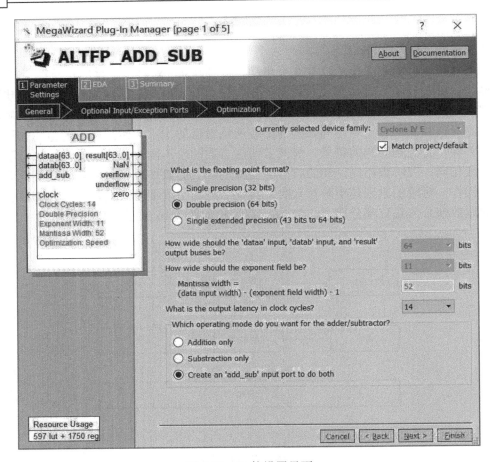

图 6-18 IP 核设置界面

IP 核设置为 64 位输入与输出、延迟 14 个时钟周期输出结果、选择速度优化、使能"加、减"动态切换功能。模块引脚功能如表 6-1 所示。实例化加法模块，然后进行功能仿真，仿真结果如图 6-19 所示，其中 inNum1 和 inNum2 为两个加数，outNum 为运算结果数。

表 6-1 模块引脚功能

信号名称	信号方向	说明
dataa	I	数据输入符合 IEEE-754 标准
datab	I	数据输入符合 IEEE-754 标准
add_sub	I	加减法功能动态切换，高电平执行加操作
clk	I	系统时钟
result	O	运算输出
NaN	O	NaN 异常输出
overflow	O	overflow 异常输出
underflow	O	underflow 异常输出
Zero	O	零输出

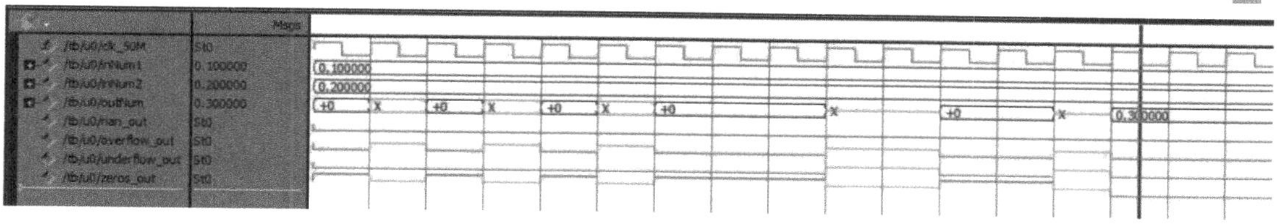

图 6-19　加法仿真结果

3. 仿真实现

要编写一个浮点部件输入数据级的 FPGA 仿真程序，可以使用 VHDL 和 Verilog 两种方法来描述浮点部件的功能和行为。

例如，用 VHDL 实现以下功能：将浮点数乘以 100，然后将其转换为 32 位无符号整数进行计算。在计算完成后，将结果除以 100，并将其转换回 32 位有符号整数。

定义浮点部件的输入端口和输出端口，代码如下所示。其中 A 和 B 端口为浮点加法器的输入端口，Sum 为其输出端口。

```
entity FloatingPointAdder is
  port (
    A : in std_logic_vector(31 downto 0);
    B : in std_logic_vector(31 downto 0);
    Sum : out std_logic_vector(31 downto 0)
  );
end entity FloatingPointAdder;
```

浮点加法器的仿真代码如下所示：

```
architecture Behavioral of FloatingPointAdder is
begin
  process
    variable A_val : real := 2.5;
    variable B_val : real := 1.75;
    variable Sum_val : real;
  begin
    -- Convert input values to fixed-point representation
    A <= std_logic_vector(to_unsigned(to_integer(A_val * 100), 32));
    B <= std_logic_vector(to_unsigned(to_integer(B_val * 100), 32));

    -- Perform floating-point addition
    Sum_val := real(to_integer(unsigned(A)))/ 100 + real(to_integer(unsigned(B)))/ 100;

    -- Convert sum back to fixed-point representation
    Sum <= std_logic_vector(to_unsigned(to_integer(Sum_val * 100), 32));

    -- Wait for some time to simulate propagation delay
    wait for 10 ns;
```

```
   -- End the simulation
   wait;
 end process;
end architecture Behavioral;
```

4. 性能评价标准

在评估浮点部件输入数据级的 FPGA 仿真性能时，可以考虑以下标准。

(1)准确性：仿真结果应与预期的浮点运算结果一致。验证仿真输出是否准确，包括对比仿真结果与参考模型或计算机软件的结果。

(2)性能指标：评估仿真的性能指标，如运行时间、资源利用情况等。运行时间应该在可接受范围内，并且资源利用应该在 FPGA 的资源限制内。

(3)异常情况处理：测试用例应包括异常情况，如溢出、下溢、除零等。仿真应正确处理这些异常情况，并生成正确的结果或错误提示。

(4)边界条件测试：测试用例应覆盖边界条件，包括最大值、最小值等。仿真应该能够正确处理这些边界条件，并生成正确的结果。

(5)精度和精度损失：评估仿真的精度和精度损失情况。浮点部件的仿真结果应与预期的浮点运算结果具有相近的精度，并且精度损失应在可接受范围内。

(6)可扩展性：评估浮点部件输入数据级的可扩展性。仿真应能够处理大规模的输入数据，而不会引起性能下降或资源不足的问题。

这些标准可以帮助评估浮点部件输入数据级的 FPGA 仿真性能，并确保其在功能和性能上满足要求。根据具体的设计需求，还可以添加其他标准或指标进行评估。

6.3.3 高速缓冲存储器中 CAM 的 FPGA 仿真

1. 仿真流程

要评估高速缓冲存储器中 CAM 的性能，可以使用 FPGA 仿真来模拟其行为并进行性能分析。以下是实现步骤。

(1)确定仿真平台：选择一个合适的 FPGA 开发板作为仿真平台。根据需求选择合适的开发板型号，如 Xilinx 的 Zynq 系列或 Altera(现在是 Intel)的 Cyclone 系列等。确保已经安装了相应的开发板支持软件和仿真工具。

(2)CAM 模块设计：根据需求，设计一个 CAM 模块。CAM 的设计可以使用硬件描述语言(HDL)如 VHDL 或 Verilog 完成。CAM 模块的设计需要考虑数据存储单元的组织结构、比较电路的实现以及输入输出接口等。

(3)编写仿真测试台：使用 HDL 编写一个仿真测试台，用于对 CAM 模块进行功能验证和性能评估。测试台可以生成地址和数据输入，并验证 CAM 的输出是否符合预期。测试台还可以模拟实际的数据访问模式，如随机访问、顺序访问等。

(4)编译和综合：使用仿真工具对 CAM 模块和测试台进行编译与综合。编译过程将 HDL 代码转换为逻辑网表，综合过程将逻辑网表映射到 FPGA 开发板上。

(5)设置仿真参数：在仿真工具中设置仿真参数，包括仿真时钟频率、仿真时间等。

根据需要，可以设置断点、波形查看器等工具，方便观察仿真结果。

（6）运行 FPGA 仿真：使用仿真工具运行 FPGA 仿真。仿真工具会模拟实际的运行情况，包括时钟信号的生成、输入数据的产生和输出数据的验证等。同时，可以观察仿真结果，包括 CAM 的读写操作是否正确、延迟是否满足要求等。

（7）优化和调试：根据仿真结果，可以进行优化和调试。如果 CAM 的性能不符合要求，可以尝试优化 CAM 的设计，如增加并行性、减少延迟等。如果发现了错误或异常行为，可以使用调试工具（如波形查看器）来分析和修复问题。

2. 高速缓冲存储器中 CAM 的 FPGA 的仿真实例及结果分析

1）CAM 的原理

高速缓冲存储器（Cache）是计算机体系结构中的重要组成部分，用于提高数据访问速度和系统性能。其中，相联存储器（Content Addressable Memory，CAM）是一种特殊的存储器，用于实现高效的数据查找操作。在 FPGA 中进行 CAM 的仿真是一项重要的任务。

CAM 是内容可寻址存储器，在其每个存储单元都包含了一个内嵌的比较逻辑，写入 CAM 的数据会和其内部存储的每一个数据进行比较，并返回与端口数据相同的所有内部数据的地址，其工作原理如图 6-20 所示。概括地讲，RAM 是一个根据地址读、写数据的存储单元，而 CAM 和 RAM 恰恰相反，它返回的是与端口数据内容相匹配的地址，对比如图 6-21 所示。CAM 的应用也比较广泛，如路由器中的地址交换表、CPU 的 Cache 控制器（Tag 阵列）等。

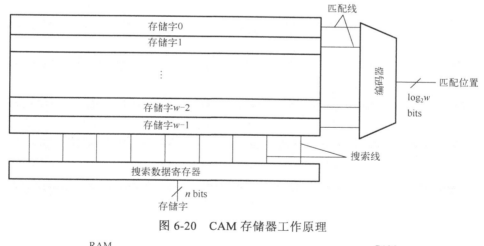

图 6-20　CAM 存储器工作原理

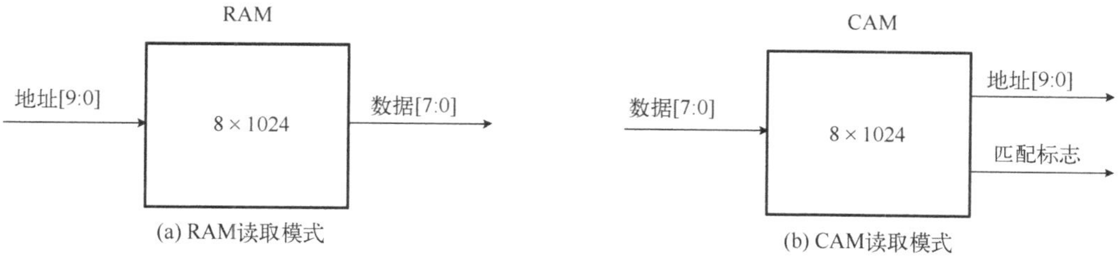

图 6-21　RAM 与 CAM 读取模式的比较

CPU 对 Cache 的搜索在 Tag 中完成，即通过 Cache 中的 CAM 对希望得到的 Tag 数据进行搜索。CAM 是一种内容寻址存储器，延迟很低。

CPU 与 Cache 之间交换的数据是以字为单位的，而 Cache 与内存之间交换的数据是以块为单位的，并且在 Cache 中，是以若干字组成的块为基本单位的。一般情况下，当 CPU 需要某个数据的时候，它会把所需数据的地址通过地址总线发出，一份发到与内存中，另一份发到与 Cache 匹配的相联存储器（CAM）中，CAM 通过分析对比地址，来确定所要的数据是否在 Cache 中，如果在，则以字为单位把 CPU 所需要的数据传送给 CPU，如果不在，则 CPU 在内存中寻找到该数据，然后通过数据总线传送给 CPU，并且把该数据所在的块传送到 Cache 中。

CAM 使用一组比较器，以比较输入的标签地址和存储在每一个有效 Cache 行中的 Cache-Tag。访问地址的 Tag 部分作为 CAM 的输入，输入标签同时与所有 Cache 标签相比较。如果有一个匹配，那么数据就由 Cache 存储器提供；如果没有匹配，那么存储器控制器就会产生一个失效（miss）信号，CAM 读地址输出示意图如图 6-22 所示。

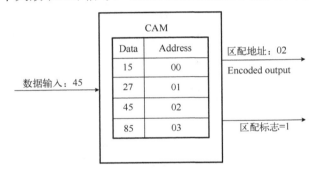

图 6-22　CAM 读操作示意图

2）CAM 的实现方法

目前，实现 CAM 的方法有很多，如顺序查找法、Hash 查找法等。顺序查找法的原理与 RAM 基本一致，想找到其中一个数据对应的地址，就要遍历所有的数据。随着 CAM 的深度增加，遍历的时间越长。此方法仅适用于一些对时间性能要求不高的场景。因为顺序查找法的延迟大，所以常采用 Hash 法提高查找速度。对原有数据进行 Hash 算法，将数据存放到固定的位置上，下次查找时一次就能找到。虽然此方法查找速度较快，但是此方法容易产生 Hash 冲突，并且 Hash 算法在 FPGA 中实现较复杂，容易出现时序违例，布局布线复杂，从而有时会选择降低频率，从而影响整个模块。

（1）顺序查找法。

顺序查找又称为线性查找，就是先将一些数据依次写入一张表中，每一个数据会有相应的地址对应。当我们想查找这个表中是否存在某一个数据的时候，就要从头开始依次比较，第一个比较不对，就比较第二个数据，以此类推到第 n 个数据。如果在查找的过程中，比对成功了，或者返回该数据所对应的地址，或者显示查找成功。

（2）Hash 查找法。

Hash 查找法的主要原理是查找 Hash 表，Hash 表中的数据都是经过 Hash 算法后，每一个数据都有一个固定的位置存放，当进行 Hash 查找时，只需要将数据再通过 Hash

函数的计算后，便可求得数据的位置，即可进行一次的数据比较找到欲查找的数据。在 Hash 结构中，输入数据的值称为键值(Key)。

在 Hash 查找中必须要选择 Hash 函数，常见的几种 Hash 函数包括随机数运算法、旋转运算法、中间平均运算法、直接运算法、余数运算法、折叠运算法和数值抽出运算法。

在具体实现方面，APEX 提供了一个规范的 CAM 基本器件，可通过级联和位扩展来实现更大规模 CAM，但实现方式还是不够灵活。Xilinx 公司开发的 Foundation 系列软件和 Virtex 系列 FPGA 为 CAM 的应用提供了优越的软硬件条件，并且 Virtex 最大的优点是没有为 CAM 提供固定的模式。它设计的灵活性使 CAM 能在不同条件下不同领域内以不同方式达到最优化。基于 Virtex 的 CAM 的实现主要有三种途径：基于基本单元 SRL16E、由 Block SelectRAM 实现和由 Distributed SelectRAM 实现。由 SRL16E 构成的 8bit CAM 写操作如图 6-23 所示。

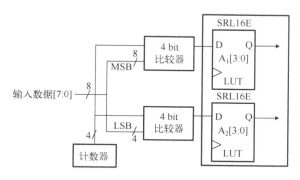

图 6-23 由 SRL16E 构成的 8bit CAM 写操作

3. 仿真实现

以下是一个简单的 FPGA 仿真程序示例，用于验证高速缓冲存储器(Cache)中内容地址存储器(CAM)的功能。仿真条件：输入量分别有 64 位写入数据线、64 位比对数据线、5 位地址线、写入使能线(高有效)、删除使能线(高有效)，同步复位(高有效)；输出量有比对成功信号(高有效)、比对地址 5 位，以及 busy 线(高有效)。

CAM 仿真功能实现写入数据→读取数据地址→擦除数据→再次读取数据地址。CAM 仿真综合原理图如图 6-24 所示。

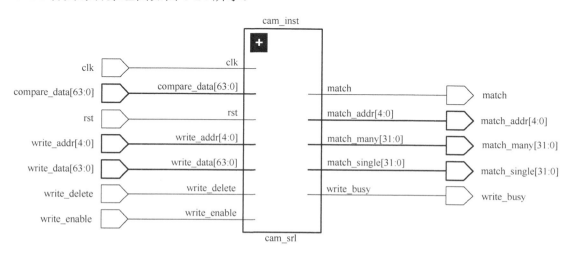

图 6-24 CAM 仿真综合原理图

功能仿真结果如图 6-25 所示，仿真结果显示，该模块实现了数据写入、地址比对输出、数据擦除、再次地址比对输出的功能。从图 6-25 中可以看出其时序符合设计要求，数据写入为 37ns，写入速率为 27MHz，读取时间为 5ns，读取速率为 200MHz。

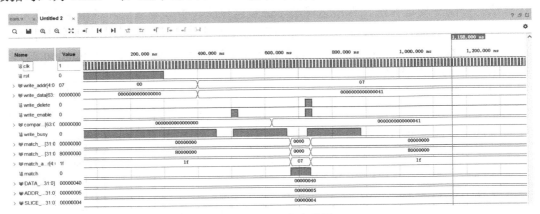

图 6-25　功能仿真结果

6.3.4　IIC 协议及控制的 FPGA 仿真

1. 总线控制器的 FPGA 仿真的具体步骤

总线控制器在 FPGA 中是一个关键的概念，它涉及如何设计和仿真一个包含总线接口的电路。

总线控制是指在 FPGA 设计中使用总线来连接不同的模块或外设，并实现它们之间的数据传输和通信。

以下是一个基本的总线控制的 FPGA 仿真流程。

（1）定义总线协议：总线协议包括信号线的数量、数据传输的时序和格式等。常见的总线协议有 SPI、IIC、UART 等。根据问题的需要选择合适的总线协议或者根据自己的需求定义一个新的协议。

（2）设计模块：设计和实现使用总线进行通信的模块，这些模块可以是处理器、存储器、外设等。每个模块都需要包含总线接口，以便与其他模块进行数据交换。在模块中，需要实现总线控制逻辑，包括地址译码、读写控制和数据传输等。

（3）编写测试程序：在仿真中，需要编写测试程序来模拟实际的数据传输和通信。测试程序可以通过模拟总线的读写操作来测试其设计的正确性。测试程序可以使用 Verilog 或 VHDL 编写，也可以使用 C 或其他高级语言编写，并与 FPGA 设计进行交互。

（4）仿真配置：在进行仿真之前，需要配置仿真环境，包括指定仿真时钟频率、仿真时长以及仿真所需的其他参数。可以使用常见的仿真工具如 ModelSim、Xilinx ISE 等，来配置和运行仿真。

（5）运行仿真：一旦仿真环境配置完成，就可以运行仿真并观察模块之间的数据传输和通信。仿真工具将会模拟总线控制信号的传输，以及模块之间的数据交换。通过波形查看器可以检查信号的正确性和时序关系，以验证设计的正确性。

(6)调试和优化：如果仿真过程中出现错误或问题，需要进行调试和优化。可以通过检查波形、输出信号和仿真日志来确定问题的根源，并进行相应地修改和调整。

总线控制器的 FPGA 仿真是一个复杂的过程，需要细致地设计和验证各个模块之间的通信和数据传输。在仿真过程中，还可以使用调试工具和仿真器的功能来帮助定位和解决问题。

总线控制器的 FPGA 仿真可以帮助验证设计的正确性、调试错误以及评估性能。通过仿真，可以模拟不同的操作和情况，并观察模块之间的交互以及总线的行为。其可以在实际实现之前发现和解决潜在的问题，提高设计的可靠性和效率。

2．IIC 协议及控制流程介绍

IIC(Inter-Integrated Circuit)总线是一种由 PHILIPS 公司开发的两线式串行总线，为半双工总线，用于连接微控制器及其外围设备。IIC 总线产生于 20 世纪 80 年代，最初为音频和视频设备开发，如今成为微电子、通信和控制领域广泛采用的一种总线标准，具有接口线少、控制简单、器件封装形式小、通信速率较高等优点，可随时监控内存、硬盘、网络、系统温度等多个参数，增加了系统的安全性，方便管理。

IIC 总线接口是一个标准的双向传输接口，一次数据传输需要主机和从机按照 IIC 协议的标准进行，为半双工通信。IIC 总线是由数据线 SDA 和时钟 SCL 构成的串行总线，可发送和接收数据，并且在硬件上都需要接一个上拉电阻到 VCC。每个连接到总线的器件都有唯一的地址，主控制器发出的控制信息分为地址码和控制量两部分。地址码用来选择需要控制的 IIC 设备，控制量包含类别(如亮度、模式等)及该类别下的控制值。IIC 数据传输速率有标准模式(100Kbit/s)、快速模式(400Kbit/s)和高速模式(3.4Mbit/s)。图 6-26 是一个嵌入式系统中处理器仅通过 2 根线的 IIC 总线控制多个 IIC 外设的典型应用图。

图 6-26 中的处理器是 IIC 主机，它仅仅通过两根信号线就可以控制 IO 扩展器，各种不同的传感器，如 EEPROM、AD/DAs 等设备，这也是 IIC 总线协议相较于其他协议最有优势的地方。

IIC 总线的特点如下。

(1)简单性和有效性。由于接口直接在组件之上，因此 IIC 总线占用的空间非常小，减少了电路板的空间和芯片引脚的数量，降低了互联成本。总线的长度可高达 25ft(1ft=30.48cm)，并且能够以 10Kbit/s 的最大传输速率支持 40 个组件。

(2)支持多主控(Multimastering)。其中任何能够进行发送和接收的设备都可以成为主总线。一个主控能够控制信号的传输和时钟频率。当然，在任何时间点上只能有一个主控占用 IIC 总线。

1)四种工作状态

IIC 总线在通信的过程中一共有四种工作状态：空闲状态、起始状态、结束状态和数据传输状态。

(1)空闲状态。

IIC 总线的 SDA 和 SCL 两条信号线同时处于高电平时，规定为总线的空闲状态。此时各个器件的输出级场效应管均处在截止状态，即释放总线，由两根信号线各自的上拉电阻把电平拉高。

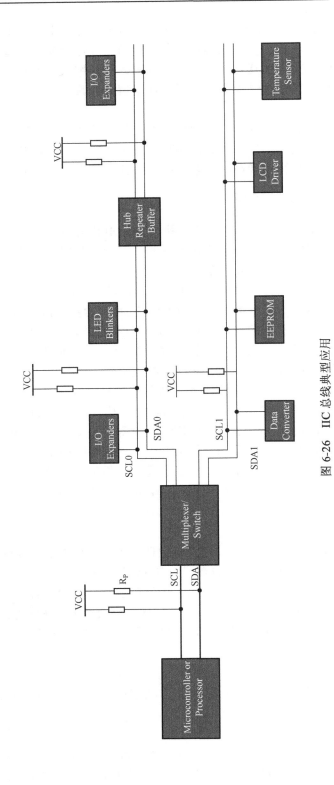

图 6-26　IIC 总线典型应用

（2）起始状态和结束状态。

起始信号和结束信号如图 6-27 所示。在时钟线 SCL 保持高电平期间，数据线 SDA 上的电平被拉低（即负跳变），定义为 IIC 总线的起始信号，它标志着一次数据传输的开始。起始信号是由主控器主动建立的，在建立该信号之前，IIC 总线必须处于空闲状态。

在时钟线 SCL 保持高电平期间，数据线 SDA 被释放，使得 SDA 返回高电平（即正跳变），称为 IIC 总线的停止信号，它标志着一次数据传输的终止。停止信号也是由主控器主动建立的，建立该信号之后，IIC 总线将返回空闲状态。

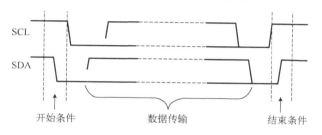

图 6-27　起始信号和结束信号的时序图

（3）数据传输状态。

在 IIC 总线上传送的每一位数据都有一个时钟脉冲相对应（或同步控制），即在 SCL 串行时钟的配合下，数据在 SDA 上从高位向低位依次串行传送每一位的数据。进行数据传送时，在 SCL 呈现高电平期间，SDA 上的电平必须保持稳定，低电平为数据 0，高电平为数据 1。只有在 SCL 为低电平期间，才允许 SDA 上的电平改变状态。图 6-28 是 0xAA 在 IIC 总线上有效传输，在第 9 个时钟的高电平期间，从机给主机反馈了一个有效的 ACK 应答信号。

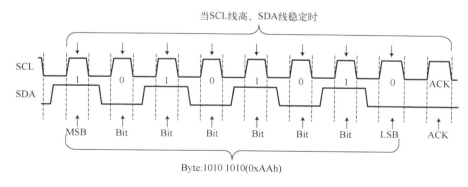

图 6-28　0xAA 在 IIC 总线上有效传输时序图

（4）应答信号与非应答信号。

IIC 总线上的所有数据都是以 8 字节传送的，发送器（主机）每发送 1 字节，就在第 9 个时钟脉冲期间释放数据线，由接收器（从机）反馈一个应答信号。应答信号为低电平时，规定为有效应答位（ACK 简称应答位），表示接收器已经成功地接收了该字节；应答信号为高电平时，规定为非应答位（NACK），一般表示接收器接收该字节没有成功。对于反馈有效应答位 ACK 的要求是：接收器在第 9 个时钟脉冲之前的低电平期间将 SDA 线拉低，并且确保在该时钟的高电平期间为稳定的低电平。

对非应答位还要特别说明的是，还有以下四种情况 IIC 通信过程中会产生非应答位。

(1)接收器正在处理某些实时的操作无法与主机实现 IIC 通信的时候，接收器(从机)会给主机反馈一个非应答位。

(2)主机发送数据的过程中，从机无法解析发送的数据，接收器(从机)也会给主机反馈一个非应答位。

(3)主机发送数据的过程中，从机无法再继续接收数据，接收器(从机)也会给主机反馈一个非应答位。

(4)主机从从机中读取数据的过程中，主机不想再接收数据，主机会给从机反馈一个非应答位。注意，这种情况是主机给从机反馈一个非应答位。

图 6-29 显示了非应答位的时序图，在第 9 个时钟的高电平期间，从机给主机反馈了一个有效的 NACK 应答信号。

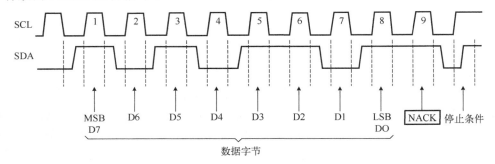

图 6-29　非应答位的时序图

2)主机通过 IIC 总线向从机写数据

主机通过 IIC 总线向从机写数据，其传输过程如图 6-30 所示。

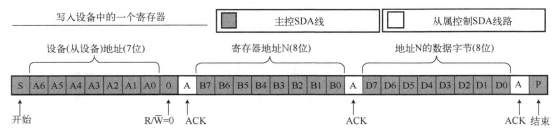

图 6-30　主机通过 IIC 总线向从机写数据的时序图

主机首先会发送一个起始信号，接着将 IIC 从机的 7 位设备地址后面添一个 0，组成一个 8 位的数据。设备地址后面的 0 表示主机向从机写数据，1 表示主机从从机中读数据。把这个 8 位的数据发给从机，发完这 8 位的数据以后，主机马上释放 SDA 信号线等待从机的应答。如果从机正确收到这个数据，从机就会发送一个有效应答位 0 给主机，告诉主机自己已经收到了数据。

主机收到从机的有效应答位以后，接下来主机会发送想要写入的寄存器地址。寄存器发送完毕以后主机同样会释放 SDA 信号线等待从机的应答。从机如果正确收到了主机发过来的寄存器地址，从机会再次发送一个有效应答位给主机。

主机收到从机的有效应答位 0 以后，接下来主机就会给从机发送想要写入从机的数据。从机正确收到这个数据以后仍然会像之前两次一样给主机发送一个有效应答位。

主机收到这个有效应答位以后给从机发送一个停止信号，整个传输过程就结束了。

图 6-30 中的灰色区域表示主机正在控制 SDA 信号线，白色区域表示从机正在控制 SDA 信号线。由图 6-30 可以看出，主机发送 1 字节的数据之前必须要先发送起始位，再发送物理地址字节，接着等待应答；然后发送字地址，接着等待应答。数据发送完毕以后，再等待最后一个应答，应答成功后发送停止信号结束整个过程。所以，根据这个流程，可以归纳出如下几个状态。

状态 0：空闲状态，用来初始化各个寄存器的值。

状态 1：加载 IIC 设备的物理地址。

状态 2：加载 IIC 设备的字地址，也就是将读取的 IIC 设备的内部存储器地址。

状态 3：加载要发送的数据。

状态 4：发送起始信号。

状态 5：发送 1 字节，从高位开始发送。

状态 6：接收应答状态的应答位。

状态 7：校验应答位。

状态 8：发送停止信号。

状态 9：IIC 写操作结束。

需要注意的是，上面的各个状态并不是按照顺序执行的，有些状态要复用多次，例如，状态 5 发送字节的状态就需要复用 3 次用来发送 3 个 8 位的数据；同样，状态 6 和状态 7 也要复用多次，如图 6-31 所示。

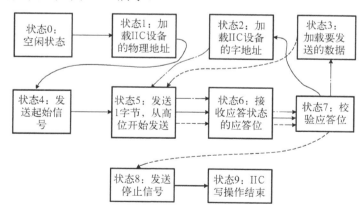

图 6-31　主机通过 IIC 总线向从机写数据的状态转换图

3）从机通过 IIC 总线接收数据

从机通过 IIC 总线接收数据的时序图如图 6-32 所示。图 6-32 中灰色区域表示主机正在控制 SDA 信号线，白色的地方表示从机正在控制 SDA 信号线。由图 6-32 可以看出：

(1) 从机先接收主机发送的起始位，然后接收主机发送物理地址字节，接着发送应答信号；

(2) 从机接收主机发送的字地址，接着发送应答；

(3) 从机接收主机发送的数据完毕以后，接着发送最后一个应答；

(4) 应答成功后，主机发送停止信号结束整个过程。

所以，根据这个流程，可以归纳出如下几个状态。

状态 0：空闲状态，用来初始化各个寄存器的值。

状态 1：起始状态，接收 master 的开始信号。

状态 2：接收 master 的物理地址。

状态 3：接收 master 的字地址。

状态 4：接收 master 的数据。

状态 5：接收 master 的 1 字节，从高位开始。

状态 6：发送应答位。

状态 7：接收停止信号。

状态 8：从机操作结束。

需要注意的是，上面的各个状态并不是按照顺序执行的，有些状态要复用多次，如状态 5、状态 6 要复用多次，状态转换图如图 6-33 所示。

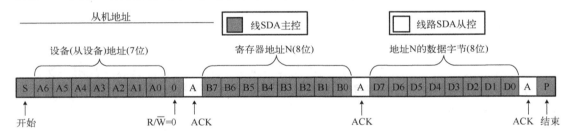

图 6-32　从机通过 IIC 总线接收数据的时序图

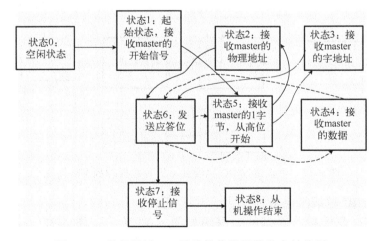

图 6-33　从机通过 IIC 总线接收数据的状态转换图

4) 主机通过 IIC 总线从从机读数据

主机通过 IIC 总线从从机读数据的过程与写数据的过程有相似之处，但是读数据的过程还多了一些额外的步骤，传输过程如图 6-34 所示。

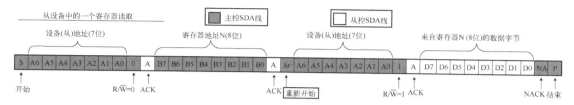

图 6-34 主机通过 IIC 总线从从机读数据的时序图

主机首先会发送一个起始信号，接着把 IIC 从机的 7 位设备地址后面添一个 0，组成一个 8 位的数据发送给从机。然后主机马上释放 SDA 信号线等待从机的应答。如果从机正确收到这个数据，从机就会发送一个有效应答位 0 给主机，告诉主机自己已经收到了数据。

主机收到从机的有效应答位以后，主机会发送想要读的寄存器地址。发送完毕以后主机同样会释放 SDA 信号线等待从机的应答。从机如果正确收到了主机发过来的寄存器地址，就会再次发送一个有效应答位给主机。

主机收到从机的有效应答位 0 以后，主机会给从机再次发送一次起始信号，接着把 IIC 从机的 7 位设备地址后面添一个 1，组成一个 8 位的数据发给从机，然后主机马上释放 SDA 信号线等待从机的应答 (注意，第一次是在设备地址后面添 0，这一次是在设备地址后面添 1)。

如果从机正确收到这个数据，就会发送一个有效应答位 0 给主机，告诉主机自己已经收到了数据，接着从机继续占用 SDA 信号线给主机发送寄存器中的数据。

发送完毕以后，主机再次占用 SDA 信号线发送一个非应答信号 1 给从机。主机再发送一个停止信号给从机结束整个读数据的过程。图 6-34 中灰色区域表示主机正在控制 SDA 信号线，白色的地方表示从机正在控制 SDA 信号线。由图 6-34 可以看出，主机接收 1 字节的数据的过程与发送 1 字节的数据相比多了一个第二次的起始信号与控制字节 (Control Byte)，而且第二个控制字节的最低位应该为 1，表示 IIC 主机 (FPGA) 从 IIC 从机 (24LC04) 中读数据，当主机 (FPGA) 想结束读数据的过程时，它会给 IIC 设备发送一个非应答位 1，最后发送停止信号结束整个读数据的过程。

根据这个流程，可以归纳出如下几个状态。

状态 0：空闲状态，用来初始化各个寄存器的值。

状态 1：加载 IIC 设备的物理地址。

状态 2：加载 IIC 设备的字地址。

状态 3：发送第一个起始信号 (读过程要求发送两次起始信号)。

状态 4：发送 1 字节数据，从高位开始发送。

状态 5：接收应答状态的应答位。

状态 6：校验应答位。

状态 7：发送第二个起始信号 (读过程要求发送两次起始信号)。

状态 8：再次加载 IIC 设备物理地址，但这次物理地址最后一位应该为 1，表示读操作。

状态 9：接收 1 字节数据，从高位开始接收。

状态 10：主机发送一个非应答信号 1 给从机。

状态 11：确保从机收到这个非应答信号 1 后，初始化 SDA 值为 0，准备产生停止信号。

状态 12：发送停止信号。

状态 13：读操作结束。

需要注意的是，上面的各个状态和发送模块一样，并不是按照顺序执行的，有些状态也要复用多次，状态转换图如图 6-35 所示。

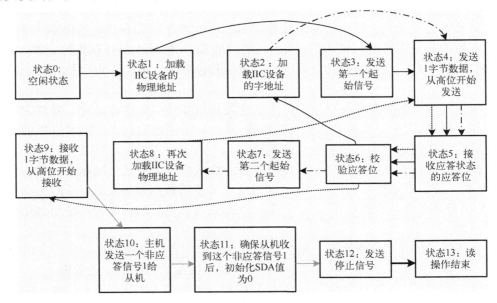

图 6-35　主机通过 IIC 总线从从机读数据状态转换图

5）从机通过 IIC 总线发送数据

首先从机接收主机发送的起始位，然后接收主机发送的物理地址字节，最低位应该为 0，接着发送应答信号。然后从机接收主机发送的字地址，接着发送应答。从机再次接收主机发送的起始位，然后接收主机发送的物理地址字节，最低位应该为 1，接着发送应答信号。从机向主机发送对应字地址位的数据，先发高位，最后接收主机发送的非应答位 1。应答成功后主机发送停止信号结束整个过程。

从机通过 IIC 总线发送数据的传输过程如图 6-36 所示。图 6-36 中灰色区域表示主机正在控制 SDA 信号线，白色的地方表示从机正在控制 SDA 信号线。由图 6-36 可以看出，从机发送给主机 1 字的数据的过程与接收 1 字节数据相比多了一个第二次的起始信号与控制字节（Control Byte），而且第二个控制字节的最低位应该为 1，表示 IIC 主机（FPGA）从 IIC 从机（24LC04）中读数据，当主机（FPGA）想结束读数据的过程时，它会给 IIC 设备发送一个非应答位 1，最后发送停止信号结束整个读数据的过程。

根据这个流程，可以归纳出如下几个状态。

状态 0：空闲状态，用来初始化各个寄存器的值。

状态 1：起始状态，接收 master 的开始信号。

状态 2：接收 master 的物理地址。

状态 3：接收 master 的字地址。

状态 4：接收 master 的 1 字节，从高位开始。

状态 5：发送应答位。

状态 6：再次开始，从机第二次收到主机发来的开始信号。

状态 7：从机发送对应地址的数据。

状态 8：从机等待主机发送应答位。

状态 9：从机接收停止信号。

状态 10：结束操作。

需要注意的是，上面的各个状态并不是按照顺序执行的，有些状态要复用多次，如状态 4、状态 5 要复用多次，状态转换图如图 6-36 所示。

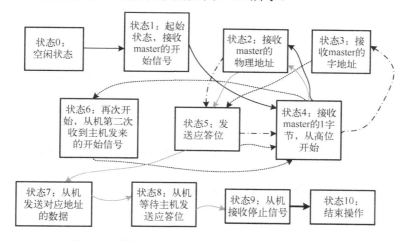

图 6-36　从机通过 IIC 总线发送数据的状态转换图

3．仿真实例及结果分析

1）IIC 发送模块的设计

编写 IIC 总线主机给从机发送数据的代码，实现 FPGA（主机）往 EEPROM（从机）的 0x23 这个地址写入 0x45 这个数据。

Verilog 编写的 IIC 发送模块除了进行 IIC 通信的两根信号线（SCL 和 SDA）以外还要包括一些时钟、复位、使能、并行的输入输出以及完成标志位，其框图如图 6-37 所示。

图中各引脚释义如下：

I_clk 是系统时钟；

I_rst_n 是系统复位；

I_iic_send_en 发送使能信号，当 I_iic_send_en 为 1 时，IIC 主机（FPGA）才能给 IIC 从机发送数据；

I_dev_addr[6:0]是 IIC 从机的设备地址；

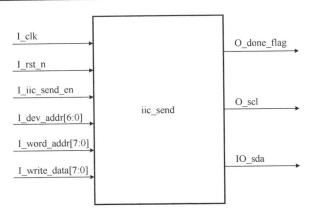

图 6-37　IIC 发送模块框图

I_word_addr[7:0]是字地址；

I_write_data[7:0]是主机（FPGA）要往 IIC 字地址中写入的数据；

O_done_flag 是主机（FPGA）发送 1 字节完成标志位，发送完成后会产生一个高脉冲；

O_scl 是 IIC 总线的串行时钟线；

IO_sda 是 IIC 总线的串行数据线。

图 6-38 是 24LC04B 发送过程的时序图，图中的控制字节（Control Byte）实际上就是由代码里面定义的 7 位设备物理地址与最后 1 位的读写控制位拼接组成的。

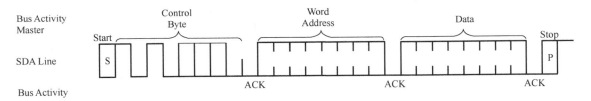

图 6-38　IIC 发送模块的时序图

为了实现 iic_send 模块的功能，要抽象出发送 1 字节数据时序的状态机。由图 6-38 可知，发送 1 字节的数据之前必须要先发送起始位，然后发送控制字节，接着等待应答，然后发送字地址，接着等待应答。数据发送完毕以后，再等待最后一个应答，应答成功后发送停止信号结束整个过程。根据这个流程，可以归纳出如下几个状态。

状态 0：空闲状态，用来初始化各个寄存器的值。

状态 1：加载 IIC 设备的物理地址。

状态 2：加载 IIC 设备的字地址。

状态 3：加载要发送的数据。

状态 4：发送起始信号。

状态 5：发送 1 字节，从高位开始发送。

状态 6：接收应答状态的应答位。

状态 7：校验应答位。

状态 8：发送停止信号。

状态 9：IIC 写操作结束。

抽象出状态机以后，在写代码之前先分析代码中要注意的一些关键点。

由于 IIC 时序要求数据线 SDA 在串行时钟线的高电平保持不变，在串行时钟线的低电平才能变化，因此代码里面必须在串行时钟线低电平的正中间产生一个标志位。写代码时在这个标志位处改变 SDA 的值，就可以保证 SDA 在 SCL 的高电平期间保持稳定。同理，由于 IIC 从机(24LC04)在接收到主机(FPGA)发送的有效数据以后会在 SCL 高电平期间产生一个有效应答信号 0，因此为了保证采到的应答信号准确，必须在 SCL 高电平期间的正中间判断应答信号是否满足条件(0 为有效应答，1 为无效应答)，所以代码里面还必须在串行时钟线高电平的正中间产生一个标志位，在这个标志下接收应答位并进行校验。

在发送第一个 8 位数据以后，处理这个 8 位数据应答位的位置在 SCL 信号高电平的正中间，由于要复用发送 8 位数据的那个状态，因此必须在第二次进入发送 8 位数据的状态时必须提前把数据再次加载好，所以还需要产生一个下降沿的标志位。

发送 8 位数据的整个过程如下：加载 8 位数据→发送 8 位数据→接收应答位→校验应答位→加载第二个 8 位数据……，仿真结果如图 6-39 所示。图中标注了起始信号、停止信号、每比特以及应答位。

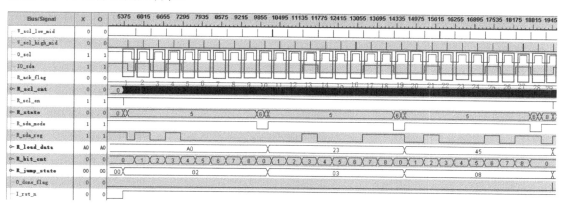

图 6-39　IIC 发送模块的仿真结果

2) IIC 接收模块的设计

编写 IIC 总线主机从从机接收数据的代码，实现 FPGA(主机)从 EEPROM(从机)的 0x23 这个地址读出 0x45 这个数据，并用 0x45 这个数据的低四位驱动 4 个 LED。

Verilog 编写的 IIC 接收模块信号包括 IIC 通信的两根信号线(SCL 和 SDA)、时钟、复位、使能、并行的输入输出以及完成标志位，其框图如图 6-40 所示。

图中各引脚释义如下：

I_clk 是系统时钟；

I_rst_n 是系统复位；

I_iic_recv_en 是接收使能信号，当 I_iic_recv_en 为 1 时 IIC 主机(FPGA)才能从 IIC 从机接收数据；

I_dev_addr[6:0]是 IIC 从机的设备地址；

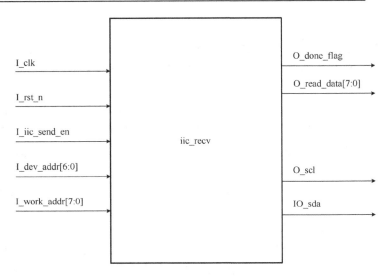

图 6-40　IIC 接收模块框图

I_word_addr[7:0]是字地址；

O_read_data[7:0]是主机（FPGA）从 IIC 设备字地址中读取的数据；

O_done_flag 是主机（FPGA）接收 1 字节完成标志位，接收完成后会产生一个高脉冲；

O_scl 是 IIC 总线的串行时钟线；

IO_sda 是 IIC 总线的串行数据线。

图 6-41 是 24LC04B 接收过程的时序图，图中的控制字节（Control Byte）实际上就是由代码里面定义的 7 位设备物理地址与最后 1 位的读写控制位拼接组成的。

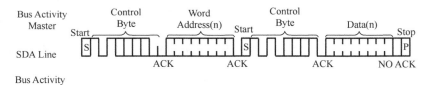

图 6-41　IIC 接收模块的时序图

为了实现 iic-recv 模块的功能，要抽象出发送 1 字节数据时序的状态机。由图 6-41 可知，接收 1 字节的数据的过程与发送 1 字节数据相比多了一个第二次的起始信号与控制字节（Control Byte），而且第二个控制字节（Control Byte）的最低位应该为 1，表示 IIC 主机（FPGA）从 IIC 从机（24LC04）中读数据，当主机（FPGA）想结束读数据的过程时，它会给 IIC 设备发送一个非应答位 1，最后发送停止信号结束整个读数据的过程。根据这个流程，可以归纳出如下几个状态。

状态 0：空闲状态，用来初始化各个寄存器的值。

状态 1：加载 IIC 设备的物理地址。

状态 2：加载 IIC 设备的寄存器地址。

状态 3：发送第一个起始信号（读过程要求发送两次起始信号）。

状态 4：发送 1 字节数据，从高位开始发送。

状态 5：接收应答状态的应答位。

状态 6：校验应答位。

状态 7：发送第二个起始信号(读过程要求发送两次起始信号)。

状态 8：再次加载 IIC 设备的物理地址，但这次物理地址最后一位应该为 1，表示读操作。

状态 9：接收 1 字节数据，从高位开始接收。

状态 10：主机发送一个非应答信号 1 给从机。

状态 11：等确定从机收到这个非应答信号 1 以后，初始化 SDA 的值为 0，准备产生停止信号。

状态 12：发送停止信号。

状态 13：读操作结束。

接收模块有以下几个关键点需要注意。

(1)和发送模块一样，需要产生 SCL 信号高电平中间标志位、低电平中间标志位以及下降沿标志位。

(2)由于读数据的过程需要发送第二次起始位，而起始位的条件是在 SCL 高电平期间 SDA 有一个下降沿，因此一定要在处理完写设备地址与写字地址的应答位之后，在 SCL 的下降沿标志处把 SDA 信号设置成输出并拉高方便产生第二次起始信号。具体细节应对照着代码理解。

(3)第一次发送的设备物理地址的最低位是 0，表示写数据；第二次发送的设备物理地址的最低位是 1，表示读数据。

(4)读完 1 字节数据以后，一定要记住是主机(FPGA)给从机(24LC04)发送一个非应答信号 1。

由于 EEPROM 是一种非易失性存储器，因此在 IIC 发送数据的实验中往 24LC04 的 0x23 地址中的 0x45 这个数据在掉电以后并不会丢失。刚好可以通过这个接收模块给读出来，并用读出数据的最低位驱动四个 LED 灯，如果时序正确，那么四个 LED 灯会间隔亮起来，仿真时序图如图 6-42 所示。图 6-42 中标记了起始信号、停止信号、每比特，以及应答位和非应答位。

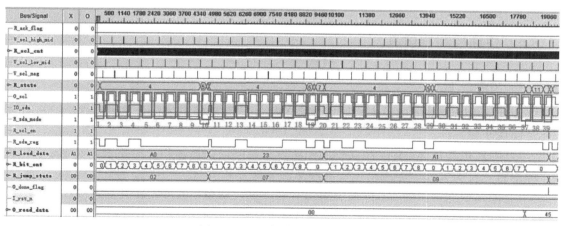

图 6-42　IIC 接收模块的仿真

4. 性能评价及思考

通过上面的时序图可以清楚地看到成功读出了 EEPROM 中的 0x45 这个数据，并且板子上的四个 LED 灯也间隔亮了起来，这说明成功地通过总线进行控制。

写入的数据放在 24LC04 的缓冲区中，等主机(FPGA)发送停止信号以后，24LC04 内部才开始工作，把缓冲区中的数据写入它内部的 ROM 中，在这个过程中 24LC04 将不发送有效应答信号，所以当发送完停止信号又立刻给一个起始信号重新发送时会出现如图 6-43 所示的时序。

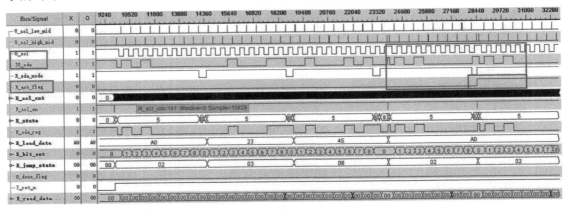

图 6-43　模块内部信号的仿真

这种情况由于 24LC04 内部还在处理缓冲区中的数据，所以即使主机(FPGA)发送了正确的时序，从机(24LC04)也不会有效应答。因此，可以通过多增加几个加载数据的状态来解决这个问题。24LC04 支持整块存储器的连续读操作，其时序图如图 6-44 所示。

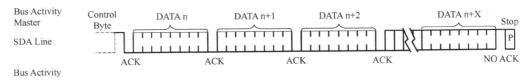

图 6-44　24LC04 连续读操作时序图

6.3.5　中断控制器仿真

1. 仿真流程

要评估中断控制器的性能，可以使用 FPGA 仿真来模拟其行为并进行性能分析。以下是实现步骤。

(1)确定仿真目标：首先需要明确中断控制器的设计目标和功能要求，如确定中断请求的数量、中断优先级的规则、中断向量的分配方式等。

(2)定义输入输出信号：根据中断控制器的设计规格，定义仿真模型的输入和输出信号。常见的输入信号包括中断请求信号(IRQ)、中断使能信号(EN)、时钟信号(CLK)和复位信号(RESET)，输出信号包括中断向量信号(VECTOR)等。

（3）编写中断控制器的逻辑代码：使用硬件描述语言如 Verilog 或 VHDL，编写中断控制器的逻辑代码。逻辑代码包括中断请求的检测、中断使能的判断、中断向量的选择等。根据设计目标，可以采用不同的中断处理策略，如固定优先级、动态优先级或者基于时间片的轮询等。

（4）编写测试代码：编写测试代码生成中断请求信号的测试向量，并将其输入中断控制器中。测试代码可以使用硬件描述语言编写，也可以使用脚本语言如 Python 或 Perl 生成。

（5）加载代码并运行仿真：使用仿真工具如 ModelSim、Vivado 等，加载中断控制器的代码和测试代码，并设置仿真参数。运行仿真，观察仿真结果。

（6）分析仿真结果：根据仿真结果，验证中断控制器的功能是否符合预期。可以检查中断向量的输出是否正确，中断请求的处理顺序是否满足优先级规则，中断使能信号的响应是否准确等。

（7）优化和调试：根据仿真结果，对中断控制器的逻辑代码进行优化和调试。可以通过添加调试输出、修改逻辑代码或者调整测试向量等方式，进一步验证和改进中断控制器的设计。

2. 具体实现

中断控制器的具体实现可以使用硬件描述语言如 Verilog 或 VHDL 来编写。下面以 Verilog 为例，给出一个简单的中断控制器的实现示例。中断控制器仿真条件如下。

（1）支持中断源数量：16 个。

（2）表示中断的位数：4 位。

（3）主控响应中断最大延时时间：30ns。

（4）中断控制器时钟周期：2ns。

（5）优先级顺序：循环优先级。

```
module interrupt_controller(
// Master/ Processor interface
pclk_i, paddr_i, pwdata_i, prdata_o, pwrite_i, penable_i, psel_i, pready_o,
perror_o, intr_to_service_o, intr_serviced_i, preset_i, intr_valid_o,
// Slave/ Peripheral Controller interface
intr_active_i
);
parameter S_NO_INTR=4'b1000, // INTC state when there is no interrupt
          S_INTR=4'b0100, // INTC state when there there exist/s active
interrupt/s and INTC request highest priority one to master
          S_WAIT=4'b0010, // INTC state when it is waiting for master to
serve requested interrupt
          S_ERROR=4'b0001, // INTC Error state (NOT YET DEFINED)

          DATA_WIDTH=8, // Width of data bus
          ADDR_WIDTH=8, // Width of address bus
```

```
            NUM_INTR=16, // Number of peripheral controllers i.e. max number
of interrupts
            INTR_SERV=4; // Number of bits required to represent each
interrupts (Depends on NUM_INTR)

    input pclk_i, pwrite_i, penable_i, intr_serviced_i, preset_i, psel_i;
    input [DATA_WIDTH-1 : 0] pwdata_i;
    input [ADDR_WIDTH-1 : 0] paddr_i;
    input [NUM_INTR-1 : 0] intr_active_i;
    output reg pready_o, perror_o, intr_valid_o;
    output reg [DATA_WIDTH-1 : 0] prdata_o;
    output reg [INTR_SERV-1 : 0] intr_to_service_o;

    reg [3 : 0] state, next_state;
    // This register stores priority value for each peripheral controllers
    reg [INTR_SERV-1 : 0] priority_reg [NUM_INTR-1 : 0];
    // technically the priority value i.e. [INTR_SERV-1 : 0] is set by pwdata
    // so it can be same size as DATA_WIDTH as well but extra bits will be unused.
    // reg [DATA_WIDTH-1 : 0] priority_reg [NUM_INTR-1 : 0];
    reg [INTR_SERV-1 : 0]current_highest_priority, interrupt_number;
    integer i;


    // Register programming logic
    always @ (posedge pclk_i)begin
        if (preset_i == 1)begin
            pready_o = 0;
            perror_o = 0;
            prdata_o = 0;
            intr_to_service_o = 0;
            intr_valid_o = 0;
            for (i=0; i<NUM_INTR; i=i+1)priority_reg[i] = 0;
            state = S_NO_INTR;
            next_state = S_NO_INTR;
            current_highest_priority = 0;
            interrupt_number = 0;
        end
        else begin
            perror_o = 0;
            if ( (psel_i & penable_i)== 1)begin
                pready_o = 1;
                if (pwrite_i == 1)priority_reg[paddr_i] = pwdata_i;
                else if ((pwrite_i == 0)&& (prdata_o == {DATA_WIDTH{1'bz}}))prdata_o
```

```
= priority_reg[paddr_i];
                else perror_o = 1; // Raise error
            end
            else pready_o = 0;
        end
    end

    // Interrupt handling logic
    always @ (posedge pclk_i)begin
        if (preset_i != 1)begin
            case (state)
                S_NO_INTR: begin
                    // If any of the bits from NUM_INTR goes HIGH or request interrupt
                    if (intr_active_i != 0)next_state = S_INTR;
                    // If none of the bits are high i.e. no interrupts
                    else next_state = S_NO_INTR;
                end
                S_INTR: begin
                    // Get the highest priority interrupt among all active
                    // interrupts and send the same to master
                    current_highest_priority = 0;
                    interrupt_number = 0;
                    for (i=0; i<NUM_INTR; i=i+1)begin
                        if (intr_active_i[i] == 1)begin
                            if ( current_highest_priority < priority_reg[i])begin
                                current_highest_priority = priority_reg[i];
                                interrupt_number = i;
                            end
                        end
                    end
                    intr_to_service_o = interrupt_number;
                    intr_valid_o = 1;
                    next_state = S_WAIT;
                end
                S_WAIT: begin
                    // If INTC gets signal from master that previous interrupt
                    // request was serviced
                    if (intr_serviced_i == 1)begin
                        intr_to_service_o = 0;
                        intr_valid_o = 0;
                        if (intr_active_i != 0)next_state = S_INTR;
                        else next_state = S_NO_INTR;
```

```
                    end
            end
            S_ERROR: begin
                // !! Not yet defined !!
            end
        endcase
    end
end
always @ (next_state)state = next_state;
endmodule
```

3. 测试

测试代码如下，运行仿真工具，加载中断控制器的代码和测试代码，并设置仿真参数。运行仿真，观察仿真结果。

```
//`include "interrupt_controller.v"
`timescale 1ns/1ps
module tb;
parameter DATA_WIDTH=8, // Width of data bus
         ADDR_WIDTH=8, // Width of address bus
         NUM_INTR=16, // Number of peripheral controllers i.e. max number
of interrupts
         INTR_SERV=4, // Number of bits required to represent each
interrupts (Depends on NUM_INTR)
         MAX_DELAY=30, // Max delay to serve one interrupt by Master
         TIME_PERIOD=2; // Time period of clock

reg pclk_i, pwrite_i, penable_i, intr_serviced_i, preset_i, psel_i;
reg [DATA_WIDTH-1 : 0] pwdata_i;
reg [ADDR_WIDTH-1 : 0] paddr_i;
reg [NUM_INTR-1 : 0] intr_active_i;
wire pready_o, perror_o, intr_valid_o;
wire [DATA_WIDTH-1 : 0] prdata_o;
wire [INTR_SERV-1 : 0] intr_to_service_o;

reg [INTR_SERV-1 : 0] random_priority_array [NUM_INTR-1 : 0];
reg [30*8 : 1] testname;
integer i;

interrupt_controller #(.DATA_WIDTH(DATA_WIDTH), .ADDR_WIDTH(ADDR_
WIDTH), .NUM_INTR(NUM_INTR), .INTR_SERV(INTR_SERV))u0(
    .pclk_i(pclk_i),
```

```verilog
        .pwrite_i(pwrite_i),
        .penable_i(penable_i),
        .intr_serviced_i(intr_serviced_i),
        .preset_i(preset_i),
        .psel_i(psel_i),
        .pwdata_i(pwdata_i),
        .paddr_i(paddr_i),
        .intr_active_i(intr_active_i),
        .intr_valid_o(intr_valid_o),
        .prdata_o(prdata_o),
        .intr_to_service_o(intr_to_service_o)
    );

    initial begin
        pclk_i = 0;
        forever #(TIME_PERIOD/2.0)pclk_i = ~pclk_i;
    end

    initial begin
        // Store type of test in testname variable
        $value$plusargs("testname=%s",testname);

        // intialize reg variables
        pwrite_i = 0;
        penable_i = 0;
        intr_serviced_i = 0;
        psel_i = 0;
        pwdata_i = 0;
        paddr_i = 0;
        intr_active_i = 0;
        for (i=0; i<NUM_INTR; i=i+1)random_priority_array[i] = 0;

        // Hold and release reset
        preset_i = 1;
        repeat (5)@ (posedge pclk_i);
        preset_i = 0;

        randomizer(); // create a randomized priority array to use in
random_priority test case
        for (i=0; i<NUM_INTR; i=i+1)begin
            if (testname == "ascending_priority")write_intc(i, i); //
(peripheral->priority)0->0, 1->1, ...n->n
```

```verilog
                else    if    (testname    ==    "descending_priority")write_intc(i,
NUM_INTR-1-i); // (peripheral->priority)0->n, 1->n-1, ...n->0
                else    if    (testname    ==    "random_priority")write_intc(i,
random_priority_array[i]);
            else begin
                $display("*** Error testname ***");
                i = NUM_INTR;
            end
        end
        intr_active_i = $random;
        #300;
        intr_active_i = $random;
        #300;
        intr_active_i = $random;
        #300;
        $finish;
    end

    initial begin
        forever begin
            @(posedge pclk_i);
            if (intr_valid_o == 1)begin
                #($urandom_range(1,MAX_DELAY)); // time taken by master to serve
interrupt request from intc
                intr_active_i[intr_to_service_o] = 0; // Specific Peripheral
controller indicating INTC that interrupt is serviced
                intr_serviced_i = 1; // Master/ processor giving signal to
indicate previous interrupt request served
                @(posedge pclk_i);
                intr_serviced_i = 0; // Master/ processor making reseting flag
after INTC already got acknowledged
            end
        end
    end

    task write_intc (input reg [ADDR_WIDTH-1 : 0] addr, input reg [DATA_WIDTH-1 :
0]data);
    begin
        paddr_i = addr;
        pwdata_i = data;
        pwrite_i = 1;
        psel_i = 1;
```

```
        penable_i = 1;
        wait (pready_o == 1);
        @(posedge pclk_i);
        paddr_i = 0;
        pwdata_i = 0;
        pwrite_i = 0;
        psel_i = 0;
        penable_i = 0;
    end
    endtask


    // Task to generate random unique values of priority for each of NUM_INTR
peripheral controllers
    // This randomizer task is used in random_priority test case
    task randomizer();
    reg [INTR_SERV-1 : 0] temp;
    reg unique;
    integer j, k;
    begin
        for (j=0; j<NUM_INTR-1; )begin
            temp = $urandom;
            unique = 1;
            for (k=0; k<j; k=k+1)begin
                if (random_priority_array[k] == temp)begin
                    unique = 0;
                    k = j;
                end
            end
            if (unique == 1)begin
                random_priority_array[j] = temp;
                j=j+1;
            end
        end
        //for (j=0; j<NUM_INTR-1; j=j+1)$display("Port-%d Priority-%d",j,
random_priority_array[j]);
    end
    endtask


endmodule
```

综合结果如图 6-45 所示，行为仿真结果如图 6-46 所示。根据仿真结果，可以验证中断控制器的功能符合预期。

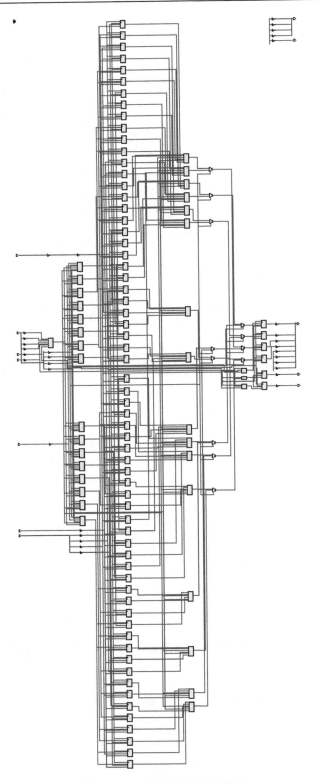

图 6-45 中断控制器综合结果

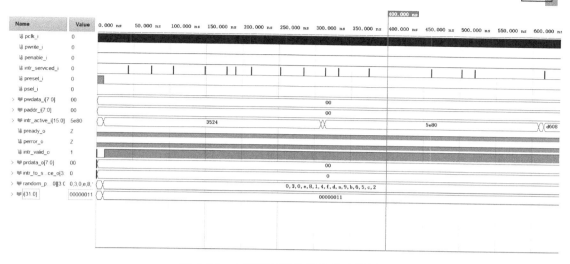

图 6-46　中断控制器的行为仿真结果

参 考 文 献

陈铖颖, 张锋, 戴澜, 等, 2019. 集成电路 EDA 与验证技术[M]. 西安: 西安电子科技大学出版社.

陈春章, 艾霞, 王国雄, 2008. 数字集成电路物理设计[M]. 北京: 科学出版社.

金西, 2013. 数字集成电路设计[M]. 合肥: 中国科学技术大学出版社.

KANG S M, LEBLEBICI Y, KIM C, 2022. CMOS 数字集成电路: 分析与设计[M] . 4 版. 王志功, 窦建华,
译. 北京: 电子工业出版社.

来新泉, 2014. 混合信号专用集成电路设计[M]. 西安: 西安电子科技大学出版社.

李斌, 廖春连, 张勇, 等, 2020. 通信集成电路设计与应用[M]. 北京: 电子工业出版社.

李广军, 郭志勇, 陈亦欧, 等, 2015. 数字集成电路与系统设计[M]. 北京: 电子工业出版社.

李双红, 2017. 六足机器人步态规划及自主导航系统的研究与设计[D]. 长春: 吉林大学.

刘迪, 2019. 基于人体动作捕获的机器人姿态控制系统研究[D]. 长春: 吉林大学.

罗萍, 2016. 集成电路设计导论[M]. 2 版. 北京: 清华大学出版社.

马凝, 2019. 全驱动五指灵巧手结构设计及控制系统的研究[D]. 长春: 吉林大学.

齐春晓, 2023. 基于群智能优化算法的灵巧手运动学仿真研究[D]. 长春: 吉林大学.

曲英杰, 方卓红, 2015. 超大规模集成电路设计[M]. 北京: 人民邮电出版社.

田晓华, 2019. 数字集成电路后端设计[M]. 武汉: 武汉理工大学出版社.

王彦凯, 2023. 一种轮式-攀爬两用机器人的研制[D].长春: 吉林大学.

吴国盛, 2020. 数字集成电路设计[M]. 北京: 高等教育出版社.

张金艺, 李娇, 朱梦尧, 等, 2017. 数字系统集成电路设计导论[M]. 北京: 清华大学出版社.

张颖, 2016. 基于 DSP 的仿人机器人步态控制系统的设计与研究[D]. 长春: 吉林大学.